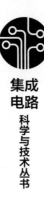

集成
电路
科学与技术丛书

通用图形处理器设计

GPGPU编程模型
与架构原理

景乃锋 柯晶 梁晓峣 编著

清华大学出版社

北京

内 容 简 介

本书是一部系统介绍通用图形处理器(GPGPU)编程模型与体系结构的书籍。全书共 7 章：第 1 章 GPGPU 概述，着重介绍 GPGPU 与 CPU 体系结构上的差异和现代 GPGPU 产品的特点；第 2 章 GPGPU 编程模型，介绍 GPGPU 编程模型的核心概念，勾勒出 GPGPU 异构计算的设计要点；第 3 章 GPGPU 控制核心架构，对 GPGPU 指令流水线和关键控制部件的原理进行分析和介绍，并深入探讨 GPGPU 架构的瓶颈问题和优化方法；第 4 章 GPGPU 存储架构，对 GPGPU 多样的层次化存储器进行介绍，重点探讨片上存储器的设计和优化方法；第 5 章 GPGPU 运算单元架构，介绍数值表示和通用运算核心的设计；第 6 章 GPGPU 张量核心架构，对专门为人工智能加速而设计的张量核心架构展开分析与介绍，揭示 GPGPU 对深度学习进行硬件加速的基本原理；第 7 章总结与展望，对全书内容进行总结，并对 GPGPU 发展进行展望。

本书适合作为广大高校计算机专业、微电子专业、电子科学与技术专业本科生和研究生的课程教材，也可以作为 GPGPU 体系结构研究人员、芯片设计人员和应用开发人员的参考用书。

图书在版编目(CIP)数据

通用图形处理器设计：GPGPU 编程模型与架构原理/景乃锋，柯晶，梁晓峣编著.—北京：清华大学出版社，2022.5(2024.3 重印)
（集成电路科学与技术丛书）
ISBN 978-7-302-60464-8

Ⅰ.①通… Ⅱ.①景…②柯…③梁… Ⅲ.①程序设计 Ⅳ.①TP311.1

中国版本图书馆 CIP 数据核字(2022)第 051347 号

策划编辑：盛东亮
责任编辑：钟志芳　崔　彤
封面设计：李召霞
责任校对：李建庄
责任印制：沈　露

出版发行：清华大学出版社
　　　网　　　址：https://www.tup.com.cn,https://www.wqxuetang.com
　　　地　　　址：北京清华大学学研大厦 A 座　　　邮　编：100084
　　　社 总 机：010-83470000　　　邮　购：010-62786544
　　　投稿与读者服务：010-62776969, c-service@tup.tsinghua.edu.cn
　　　质量反馈：010-62772015, zhiliang@tup.tsinghua.edu.cn
　　　课件下载：https://www.tup.com.cn,010-83470236
印 装 者：三河市龙大印装有限公司
经　　销：全国新华书店
开　　本：186mm×240mm　　印　张：15　　　字　数：340 千字
版　　次：2022 年 5 月第 1 版　　　　　　　　印　次：2024 年 3 月第 6 次印刷
印　　数：6101～7300
定　　价：89.00 元

产品编号：094596-01

序 一
FOREWORD

　　近年来,以新一代人工智能为代表的新兴应用正引领着下一代信息技术的发展和全球化的产业变革。许多国家都制定了针对人工智能技术和产业的发展规划,力图在变革中占得先机。在这一轮人工智能的热潮中,数据、算法和算力成为推动其发展的三个重要基石。由于国内市场巨大的需求,我国在人工智能的数据规模和算法应用方面走在世界前列,但在核心算力元器件方面仍然存在较大差距,这种状况很大程度上是由于我国在芯片和集成电路产业方面的发展一直存在短板。

　　目前,人工智能的算力普遍构建在 CPU＋GPU 的异构计算平台上,由 GPU 提供对大规模向量、矩阵和张量处理所需的算力。GPU 原本是为图形图像处理而设计的专用芯片,得益于其巨大的算力、灵活的编程模式和完善的生态,正逐渐发展成为兼顾通用计算、科学计算和图形计算的通用加速器形态,即 GPGPU,很好地契合了人工智能对算力的迫切需求。美国的英伟达(NVIDIA)公司因此也成为近十年来成长最快的芯片公司之一。近年来,国内也涌现出一批以 GPGPU 设计开发为核心的硬科技公司,试图弥补我国在 GPGPU 设计和生态方面的短板,推动我国人工智能技术与产业的持续发展。

　　遵从集成电路产业的发展规律,一款处理器芯片从设计到完成,并最终得到市场认可是一个漫长的过程。这个过程离不开一代又一代科技工作者持续的投入,因此人才的培养与产品的研发处于同样重要的地位。人才培养的根基在于大学的教学。我国在 GPGPU 设计领域仍然面临大量专业人才的缺口。因此,一本合适的教材是十分必要的。我很高兴该书的作者能够及时地推出这样一本教材,填补该领域教材的空白。

　　本书作者长期从事 GPGPU 架构、硬件和应用相关方面的研究,积累了丰硕的研究成果。本书深入 GPGPU 架构原理和设计的多个方面,系统全面地为读者展现了 GPGPU 诸多方面的核心技术和实现细节。同时我很高兴地看到,作者在编写本书时,通过架构原理、设计方法到前沿研究一脉相承的论述,促发读者对于计算本质的深入思考。本书有助于计算机、电子和微电子相关专业的高年级本科生、研究生更深刻地认识和了解 GPGPU,掌握 GPGPU 架构设计的核心技术。对于相关领域的工程师和研究人员,本书也是一个很好的参考。希望本书能够为我国 GPGPU 人才培养和技术、产业发展发挥积极的作用。

(毛军发)

中国科学院院士

2022 年 4 月

序二
FOREWORD

随着深度学习技术的兴起,人工智能(Artificial Intelligence,AI)的第三次浪潮正深刻地改变着人类生活的方方面面。算法、大数据和算力是人工智能发展的三大支柱,三者之间的正向互动推动了人工智能的飞速发展。回望 20 世纪 50 年代以来人工智能的几次繁荣,无不与计算能力的增长有很大关系。比如,第一次繁荣期缘于 20 世纪 50 年代电子计算机开始发展,第二次繁荣期则与 20 世纪 80 年代以英特尔为代表的处理器和内存技术得到广泛应用密切相关。而第三次 AI 浪潮兴起的一个很重要的原因,也是计算能力的快速提升,特别是通用图形处理器(GPGPU)作为并行计算最重要的芯片架构形态,在最近的人工智能浪潮的发展中起到了关键性的作用,有力地支撑了计算能力的提升。尤其在云端计算平台中,GPGPU 良好的可编程能力能够有效地发挥大算力的优势,使其更容易满足不同算法和多样化应用的开发需要,因此成为当前数据中心人工智能计算平台的首选。同时,GPGPU架构和硬件不断发展和演变,也成为驱动芯片架构创新的最重要动力之一。

经历了多年的发展,以 GPGPU 为核心的计算生态也形成了自身的发展框架,涉及软硬件设计的各方面。虽然近年来有不少关于 GPGPU 软件编程的教材,但是还没有一本能对现代 GPGPU 体系结构原理进行深入剖析和解释的书,本书的出现填补了这样一个空白。本书从基本的 GPGPU 编程模型入手,首次为人们展示了 GPGPU 并行计算架构的本质,并介绍该领域研究的重要进展和成果,让人们在深入理解 GPGPU 架构的基础上进一步思考GPGPU 架构设计的核心要素和发展方向。本书不仅能够帮助芯片设计人员深入理解GPGPU 的架构,也能够更好地帮助应用和算法开发人员设计出更高效的软件。对于高年级本科生和研究生,以及人工智能和并行架构设计领域的相关研发人员也都有所裨益。

本书的作者长期从事 GPGPU 体系结构领域的研究工作,积累了丰富的研究成果。在当前中国半导体芯片发展的关键时期,本书的出版非常及时。希望本书能够为夯实中国高端通用芯片的基础,促进产学研协同发展,推动 AI 产业和芯片架构设计领域的持续创新贡献一份力量。

谢 源

阿里巴巴副总裁,达摩院计算技术首席科学家

IEEE/ACM/AAAS Fellow

2022 年 4 月

序 三
FOREWORD

随着全球社会迈入数字时代,"算力等同于生产力"已经成为共识。GPU凭借高度并行计算的"独门秘籍",逐渐发展成为人工智能的主要算力形式之一。GPGPU(通用图形处理器)这一算力芯片形态应运而生,并扩大到科学计算、图形计算、生物计算等领域,大有"后生可畏"之势。掌握GPGPU芯片研发主动权的重要性不言而喻。

中国拥有规模庞大的数字经济与丰富的人工智能场景。然而由于种种复杂的历史原因,中国集成电路行业的发展与国际先进水平仍存在着一定的差距。近年来,"异军突起"的GPGPU被认为是中国集成电路产业的主要突破口之一,也是业界投入巨大的关键发力点之一。

作为一名理工科出身的科技行业连续创业者,我亲身经历了20世纪90年代以来的计算机与信息技术、互联网与云计算、人工智能三大浪潮。如今,再次投身于以GPGPU为代表的智能计算产业,我为这样的历史机遇感到振奋,同时也感受到沉重的使命感。这是一条极为艰难的赛道。我们不光需要迎头赶上技术、产品差距,更重要的是需要突破国际领先企业的生态壁垒。但我有坚定的信念,高端国产GPU必将成为我国智能计算产业中一颗破土而出的新苗、一颗照亮夜空的新星。强大的计算能力,将加速未来的到来,成为更多创新技术与创新应用蓬勃发展的沃土。这样的信念,激励着我们奋战在国产高端芯片的最前线,衣带渐宽终不悔,一往无前。

芯片研发的"核心三要素"是人才、资本和产业资源。在国内资本和产业资源日益重视芯片发展的今天,人才短缺成为制约我国集成电路产业发展的最大"瓶颈"。据统计,目前我国集成电路人才缺口已超20万,而这一人才缺口正随着产业规模的快速发展进一步扩大。相较于普通芯片,高端GPGPU芯片的开发难度呈现几何级上升,能胜任GPGPU开发的专业人才缺口更是巨大。"21世纪最缺的是人才!"这句话道出了国产GPGPU领域创业者的共同心声。

除了人才缺口,我在产业一线还切身感受到国内高校在GPGPU架构设计领域存在的教育短板。在创新生态中,高校和学术界承担着培育新想法、培养人才的重要使命;而创业公司则擅长将新想法、新技术产品化、产业化,创造更大的商业及社会价值。这是一个密不可分的有机系统,国内半导体行业在产学研融合上应该更加"亲密无间"。我认为通过编写相关的专业教材,在高校开设相应课程,并与产业实际需求紧密结合,可以很好地弥补这一短板,为国内高端芯片行业输送优秀人才。

　　很高兴看到许多优秀的学者不仅在自己专注的前沿领域产出了丰硕的学术成果，还致力于改变中国集成电路人才短缺的现状，着力培养芯片行业真正需要的具有创新意识、工匠精神和实干能力的年轻一代人才。闻悉作者筹划、编纂的教材得以成书，作为相关行业的创业者，我由衷地向作者表示感谢。正是在众多有识之士的共同努力下，我国的集成电路人才培养力度已经得到了空前的提升，开始了"量"与"质"的齐头并进式发展。

　　我相信，本书作为贴近 GPGPU 产业前沿发展内容与先进技术解析的教材，可以帮助我国培养出更多相关领域的优秀人才，为国内高端芯片产业实现突破性发展输送生力军，为中国未来的科技发展铺就"坦途芯路"做出贡献！

张　文

壁仞科技创始人、董事长、CEO

2022 年 4 月

前 言
PREFACE

随着人工智能的飞速发展,现代信息社会中数据就是生产要素,算力就是生产力。如何构筑未来大算力的基础设施,满足人们对通用大算力无止境的追求,成为促进人工智能和信息产业持续健康发展的重要因素。

在当前众多算力芯片的不同形态中,源于图形处理器的通用图形处理器(General Purpose Graphics Processing Unit,GPGPU)脱颖而出,在众多行业和多个领域中得到了充分的验证,广泛赋能图形/游戏、高性能计算、人工智能、数字货币及多种行业应用的大数据处理。得益于其大算力和高度可编程特性,GPGPU 作为一种通用加速器已经成为未来算力建设的基础性器件。正值本书撰稿之时,在人工智能、算力基建和中美博弈等多种因素的推动下,国内 GPGPU 行业发展和创业热潮也正呈现出前所未有的热度。

然而,相比于利用 GPGPU 进行应用开发在国内的普及程度,GPGPU 的体系结构和芯片设计等核心关键技术仍然垄断在国外少数芯片厂商手中,我们与国外相比仍然存在较大差距。这依然是我国高端通用处理器芯片产业发展必须突破的短板。

遗憾的是,截至目前,国内还没有一本合适的教材能够帮助体系结构设计人员、芯片设计人员及 GPGPU 编程人员深入理解 GPGPU 体系结构的内涵和硬件设计的奥秘。即便在国际范围内,相关的专业书籍也并不多见。而且,GPGPU 的历史并不长。人们对 GPGPU 的了解并没有像通用处理器 CPU 那样深入,也没有达到深度学习专用加速器近年来高涨的热度。这导致无论 GPGPU 的产业发展还是学术研究都面临着较高的门槛。

不积跬步,无以至千里。我们尝试着去填补这个空白,迈出深入 GPGPU 体系结构的一小步。本书并不是一本 GPGPU 应用开发指南,也不是一本 GPGPU 编程语法手册,更不是特有产品的推广或是复杂芯片的工程实现,因为在这些方面已经有了大量很好的教材和参考书可以提供丰富翔实的案例与完整准确的说明。

我们希望的是让读者以架构的视角,去理解 GPGPU 体系结构的特点,去思考 GPGPU 芯片设计的方式。我们更希望通过本书能够启发更多的读者去理解芯片设计的特点,思索计算的本质,进而能够把握未来高性能通用计算架构的发展方向。我们也希望通过本书与国内同行一起探讨和分享 GPGPU 架构和芯片设计的研究成果,推动我国高端通用处理器芯片和人工智能产业的进一步发展。

本书共分为 7 章,内容涵盖 GPGPU 概述、编程模型、控制核心架构、存储架构、运算单元架构、张量核心架构及总结与展望。其中,第 1 章 GPGPU 概述,着重介绍 GPGPU 与

CPU 体系结构上的差异和现代 GPGPU 产品的特点。第 2 章 GPGPU 编程模型,介绍 GPGPU 编程模型的核心概念,勾勒出 GPGPU 异构计算的设计要点。第 3 章 GPGPU 控制核心架构,对 GPGPU 指令流水线和关键控制部件的原理进行分析和介绍,并深入探讨 GPGPU 架构的瓶颈问题和优化方法。第 4 章 GPGPU 存储架构,对 GPGPU 多样的层次化存储器进行介绍,重点探讨片上存储器的设计和优化方法。第 5 章 GPGPU 运算单元架构,介绍数值表示和通用运算核心的设计。第 6 章 GPGPU 张量核心架构,对专门为人工智能加速而设计的张量核心架构展开分析与介绍,揭示 GPGPU 对深度学习进行硬件加速的基本原理。在上述架构原理、设计方法的探讨中,本书还着重介绍国际前沿的研究成果,力图解释设计背后的挑战,促使读者更深入地思考 GPGPU 架构设计的核心要素问题。第 7 章总结与展望,对全书内容进行总结,并对 GPGPU 发展进行展望。

这本书的出版,凝聚了许多老师、同学和业界同行的努力和心血。

感谢上海交通大学的博士研究生李兴、刘学渊、王旭航及硕士研究生官惠泽、王雅洁、王珏在本书资料搜集、整理工作中做出的巨大贡献。

感谢上海交通大学的领导和同事在本书写作过程中给予的支持。

感谢壁仞科技董事长张文在本书写作过程中提供的支持,也特别感谢壁仞科技王海川、陈龙、唐衫博士等对本书内容的建议和补充。

感谢清华大学出版社盛东亮和崔彤等在本书的编校工作中所做出的贡献。

虽然我们在本书编撰过程中精益求精,但由于时间仓促和编者水平有限,书中难免有疏漏和不足之处,恳请读者批评指正!

编　者

2022 年 3 月

GPGPU 常用术语对照表

本 书 用 语	CUDA 对应用语	OpenCL 对应用语
线程	thread(线程)	work-item
线程束	warp	wavefront
线程块	thread block	work-group
线程网格	grid	NDRange
协作组	cooperative groups	N/A
可编程多处理器	streaming multiprocessor	CU
可编程流处理器	streaming processor	PE
张量核心	tensor core	matrix core
局部存储器	local memory	private memory
共享存储器	shared memory	local memory

目 录
CONTENTS

第 1 章

GPGPU 概述

GPGPU(General Purpose Graphics Processing Unit,通用图形处理器)脱胎于 GPU (Graphics Processing Unit,图形处理器)。早期由于游戏产业的推动,GPU 成为专门为提升图形渲染效率而设计的处理器芯片。如今,图形图像处理的需求随处可见,无论在服务器、个人计算机、游戏机还是移动设备(如平板计算机、智能手机等)上,GPU 都已经成为不可或缺的功能芯片。随着功能的不断演化,GPU 逐渐发展成为并行计算加速的通用图形处理器,即 GPGPU。尤其近年来随着人工智能的飞速发展,GPGPU 由于其强大的运算能力和高度灵活的可编程性,已经成为深度学习训练和推理任务最重要的计算平台。这主要得益于 GPGPU 的体系结构很好地适应了当今并行计算的需求。

1.1 GPGPU 与并行计算机

什么是并行计算机? Almasi 和 Gottlieb 给出的定义是:"并行计算机是一些处理单元的集合,它们通过通信和协作快速解决一个大的问题。"

这个简单的定义明确了并行计算机的几个关键要素,即处理单元的集合、通信和协作。"处理单元"是指具有指令处理和计算能力的逻辑电路,它定义了并行计算的功能特性。一个处理单元可以是一个算术逻辑功能单元,也可以是一个处理器核心、处理器芯片或整个计算节点。"处理单元的集合"则定义了并行计算具有一定的规模性。"通信"是指处理单元彼此之间的数据交互。通信的机制则明确了两类重要的并行体系结构,即共享存储结构和消息传递结构。"协作"是指并行任务在执行过程中相对于其他任务的同步关系,约束了并行计算机进行多任务处理的顺序,保障其正确性。"快速解决一个大的问题"表明了并行计算机是为解决一个问题而工作的,其设计目标是性能。

然而,这个宽泛的定义并没有指明并行计算机的设计方式和实现方法,比如,处理单元如何组织,通信介质如何选择,协作的机制和粒度如何处理等。并行体系结构研究的就是如何组织这些要素,从而实现一个并行计算机,并使之高效工作。

从这个定义来看,GPGPU 体系结构也符合并行计算机的定义,而且它明确地采用了类似单指令多数据的设计方式和实现方法,成为当今并行计算机最为成功的设计范例之一。

1.1.1　并行体系结构

虽然实现多核并行的单芯片微处理器是 2001 年以后才出现的(IBM Power4),但人们对并行计算机的关注从很早就开始了。弗林(Flynn)在 1972 年就对不同类型的并行性进行了研究,并根据指令流和数据流的关系定义了并行计算机的类型。指令流是由单个程序计数器产生的指令序列,数据流是指令所需的数据及其访问地址的序列,包括输入数据、中间数据和输出数据。弗林分类法将并行归纳为以下 4 类。

(1) 单指令流单数据流(Single Instruction Stream & Single Data Stream,SISD)。SISD 并不是并行体系结构。传统的单核 CPU 就是 SISD 的代表,它在程序计数器的控制下完成指令的顺序执行,处理一个数据。但它仍然可以利用指令级并行(Instruction-Level Parallelism,ILP),在指令相互独立时实现多条指令的并行。

(2) 单指令流多数据流(Single Instruction Stream & Multiple Data Stream,SIMD)。SIMD 是一种典型的并行体系结构,采用一条指令对多个数据进行操作。向量处理器就是 SIMD 的典型代表。很多微处理器也增加了 SIMD 模式的指令集扩展。在实际应用中,SIMD 通常要求问题中包含大量对不同数据的相同运算(如向量和矩阵运算)。通常情况下,SIMD 需要有高速 I/O 及大容量存储来实现高效并行。GPGPU 也借鉴了 SIMD 的方式,通过内置很多 SIMD 处理单元和多线程抽象来实现强大的并行处理能力。

(3) 多指令流单数据流(Multiple Instruction Stream & Single Data Stream,MISD)。MISD 是指采用多条指令(处理单元)来处理单条数据流,数据可以从一个处理单元传递到其他处理单元实现并行处理。一般认为,脉动阵列(systolic array)结构是 MISD 的一种实例,例如 Google 公司的 TPU 系列深度学习加速器。脉动阵列结构在传统数字信号处理中有比较广泛的应用,但往往对计算场景有着比较严格的约束。

(4) 多指令流多数据流(Multiple Instruction Stream & Multiple Data Stream,MIMD)。MIMD 是最为通用的并行体系结构模型。它对指令流和数据流之间的关系没有限制,通常包含多个控制单元和多个处理单元。各个处理单元既可以执行同一程序,也可以执行不同的程序。在弗林分类中,MIMD 通用性最高,但设计的复杂性可能导致效率较低。目前大多数多核处理器就属于 MIMD 的范畴。

根据实现层次的不同,并行体系结构可以有多种实现方式。最基本的方式是单核内指令级并行,即处理器在同一时刻可以执行多条指令。流水线技术是实现指令级并行的关键使能技术。采用流水线技术设计的指令级并行微处理器内核已经成为教科书级的设计典范。在这个基础上是多线程和多核并行,即一个芯片上紧密集成多个处理单元或处理核心,同时处理多个任务。再上一个层次的并行是多计算机并行,即将多个芯片通过专用的网络连接在一起实现更大规模的并行。更高层次的并行是仓储级计算机(warehouse-scale computer),即借助互联网技术将数以万计的处理器和计算机节点连接在一起。每个节点可能是一个独立的计算机,并具备前述多种层面的并行。

在摩尔定律的指引下,半导体工艺曾按照每 18 个月晶体管数量翻一番的速度发展,从而为并行体系结构提供了物理实现的基础。伴随着半导体工艺的进步和并行体系结构的发展演化,并行体系结构的实现考虑了所有层次的并行类型,而且在哪种层面支持何种类型的并行性也变得相对明确。例如,指令级并行和数据级并行更适合在核内实现,因为它所需要的寄存器传输级(Register Transfer Level,RTL)通信和协作可以在核内以极低的延迟完成。因此,现代微处理器中每个核心都会综合运用流水化、超标量、超长指令字、分支预测、乱序执行等技术来充分挖掘指令级并行。相对来讲,MIMD 的并行层次更高,会更多地利用多个处理单元、多个处理核心和多个处理器或更多的节点来实现。

1.1.2　GPU 与 CPU 体系结构对比

在面对并行任务处理时,CPU 与 GPU 的体系结构在设计理念上有着根本的区别。CPU 注重通用性来处理各种不同的数据类型,同时支持复杂的控制指令,比如条件转移、分支、循环、逻辑判断及子程序调用等,因此 CPU 微架构的复杂性高,是面向指令执行的高效率而设计的。GPU 最初是针对图形处理领域而设计的。图形运算的特点是大量同类型数据的密集运算,因此 GPU 微架构是面向这种特点的计算而设计的。

设计理念的不同导致 CPU 和 GPU 在架构上相差甚远。CPU 内核数量较少,常见的有 4 核和 8 核等,而 GPU 则由数以千计的更小、更高效的核心组成。这些核心专为同时处理多任务而设计,因此 GPU 也属于通常所说的众核处理器。多核 CPU 和众核 GPU 的架构对比如图 1-1 所示。可以看到,CPU 中大部分晶体管用于构建控制电路和存储单元,只有少部分的晶体管用来完成实际的运算工作,这使得 CPU 在大规模并行计算能力上极受限制,但更擅长逻辑控制,能够适应复杂的运算环境。由于 CPU 一般处理的是低延迟任务,所以需要大量如图 1-1 所示的一级(L1)、二级(L2)、三级(L3)高速缓存(cache)空间来减少访问指令和数据时产生的延迟。GPU 的控制则相对简单,对高速缓存的需求相对较小,所

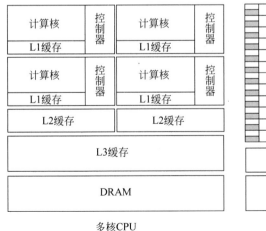
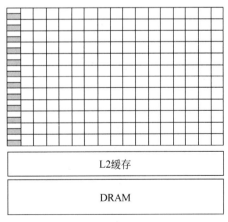

图 1-1　多核 CPU 和众核 GPU 的架构对比

以大部分晶体管可以组成各类专用电路、多条流水线,使得 GPU 的计算能力有了突破性的飞跃。图形渲染的高度并行性,使得 GPU 可以通过简单增加并行处理单元和存储器控制单元的方式提高处理能力和存储器带宽。

应用场景和架构上的差异还导致多核 CPU 与众核 GPU 在浮点计算性能上的差别。图 1-2 描述了 2006—2020 年具有代表性的部分 Intel 的 CPU、NVIDIA 的 GPU 和 AMD 的 GPU 在性能上的对比和发展趋势,纵坐标是单精度的峰值浮点性能(GFLOPS)。可以看出,GPU 的浮点性能都远高于 CPU。近年来,CPU 大幅提升了其峰值浮点性能,但仍旧与具有强大浮点运算能力的 GPU 存在差距。

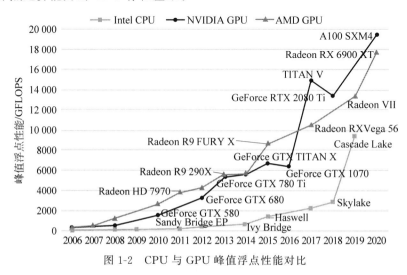

图 1-2　CPU 与 GPU 峰值浮点性能对比

1.2　GPGPU 发展概述

随着半导体工艺水平的不断提升和计算机体系结构设计的不断创新,GPU 在过去的二十余年间得到了快速发展,从传统图形图像相关的三维图像渲染专用加速器拓展到多种应用领域,形成了面向通用计算的图形处理器,即 GPGPU 这一全新形态。

1.2.1　GPU

要深入理解 GPU 计算的本质,就需要首先明确"图形图像相关"的任务是什么。在计算机显示过程中,将三维立体模型转化为屏幕上的二维图像需要经过一系列的处理步骤,这些处理步骤在实际设计中会形成图形处理的流水线。图形流水线需要不同的应用程序接口(Application Programming Interface,API)来定义它们的功能。目前主要有两种标准,OpenGL 和 Direct3D。图 1-3 为这些图像 API 所定义的逻辑图形流水线的示意图。它以某种形式的三维场景作为输入,输出二维图像到显示器,其主要操作过程包括如下步骤。

(1)输入阶段。运行在 CPU 上的应用程序是整个图形流水线的入口处,该应用程序负

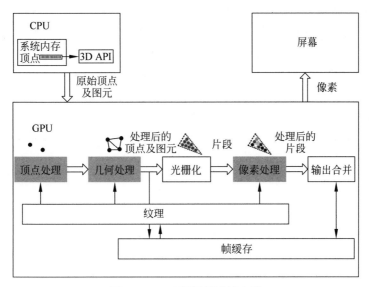

图 1-3　GPU 逻辑图形流水线

责构建想要渲染在屏幕上的几何图形。几何图形可以由众多顶点、线、三角形、四边形等组成,这些就是图形中常见的几何图元。这些几何图元归根结底也是由若干顶点组成的,每个顶点的属性信息不仅包括顶点在空间中的三维坐标,还包括颜色(RGB 等)、纹理等特性。这些顶点及图元信息将首先驻留在 CPU 的主存储器中,由应用程序使用 3D API 将这些信息从主存储器传输到 GPU 设备端存储器中。

（2）顶点处理。接收到 CPU 发来的顶点信息后,顶点着色器(vertex shader)对每个顶点数据进行一系列的变换,包括几何变换、视图变换、投影变换等,实现顶点的三维坐标向屏幕二维坐标的转化。接收到的 CPU 模型往往是在局部空间中构建的,几何变换通过一系列平移、旋转、缩放等几何操作,将模型从局部空间转换到世界空间中。由于显示输出的需要,用户会定义一个视窗,类比于相机,视窗变换会定义一个观察模型的位置和角度。然后投影变换将模型投影到与视窗观察方向垂直的平面上。除此之外,顶点着色器还会决定每个顶点的亮度。顶点着色器对每个顶点的处理是相互独立的,无法得到顶点间的关系,也不可以创建或销毁任何顶点。

（3）几何处理。几何着色器(geometry shader)对由多个顶点组成的几何图元进行操作,实现逐图元着色或产生额外的图元。各个图元的处理也是相互独立的。

（4）光栅化阶段。将上一阶段得到的几何图元转换成一系列片段的集合,每个片段由像素点组成。转换后所得到的模型投影平面是一个帧缓存,它是一个由像素定义的光栅化平面。光栅化(rasterization)的过程,实际上就是通过采样和插值确定帧缓存上的像素该取什么样的值,最终建立由几何图元覆盖的片段。

（5）像素处理。这些像素或由像素连成的片段还要通过像素着色器(pixel shader)或片段着色器添加纹理、颜色和参数等信息。该过程使用插值坐标在 1D、2D 或 3D 的纹理数组中进行大量的采样和过滤操作。

（6）输出合并。最后阶段执行 Z-buffer 深度测试和模板测试，丢弃隐藏片段或用段深度取代像素深度，并将段颜色和像素颜色进行合成，将合成后的颜色写入像素点。

经过上述操作，帧缓存里的结果在显示器上输出显示。以绘制一棵树木为例来说明图形流水线的工作流程。首先，GPU 从显存读取描述树木 3D 外观的顶点数据，生成一批反映三角形场景位置与方向的顶点。其次，由顶点着色器计算每个顶点的 2D 坐标和亮度值，在屏幕空间绘出构成树木的顶点。顶点被分组成三角形图元，几何着色器进一步细化，生成更多几何图元。GPU 中的固定功能单元对这些几何图元进行光栅化，生成相应的片段集合，由像素着色器从显存中读取纹理数据对每个片段上色和渲染。最后，根据片段信息更新树木图像。由光栅操作处理器（Raster Operations Processor，ROP）完成像素到帧缓冲区的输出，帧缓冲区中的数据输出到显示器上以后，就可以看到绘制完成的树木图像了。

该过程以较高的帧频率重复，从而使用户可以看到一系列连续的图像变化。随着图形处理需求的日益复杂和硬件加速性能的不断完善，有越来越多的功能被添加到图形流水线中，形成了更为丰富的图形流水线操作步骤和流程。可以注意到，图 1-3 中灰色部分标示出的是当前图形流水线中可编程的部分，而这正是 GPU 演化成 GPGPU 的基础。

1.2.2　从 GPU 到 GPGPU

从 20 世纪 90 年代开始，GPU 与 CPU 在数余年的时间里一直各司其职。但 CPU 单核性能的提高受到功耗、访存速度、设计复杂度等多重瓶颈的制约，而 GPU 仅被局限于处理图形渲染的计算任务。这对于拥有强大并行计算能力的 GPU 来说，无疑是对计算资源的极大浪费。随着 GPU 可编程性的不断提升，GPU 可以接管一部分适合自己进行运算的应用，利用 GPU 完成通用计算的研究也渐渐活跃起来，GPU 开始应用于图形渲染以外更多的通用领域，逐渐演化成为 GPGPU。

GPGPU 这一计算形态的演化不是一蹴而就的，与 GPU 架构本身的发展变革也密切相关。GPU 的发展历史大致可以分为三个时代，即固定功能的图形流水线时代、可编程图形流水线时代及 GPGPU 通用计算时代。

第一个时代是从 20 世纪 80 年代初到 90 年代末，这期间图形硬件中性能最好的是固定功能流水线，但不可编程，因而不够灵活。ATI 公司于 1985 年开发出第一款图形芯片和图形卡，于 1992 年发布集成了图形加速功能的 Mach32 图形卡，但那时候这种芯片还没有 GPU 的称号，很长的一段时间 ATI 都是把图形处理器称为 VPU，直到 ATI 被 AMD 收购之后其图形芯片才正式采用 GPU 的名字。早期的 GPU 只能进行二维的位图操作，20 世纪 90 年代末出现了硬件加速的三维坐标转换和光源计算技术。

第二个时代是 2001—2006 年，可编程实时图形流水线的出现将顶点处理和片段处理移到了可编程处理器上。例如，以前的固定图形流水线中需要 CPU 计算出每一帧的顶点变化然后传递给流水线执行。但顶点着色器出现后，CPU 只需要把顶点数据准备好，然后在顶点着色器中编程控制顶点的各种属性。这样一来，CPU 只需要开始时传递一次数据给

GPU 就可以了,这大大节省了数据传输消耗的时间。而且 GPU 强大的并行计算能力,使得在 GPU 中进行计算比在 CPU 中快得多。由于可编程性的引入,GPU 不再是一个功能单一的设备,拥有了更好的可扩展性和适应性,GPGPU 也正是在可编程图形流水线阶段开始发展起来的。在将 GPU 运用到科学计算上时,这些可编程的着色器和着色语言(为着色器编程的语言)就成了技术的核心。把算法用着色语言实现,再加载到着色器里,同时把原本的图形对象替换为科学计算的数据,这就实现了 GPU 对通用数据的处理。但着色器编程语言是为复杂的图形处理任务设计的,而非通用科学计算,所以在使用时需要通过一系列非常规的方法来达到目的。这种方式要求编程人员不仅要熟悉自己需要实现的计算和并行算法,还要对图形学硬件和编程接口有深入的了解,开发难度很高。

　　2006 年,NVIDIA 公布了统一着色器架构(unified shader architecture)和其 GeForce8 系列 GPU。从此,GPU 进入了通用计算时代。传统的 GPU 厂商通常采用固定比例的顶点着色器和像素着色器单元(比如经典的 1：3 黄金渲染架构),但这种做法常常会导致单元利用率低下的问题。比如,一段着色程序中包含 10% 的顶点着色器指令,剩下 90% 都是像素着色器指令,那么顶点着色器一段时间内将处于空闲状态,反之同理。为解决这一问题,统一着色器架构整合了顶点着色器和像素着色器,这种无差别的着色器设计,使得 GPU 成了一个多核的通用处理器。

　　图 1-4 展示了这种统一的 GPU 结构,它以多个可编程流处理器(Streaming Processor, SP)组成的并行阵列为基础,统一了顶点、几何、像素处理和并行计算,而不像早期的 GPU 那样对每种类型都有专用的分立处理器。这个架构基于 NVIDIA GeForce 8800 GPU 构建。它将 112 个 SP 阵列组织成了 14 个流多处理器(Streaming Multiprocessor, SM),14 个 SM 又组成了 7 个纹处理簇(Texture Processing Cluster, TPC)、共享纹理单元和纹理 L1 缓存。纹理单元会将过滤后的结果传给 SM,因为对于连续的纹理请求来说,支持的过滤区域通常是重叠的,因此一个小的 L1 纹理缓存可以有效地减少存储器系统请求。在统一的 SM 及其 SP 核上,既可以运行包括顶点、几何及片段处理的图形应用,也可以运行普通的计算程序。处理器阵列通过一个内部互连网络与光栅操作处理器、L2 纹理缓存、动态随机存储器(DRAM)和系统存储器相连。

　　图 1-5 进一步展示了图 1-3 所示的逻辑图形流水线中各个阶段是如何映射到图 1-4 的统一架构上的。从图 1-5 中可以看出,专用的图形处理单元与统一的计算处理单元有机地结合在一起,顶点处理、几何处理和像素处理等可编程着色器的处理过程都是在统一的 SM 阵列和 SP 单元上完成的。图形数据在图形和计算处理单元之间不断循环,完成原有的逻辑图形流水线的处理。

　　第三个时代可以认为从 2007 年 6 月开始,NVIDIA 推出了 CUDA(Compute Unified Device Architecture,计算统一设备体系结构)。CUDA 是一种将 GPU 作为数据并行计算设备的软硬件体系,不需要借助图形学 API,而是采用了比较容易掌握的类 C 语言进行开发。开发人员能够利用熟悉的 C 语言比较平稳地从 CPU 过渡到 GPU 编程。与以往的GPU 相比,支持 CUDA 的 GPU 在架构上有了显著的改进。一是采用了统一处理架构,可

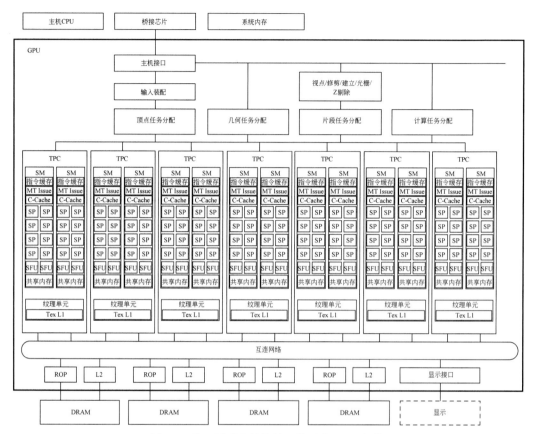

图 1-4　统一图形和计算处理单元的 GPU 架构

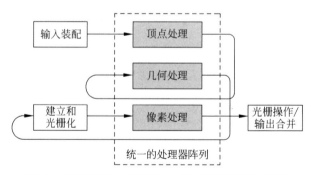

图 1-5　逻辑图形流水线向统一的处理器阵列结构映射

以更加有效地利用过去分布在顶点着色器和像素着色器的计算资源；二是引入了片内共享存储器，支持随机写入（scatter）和线程间通信。这两项改进使得 CUDA 架构更加适用于通用计算，NVIDIA 从 G80 系列开始加入了对 CUDA 的支持。

随后在 2008 年，苹果、AMD 和 IBM 等公司也推出了 OpenCL（Open Computing

Language,开放运算语言)开源标准,定义了适用于多核 CPU、GPGPU 等多种异构并行计算系统的架构框架和编程原则。从此,GPGPU 时代真正开始。

1.3 现代 GPGPU 产品

作为目前世界上最大的两家图形芯片提供商,美国的 NVIDIA 和 AMD 公司在桌面及工作站 GPU 和 GPGPU 领域遥遥领先。除此之外,Intel 公司一直以来主要发展其集成显卡业务,而 ARM、高通等知名企业都在嵌入式 GPU 领域迅速发展。

1.3.1 NVIDIA GPGPU

NVIDIA 的 GPU 产品主要有 GeForce、Tesla 和 Quadro 三大系列。三者采用同样的架构设计,也支持用作通用计算,但面向的目标市场及产品定位不同。其中,Quadro 的定位是专业用途显卡,GeForce 的定位是家庭娱乐,而 Tesla 的定位是专业的 GPGPU,因此没有显示输出接口,专注数据计算而不是图形显示。

NVIDIA Tesla 系列经历了 Tesla(2008)、Fermi(2010)、Kepler(2012)、Maxwell(2014)、Pascal(2016)、Volta(2017)、Turing(2018) 和 Ampere(2020)这几代架构。表 1-1 列出了NIVIDIA GPGPU 系列产品的关键指标。可以看到,每代架构更新都带来了产品工艺、计算能力、存储带宽等方面的巨大提升。

表 1-1 NVIDIA GPGPU 系列产品的关键指标

产品型号	Tesla M2090	Tesla K40	Tesla M40	Tesla P100	Tesla V100	Tesla T4	Tesla A100
GPU	GF110	GK100	GM200	GP100	GV100	TU104	GA100
架构	Fermi	Kepler	Maxwell	Pascal	Volta	Turing	Ampere
SM	16	15	24	56	80	40	108
CUDA 核心单元	512	2880	3072	3584	5120	2560	6912
张量核心单元	NA	NA	NA	NA	640	320	432
GPU 超频频率/MHz	NA	810/875	1114	1480	1530	1590	1410
FP32 单元峰值(GFLOPS)	1332	5046	6844	10 609	15 670	8141	19 490
FP64 单元峰值(GFLOPS)	666.1	1682	213.9	5304	7834	254.4	9746
张量单元峰值(TFLOPS,FP16)	NA	NA	NA	NA	125	65	312
存储器接口	384-bit GDDR5	384-bit GDDR5	384-bit GDDR5	4096-bit HBM2	4096-bit HBM2	256-bit GDDR6	5120-bit HBM2e
存储器大小	6GB	Up to 12GB	Up to 24GB	16GB	16GB	16GB	40GB

续表

产品型号	Tesla M2090	Tesla K40	Tesla M40	Tesla P100	Tesla V100	Tesla T4	Tesla A100
TDP/瓦	250	235	250	300	300	70	250
晶体管数量/10亿	3.0	7.1	8.0	15.3	21.1	13.6	54.2
芯片大小/mm^2	520	551	601	610	815	545	826
工艺/nm	40	28	28	16 FinFET+	12 FFN	12	7

Fermi 架构是第一个为高性能计算(High Performance Computing,HPC)应用提供所需功能的架构,支持符合 IEEE 754—2008 标准的双精度浮点,融合乘加运算(Fused Multiply-Add,FMA),提供从寄存器到 DRAM 的 ECC(Error Correcting Code)保护,具有多级别的缓存,并支持包括 C、C++、FORTRAN、Java、MATLAB 和 Python 等编程语言。通常,Fermi 架构被认为是第一个完整的 GPGPU 计算架构,它实现了图形性能和通用计算并重,为通用计算市场带来前所未有的变革。

Kepler 架构是为了高性能科学计算而设计的,相比 Fermi 架构效率更高,性能更好,其突出优点是双精度浮点运算能力高并且更加强调功耗比。但是双精度能力在深度学习训练上作用不大,所以 NVIDIA 又推出了 Maxwell 架构来专门支持神经网络的训练。Maxwell 架构支持统一虚拟内存技术,允许 CPU 直接访问显存和 GPU 访问主存。随后,NVIDIA 又推出了 Pascal 架构,进一步增强了 GPGPU 在神经网络方面的适用性。

Volta 架构对 GPU 的核心,即流多处理器(SM)的架构进行了重新设计。Volta 架构比前代 Pascal 设计能效高 50%。在同样的功率范围下,单精度浮点(FP32)和双精度浮点(FP64)性能有大幅提升。Volta 架构还新增了专门为深度学习而设计的张量核心(tensor core)单元。Volta 架构的另一个重要改动是独立的线程调度。之前 NVIDIA 一直使用 SIMT 架构,即一个线程束(warp)中的 32 个线程共享一个程序计数器(Program Counter,PC)和栈(stack)。Volta 架构中每个线程都有自己的程序计数器和堆栈,使得线程之间的细粒度控制成为可能。

Turing 架构最重要的新特性是加入了专门用于加速光线追踪的 RT(Ray-Tracing)核心,实现了计算机图形学的一大突破,使得实时光线追踪成为可能。另外,深度学习超采样(Deep Learning Super Sampling,DLSS)使用专为游戏而设的深度神经网络,使用超高质量的 64 倍超级采样图像或真实画面进行训练,进而通过张量核心来推断高质量的抗锯齿结果。在 Turing 架构上,张量核心不仅可以加速 DLSS 等特性,也可以加速某些基于 AI 的降噪器,以清理和校正实时光线追踪渲染的画面。

Ampere 架构是 NVIDIA 在 2020 年新推出的 GPGPU 架构,其旗舰产品 Ampere A100 中张量核心单元的性能比 Volta 架构中张量核心单元的性能提高了 2.5 倍,比传统的 CUDA 核心单元执行单精度浮点乘加的性能提高了 20 倍。

1.3.2　AMD GPGPU

在很长一段时间内，AMD 的 GPGPU 一直沿用超长指令字（Very Long Instruction Word，VLIW）架构。但由于超长指令字在通用计算领域发挥受限，AMD 于 2011 年推出了采用 GCN（Graphics Core Next）架构的 GPGPU 产品。表 1-2 列出了 AMD GPGPU 系列产品的关键指标。

表 1-2　AMD GPGPU 系列产品的关键指标

产品型号	Radeon R9270	Radeon R9390x	Radeon R9Fury	Radeon RX580	Radeon RXVega64	Radeon ProW5700X	Radeon RX6900XT
架构	GCN1.0	GCN2.0	GCN3.0	GCN4.0	GCN5.0	RDNA1.0	RDNA2.0
GPU 超频频率/MHz	925	1050	1000	1340	1546	2040	1735
FP32 单元峰值（GFLOPS）	2368	5914	7168	6175	12 660	10 440	17 770
FP64 单元峰值（GFLOPS）	148	739.2	448	385.9	791.6	652.8	1110
存储器接口	256-bit GDDR5	512-bit GDDR5	4096-bit HBM	256-bit GDDR5	2048-bit HBM2	256-bit GDDR6	384-bit GDDR6
存储器大小	2GB	8GB	4GB	8GB	8GB	16GB	12GB
TDP/瓦	150	275	275	185	295	205	300
晶体管数量/10 亿	2.8	6.2	8.9	5.7	12.5	10.3	21
芯片大小/mm^2	212	438	596	232	495	251	505
工艺/nm	28	28	28	14	14	7	7

GCN 架构采用 GCN 单元，也称 CU（Compute Unit）。每个 CU 内部拥有 4 组 SIMD 阵列。虽然还是基于 SIMD 体系，但是 4 组 SIMD 阵列的同步运行使得每个 CU 单元每周期可以执行 4 线程，具备了 MIMD 体系的特点。每个 SIMD 阵列拥有 16 个 ALU，因此 GCN1.0 架构的显卡 HD7970 便是 32 个 CU，或 128 组 SIMD 阵列，或 2048 个流处理器。GCN 架构是 AMD 首次针对 3D 渲染/GPU 计算双重使命而设计的。

2016 年，AMD 推出第四代 GCN 架构，即 Polaris 架构。Polaris 架构优化了 FinFET 工艺，性能有了新的突破。在 Polaris 架构的关键功能中，第四代 GCN 核心进一步改进，涉及原语丢弃加速器、硬件调度、指令预读、渲染效率及内存压缩等单元。

之后的 Vega 架构作为第五代 GCN 架构引入四大新特性：高带宽缓存控制器、下一代计算单元（Next-Generation Compute Unit，NCU）、高级像素引擎和新一代几何渲染引擎。其中在深度学习方面，Vega GPU 中首度引入了紧缩（packed）的半精度计算支持。Vega 的微架构被称为 NCU，每个 NCU 中拥有 64 个 ALU，它可以灵活地执行紧缩数学操作指令，如每个周期可以进行 512 个 8 比特计算，或 256 个 16 比特计算，或 128 个 32 比特计算。这充分利用了硬件资源，大幅提升了 Vega 在深度学习计算领域的性能。

2019 年，AMD 发布了新一代 Navi 架构。它采用来源于 GCN 但做出大幅改进和增强的 RDNA 架构。Navi 架构采用 7nm 生产工艺，拥有更快的 GDDR6 显存，相对 GDDR5 显存带宽提升 2 倍。在计算单元组成上，RDNA 架构将 GCN 架构每个 CU 里的 64 个流处理器分为两组，每组 32 个，并配备 2 倍数量的标量单元、调度器与向量单元。在缓存方面，RDNA 架构加入 128KB 的 16 路 L1 缓存，将 L0 缓存与流处理器之间的载入带宽提升了 2 倍。此外，RDNA 架构还提升了图形流水线的效率。

1.3.3　Intel GPGPU

相比于 NVIDIA 和 AMD 独立显卡产品的不断迭代，Intel 的 GPU 更多情况下作为集成在北桥或 CPU 内部的一块图形协处理器而存在。相比于独立显卡，集成显卡或核心显卡的形式会受限于面积、功耗和散热等问题，影响到图形处理和通用计算的性能。例如，Intel 在推出 HD Graphics 以前的显示核心包括 Intel Extreme Graphics 和 Intel GMA (Graphics Media Accelerator)，都集成于北桥芯片中。随着 2010 年推出的 Nehalem 微架构逐步推行单芯片组设计，原来集成于北桥的显示核心移至 CPU 处理器上，称为 Intel HD Graphics 或"核心显卡"。

在独立 GPU 方面，遭遇了 Larrabie 的挫折后，2020 年 Intel 以 10nm 制程重新设计了新一代 Xe 架构的 GPU，试图推动 GPU 算力从万亿次(TFLOPS)向千万亿次(PFLOPS)迈进。Intel 也将 Xe GPU 从 CPU 中分离成为 Iris Xe Graphics 独立显卡。它拥有 96 个流处理器，配备 4GB 的 LPDDR4X 显存，拥有 128 比特位宽。除传统的图形处理能力外，Iris Xe 通过 OpenCL 提供了通用计算能力。Xe GPU 家族由一系列显卡芯片组成，通过一个架构统一所有应用场景，如 Xe LP 低功耗、Xe HP 高性能、Xe HPC 数据中心。

同时，面对海量智能设备和数据指数增长，Intel 将重点转移到跨 CPU、GPU、FPGA 和其他加速器的混合架构，将其称之为 XPU 愿景，并在 2019 国际超算大会上首次提出。Intel 希望能够建立一个类似于 CUDA 的全面软件栈和工具包，名为 oneAPI 统一计算和简化跨体系结构编程模型，开放成为行业标准，为各种不同硬件，尤其是 HPC 和 AI 提供更高的处理性能。

1.3.4　其他 GPU

在 PC、游戏主机及服务器市场，主要是 NVIDIA 和 AMD 两家公司在竞争，而在嵌入式设备市场则有多样的 GPU 产品，如 Imagination 的 PowerVR(曾被苹果采用)、高通的 Adreno 系列(曾被小米、三星采用)及 ARM 的 Mali 系列。虽然这些 GPU 一定程度上基于 OpenCL 标准使能了通用计算能力，但在面向智能设备的嵌入式移动终端上，通用计算能力并非这些 GPU 的重点和强项。

参 考 文 献

［1］ Almasi G S,Gottlieb A. Highly parallel computing［M］. 2nd ed. Benjamin-Cummings Publishing Co. , Inc. 1994.

［2］ de Macedo Fernandes R D G. IBM POWER4：A 64-bit Architecture and a new technology to form systems［Z］.（2003-01-31）［2021-08-12］. http://gec. di. uminho. pt/discip/minf/ac0203/ICCA03/11020_ Power4. pdf.

［3］ Michael J. Flynn. Some computer organizations and their effectiveness［J］. IEEE Transactions on Computers,1972,100(9)：948-960.

［4］ Jouppi N P,Young C,Patil N,et al. In-datacenter performance analysis of a tensor processing unit［C］. Proceedings of the 44th annual International Symposium on Computer Architecture(ISCA). IEEE, 2017：1-12.

［5］ Cook S. CUDA programming：a developer's guide to parallel computing with GPUs［M］. Newnes,2012.

［6］ Patterson D A,Hennessy J L. Computer organization and design：The hardware/software interface ［M］. Morgan Kaufmann,2004.

［7］ Nvidia. GeForce N. 8800 GPU architecture overview［J］. Technical Brief,2006：1-55.

［8］ Inetel. Intel Xe graphics：Everything you need to know about Intel's dedicated GPUs［Z］.（2021-04-17）［2021-08-12］. https://www. digitaltrends. com/computing/intel-xe-graphics-everything-you-need-to-know/.

［9］ Intel. Intel oneAPI Base Toolkit［Z］.［2018-08-12］. https://software. intel. com/content/www/us/en/develop/tools/oneapi/base-toolkit. html#gs. 37q0qo.

［10］ Nvidia. NVIDIA Tesla V100 GPU architecture［Z］.［2021-08-12］. https://images. nvidia. com/content/volta-architecture/pdf/volta-architecture-whitepaper. pdf.

［11］ Nvidia. NVIDIA Turing GPU architecture［Z］.［2021-08-12］. https://images. nvidia. com/aem-dam/en-zz/Solutions/design-visualization/technologies/turing-architecture/NVIDIA-Turing-Architecture-Whitepaper. pdf.

［12］ AMD. RDNA architecture［Z］.［2021-08-12］. https://www. amd. com/system/files/documents/rdna-whitepaper. pdf.

第 2 章

GPGPU 编程模型

早期的 GPU 以拥有大量的浮点计算单元为特征,这种设计主要是为大规模图形计算服务的。后来随着人们对 GPU 进行通用编程需求的日益增加,NVIDIA 公司于 2007 年发布了 CUDA(Compute Unified Device Architecture,计算统一设备体系结构),支持编程人员利用更为通用的方式对 GPU 进行编程,更好地发挥底层硬件强大的计算能力,从而高效地解决各领域中的计算问题和任务。尤其在大规模数据并行处理问题上,GPGPU 可以提供 CPU 无可比拟的处理速度。可以说,CUDA 的推出为 GPGPU 带来了前所未有的推动力。随后在 2008 年,苹果、AMD 和 IBM 等公司也推出了 OpenCL(Open Computing Language,开放运算语言)标准。该标准成为第一个面向异构系统通用并行编程的免费标准,适用于多核 CPU、GPGPU 等多种异构并行系统。

本章将以 CUDA 和 OpenCL 并行编程中的一些核心架构概念来展示 GPGPU 的计算、编程和存储模型。为了与后续硬件架构原理相衔接,本章还将以 CUDA 为例,介绍其虚拟指令集和机器指令集,逐步揭开 GPGPU 体系结构的面纱。

2.1 计算模型

作为编程框架的核心,计算模型需要根据计算核心的硬件架构提取计算的共性工作方式。作为首个 GPGPU 编程模型,CUDA 定义了以主从方式结合 SIMT 硬件多线程的计算方式。本节将以典型的矩阵乘法为例介绍 GPGPU 所采用的计算模型。

2.1.1 数据并行和线程

在图形和很多其他应用中,大量数据具有良好的并行特性。这种数据的并行特性使得处理器在计算过程中可以安全地对数据以一定的结构化方式同时进行操作。典型的例子就是矩阵乘法运算:由于其良好的数据并行特性,结果矩阵中每个元素的计算可以并行地进行。如图 2-1 所示,矩阵乘法的结果矩阵 C 中每个元素都可以由一个输入矩阵 A 的行向量和另一个输入矩阵 B 的列向量进行点积运算得到。C 中每个元素的计算过程都可以独立进行,不存在依赖关系,因此具有良好的数据并行性。同时,*C* 中每个元素的计算具有规则性,即其所需的输入向量通常可以预先确定,而且每个元素的最终输出都需要经历相同的点积运算次数,这为并行编程带来很好的实现可能性。

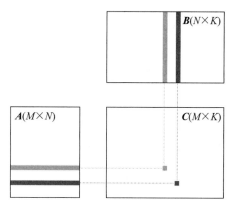

图 2-1 矩阵乘法的数据并行性和单个线程的计算内容

基于矩阵乘法这一数据并行性,可以设计多个计算单元同时执行矩阵 *C* 中多个元素的点积运算。在 GPGPU 中,承担并行计算中每个计算任务的计算单元称为线程[①]。每个线程在一次计算任务过程中会执行相同的指令。代码 2-1 是矩阵乘法中单个线程计算内容的伪代码。每个线程从矩阵 *A* 和 *B* 读取对应的行或列构成向量 *a* 和 *b*,然后执行向量点积运算,最后由该线程将最终的元素输出结果 *c* 存到结果矩阵 *C* 的对应位置。虽然每个线程输入数据不同,输出的结果也不同,但是每个线程需要执行的指令完全相同。也就是说,一条指令被多个线程同时执行,这种计算模式与 1.1.1 节介绍的 SIMD 并行非常相似,在 GPGPU 中被称为单指令多线程(Single Instruction Multiple Threads,SIMT)计算模型。

代码 2-1 单个线程计算内容的伪代码

```
1    从输入矩阵 A 和 B 中读取一部分向量 a,b
2    for (i=0;i < N;i++)
3        c += a[i] + b[i];
4    将 c 写回结果矩阵 C 的对应位置中
```

CUDA 和 OpenCL 的编程模型基于 GPGPU 架构特点,对 SIMT 计算模型进行了合理的封装。CUDA 引入了线程网格(thread grid)、线程块(thread block)、线程(thread);对等地,OpenCL 引入了 N 维网络(NDRange)、工作组(work-group)和工作项(work-item)等概念,可以将计算任务灵活地映射到 GPGPU 层次化的硬件执行单元实现高效的并行,提高了处理器的执行效率。

---

① CUDA 中称为线程(thread),OpenCL 中称为工作项(work-item)。本书将采用"线程"这一术语,因为它更容易理解且使用更为广泛。

2.1.2　主机-设备端和内核函数

在 CUDA 和 OpenCL 编程模型中,通常将代码划分为主机端(host)代码和设备端(device)代码,分别运行在 CPU 和 GPGPU 上。这个划分是由编程人员借助 CUDA 和 OpenCL 提供的关键字进行手工标定的,编译器会分别调用 CPU 和 GPGPU 的编译器完成各自代码的编译。在执行时,借助运行时库完成主机端和设备端程序的分配。CPU 硬件执行主机端代码,GPGPU 硬件将根据编程人员给定的线程网格组织方式等参数将设备端代码进一步分发到线程中。每个线程执行相同的代码,但处理的是不同的数据,通过开启足够多的线程获得可观的吞吐率。这就是 GPGPU 所采用的 SIMT 计算模型的计算过程。

结合前面矩阵乘法的简单示例,主机端代码通常分为三个步骤:数据复制、GPGPU 启动及数据写回。这里以 CUDA 代码为例,OpenCL 代码的步骤类似。

(1) 数据复制。CPU 将主存中的数据复制到 GPGPU 中。首先主机端代码完成 GPGPU 待处理的数据声明和预处理,如代码 2-2 中第 1 行的 A、B、C 三个数组就是主存中的数据,第 2 行的 d_A、d_B、d_C 就是 GPGPU 设备端全局存储器即显存中的数据。接着 CPU 调用 API 对 GPGPU 进行初始化和控制,如通过第 7 行的 cudaMalloc() API 来分配设备端空间,第 8 行的 cudaMemcpy() API 控制 CPU 和 GPGPU 之间的通信,将数据从主机端存储器复制至 GPGPU 的全局存储器内。

代码 2-2　主机端函数——数据复制

```
1    float A[M * N], B[N * K], C[M * K];
2    float * d_A, * d_B, * d_C;
3    int size= M * N * sizeof(float);
4    cudaMalloc((void ** )&d_A, size);
5    cudaMemcpy(d_A, A, size, cudaMemcpyHostToDevice);
6    size= N * K * sizeof(float);
7    cudaMalloc((void ** )&d_B, size);
8    cudaMemcpy(d_B, B, size, cudaMemcpyHostToDevice);
9    size= M * K * sizeof(float);
10   cudaMalloc((void ** )& d_C, size);
```

(2) GPGPU 启动。CPU 唤醒 GPGPU 线程进行运算。CPU 执行到"<<< >>>"的指令时,唤醒相应的设备端代码,并且将线程的组织方式和参数传入 GPGPU 中,如代码 2-3 中第 4 行启动了名为 basic_mul 的设备端代码函数。值得注意的是,由于 CPU 和 GPGPU 是异步执行的,所以大部分情况下需要利用第 5 行的 cudaDeviceSynchronize() 进行同步,否则可能出现 GPGPU 还没有完成计算,CPU 已经完成了主机端代码并且返回了错误结果的情况。

代码 2-3　主机端函数——GPGPU 启动

```
1    unsigned T_size=16;
2    dim3 gridDim(M/T_size, K/T_size, 1);
3    dim3 blockDim(T_size, T_size, 1);
4    basic_mul <<< gridDim, blockDim >>> (d_A, d_B, d_C);
5    cudaDeviceSynchronize();
```

（3）数据写回。GPGPU 运算完毕将计算结果写回主机端存储器中。代码 2-4 中第 2 行的 cudaMemcpy() 将存储于设备端存储器的计算结果 d_C 传输回主机端存储器并保存在变量 C 中。执行完毕，利用第 3 行的 cudaFree() 完成 GPGPU 设备端存储空间的释放。

代码 2-4　主机端函数——数据写回主机端

```
1    size=M * K * sizeof(float);
2    cudaMemcpy(C, d_C, size, cudaMemcpyDeviceToHost);
3    cudaFree(d_A); cudaFree(d_B); cudaFree(d_C);
4    return 0;
```

设备端代码常常由多个函数组成，这些函数被称为内核函数（kernel）。内核函数会被分配到每个 GPGPU 的线程中执行，而线程的数量由编程人员根据算法和数据的维度显式指定。例如，在一个维度为 16×16 的矩阵乘法计算中，一种自然的方式就是 1 个线程计算 1 个结果矩阵的元素，那么需要开启 256 个线程进行并行运算。代码 2-5 就是设备端基于上述构造实现矩阵乘法的一个典型内核函数，__global__ 关键字定义了这个函数会作为内核函数在 GPGPU 上执行。blockIdx 与 threadIdx 是 CUDA 的内建变量，分别表示每个线程所在的线程块编号和位于线程块内部的位置，为不同线程索引不同数据。详细的线程组织和数据索引关系将在 2.2.1 节中介绍。

代码 2-5　设备端实现矩阵乘法的一个典型内核函数

```
1    __global__ void basic_mul(float * d_A, float * d_B, float * d_C)
2    {
3        int row=threadIdx.x + blockIdx.x * blockDim.x;
4        int col=threadIdx.y + blockIdx.y * blockDim.y;
5        for (int i=0; i < N; i++)
6        {
7            d_C[row * K + col] += d_A[row * N + i] * d_B[col + i * K];
8        }
9    }
```

在理想情况下，CPU 启动一次内核函数完成运算。但面对复杂问题时，CPU 可能无法将全部数据一次性搬运到 GPGPU 设备端存储器中。这时主机端和设备端之间就需要通过多次交互及多次内核函数调用来完成更大规模的计算，如图 2-2 所示。

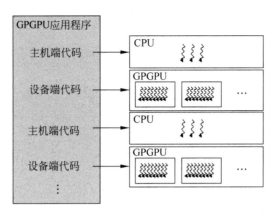

图 2-2　主机-设备端通过多个内核函数调用完成计算

2.2　线程模型

大规模的硬件多线程是 GPGPU 并行计算的基础。整个 GPGPU 设备端的计算都是按照线程为基础组织的,所有的线程执行同一个内核函数。一方面,GPGPU 的线程模型定义了如何利用大规模多线程索引到计算任务中的不同数据;另一方面,线程组织与 GPGPU 层次化的硬件结构相对应。因此,GPGPU 所定义的线程模型成为计算任务和硬件结构之间的桥梁,使得 GPGPU 的编程模型在保持较高抽象层次的同时,也能够完成计算任务向硬件结构的高效映射。

2.2.1　线程组织与数据索引

本节将从 GPGPU 广泛采用的层次化线程组织结构入手,接着介绍如何利用线程的内建变量索引到计算任务中的数据,最后对 GPGPU 的线程模型进行对比和小结。

1. 线程组织结构

在上述矩阵乘法的例子中,主机端在启动内核函数时利用了<<< >>> 向 GPGPU 传输了两个参数 gridDim 和 blockDim。事实上,这两个参数构造了本次 GPGPU 计算所采用的线程结构。CUDA 和 OpenCL 都采用了层次化的线程结构。例如,CUDA 定义的线程结构分为三级:线程网格、线程块和线程,它们的关系如图 2-3 所示。OpenCL 则定义了 NDRange、work-group 和 work-item 与之一一对应。

如图 2-3 所示,线程网格是最大的线程范围,包含了主机端代码启动内核函数时唤醒的所有线程。线程网格由多个线程块组成,其数量由 gridDim 参数指定。gridDim 是一种 dim3 类型的数据,而 dim3 数据类型是由 CUDA 定义的关键字。它本质上是一个数组,拥有 3 个无符号整型的字段代表块的维度为三维,其组织结构为 x 表示行,y 表示列,z 表示高。在图 2-3 中,上半部分的线程网格由二维的线程块构成,则将 gridDim 的 z 设置为 1。如果只需要一维的线程块,只需要将 gridDim 设置为标量值即可。

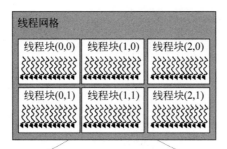

图 2-3　CUDA 所采用的层次化线程结构

　　线程块是线程的集合。为了按照合适的粒度将线程划分到硬件单元,GPGPU 编程模型将线程组合为线程块,同一线程块内的线程可以相互通信。与线程网格的组织方式类似,线程块的配置参数 blockDim 也是一个 dim3 类型的数据,代表了线程块的形状。在图 2-3 中,下半部分是线程块的一种二维组织方式,并且每个线程块的组织方式统一。

　　前面介绍过,线程是最基本的执行单元,每个线程并行地执行相同的代码完成计算。

2. 应用数据的索引

　　基于上面的线程层次,编程人员需要知道线程在网格中的具体位置,才能读取合适的数据执行相应的计算,因此需要指明每个线程在线程网格中的位置。例如,CUDA 引入了为每个线程指明其在线程网格中哪个线程块的 blockIdx(线程块索引号)和线程块中哪个位置的 threadIdx(线程索引号)。blockIdx 有三个属性,x、y、z 描述了该线程块所处线程网格结构中的位置。threadIdx 也有三个属性,x、y、z 描述了每个线程所处线程块中的位置。

　　图 2-4 及代码 2-6 中的几个简单示例展示了应用数据是如何基于线程结构来索引的。假定有一个包含 12 个元素的一维数组 A,建立 3 个一维线程块,每个线程块中包含 4 个一维排布的线程,12 个线程对应 A 中相应的元素,其对应索引关系如图 2-4 所示。程序根据线程块索引 blockIdx.x 升序及线程索引 threadIdx.x 升序的方式与 A 中的元素进行对应。例如,第二个线程块中第二个线程,即 blockIdx.$x = 1$、threadIdx.$x = 1$ 对应的是 A 中第 6 个元素,即 $A[5]$。

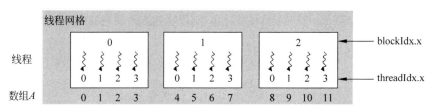

图 2-4   数组 A 中的元素与线程的对应索引关系

通过代码 2-6 的第 2、6、10 行可以得到 blockIdx.x、threadIdx.x 与 A 的索引 index 之间对应关系为 index＝threadIdx.x＋blockIdx.x×blockDim.x。代码 2-6 第 1～4 行中所示的内核代码和运行结果验证了这个关系。同理,在第 5～8 行的代码中,将写入 A 的数据设置为线程块索引 blockIdx.x,可以验证每个线程块中的索引其实是相同的。在第 9～12 行的代码中,将写入 A 的数据设置为线程索引 threadIdx.x,可以验证不同线程块对应位置的线程索引相同。因此,如果要确定一个线程位于线程网格中的位置,需要由线程块索引 blockIdx.x 和线程索引 threadIdx.x 共同确定。

代码 2-6   **threadIdx.x 和 blockIdx.x 索引向量的三种方式及结果**

```
1    __global__ void kernel1(int * A){
2        int index = threadIdx.x + blockIdx.x * blockDim.x;
3        A[index] = index
4    }
     kernel1 结果:0 1 2 3 4 5 6 7 8 9 10 11
5    __global__ void kernel2(int * A){
6        int index = threadIdx.x + blockIdx.x * blockDim.x;
7        A[index] = blockIdx.x
8    }
     kernel2 结果:0 0 0 0 1 1 1 1 2 2 2 2
9    __global__ void kernel3(int * A){
10       int index = threadIdx.x + blockIdx.x * blockDim.x;
11       A[index] = threadIdx.x
12   }
     kernel3 结果:0 1 2 3 0 1 2 3 0 1 2 3
```

接下来借助代码 2-5 中矩阵乘法的例子来分析线程对矩阵元素的索引关系。在二维的线程块和线程结构中,二维的线程与二维结果矩阵元素一一对应。假设矩阵按照行优先存储顺序,代码 2-5 中第 3 行和第 4 行通过 threadIdx＋blockIdx×blockDim 计算行方向的索引 row 和列方向的索引 col,可以让不同线程索引到结果矩阵所对应行和列的下标。由于结果矩阵共有 K 列,通过 row×K＋col 计算得出结果矩阵元素的具体位置。之后提取输入矩阵中对应行和列向量的计算结果。输入矩阵同样以行优先方式存储在 d_A 和 d_B 中,

row 和 col 确定了行号和列号,通过 row×N＋i 可以索引 d_A 中对应二维矩阵的一行,通过 col＋i×K 索引 d_B 中对应二维矩阵的一列。

　　为了能更深入理解线程层次结构对数据的索引方法,这里以分块矩阵乘法的例子进一步进行说明。分块矩阵乘法通过合理划分块的大小,可以充分利用数据的局部性原理减少对设备端全局存储器的访问,从而提高运算性能。一般地,矩阵分块的方式可以如图 2-5 所示,每个矩阵按照 BLOCK_SIZE 大小的方阵分割。为了计算结果矩阵 **C** 的灰色矩阵块的值,需要输入矩阵 **A** 中一行的矩阵块及 **B** 中一列的矩阵块。

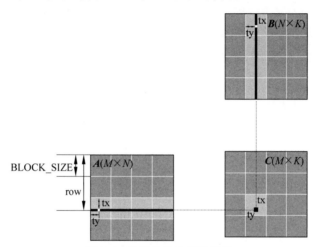

图 2-5　采用分块的矩阵乘法

　　参照未分块矩阵乘法的例子,依然唤醒与结果矩阵维数相等的二维线程,每个线程对应求解矩阵 **C** 中的一个元素的结果,每个线程块对应求解矩阵 **C** 中一个分块。分块矩阵乘法的内核函数如代码 2-7 所示。这里还引入了共享存储器的概念,即以 __shared__ 作为前置说明符的变量 Mds 和 Nds。它们作用于一个线程块内部,可以为同一个线程块内部的线程提供更快的数据访问。这个内核函数的核心思想是:首先,线程块中每个线程都将输入矩阵对应位置的数据写入 Mds 和 Nds 中,即根据图 2-5 所示矩阵 **C** 中黑色元素的位置,将矩阵 **A** 和 **B** 中对应位置的元素分别读入 Mds 和 Nds 中;其次,计算 Mds 和 Nds 的矩阵乘法结果,就能得到部分和;最后,将一行和一列的矩阵分块计算结果进行归约累加,得到最终结果。

　　代码 2-7 分块矩阵代码中 Mds 和 Nds 写入位置与 d_A 和 d_B 的索引关系很好地展示了线程与应用数据之间的索引关系。根据图 2-5 所示的分块方式,确定线程对应 d_C 中元素所在线程的二维编号 tx 和 ty 及行列位置 row 和 col。根据行优先存储规则,确定线程对应 d_A 的位置为 row×N＋ty,d_B 的位置为 col＋tx×K。根据分块矩阵乘法的计算规则,需要读取 d_A 和 d_B 矩阵加载 Mds 和 Nds 矩阵。例如,第 i 次读取 **A** 中灰色矩阵块行中第 i 个块及 **B** 中灰色矩阵块列中第 i 个块。这里需要加上分块的偏移量,在 d_A 中为 i×BLOCK_SIZE,d_B 中为 i×BLOCK_SIZE×K,即代码 2-7 第 11 行和第 12 行。得到 Mds 和 Nds 矩阵后,就可以进行基本的矩阵运算求取部分和,如代码 2-7 第 14 行～第 18 行所示。当 **A** 中一行的矩阵块和 **B** 中一列的矩阵块都被计算完毕,将结果写回矩阵 **C** 对应位置。另外,由于每个线程都是并行独立地操作数据,一个线程的后续计算需要用到其他线程中计算的结果,因此需要在代码 2-7 第 13 行添加__syncthreads()函数,保障线程块内线程同步,即保证 Mds 和 Nds 矩阵都被更新完毕后再进行矩阵乘法运算。代码 2-7 第 17 行也需要线程同步,原因是其他线程修改 Mds 和 Nds 矩阵会影响本线程计算的正确性,必须等待乘法运算完毕才能更新 Mds 和 Nds 矩阵。

正如前面提到的,共享存储器的访问比全局存储器更快,因此应当充分利用共享存储器来取代对全局存储器数据的访问。在这个分块矩阵乘法的例子中,每个线程块负责计算一个尺寸为 BLOCK_SIZE×BLOCK_SIZE 的小方阵,而每个线程负责计算小方阵中的一个元素。根据共享存储器的资源容量,将两个输入矩阵分割为尺寸为 BLOCK_SIZE 的子矩阵。从全局存储器中将两个对应的子矩阵载入共享存储器中,然后一个线程计算小方阵的一个元素,每个线程积累每次乘法的结果并写入寄存器中,结束后再写回全局存储器。这种将计算分块的方式,利用了快速的共享存储器访问,并节约了许多全局存储器的访问。例如,在全局存储器中 A 被读取了 $K/\text{BLOCK\_SIZE}$ 次而 B 被读取了 $M/\text{BLOCK\_SIZE}$ 次,远远低于未分块情况下 A 和 B 各自读取的次数。

代码 2-7   分块矩阵乘法的内核函数

```
1    __global__ void block_mul(float * d_A, float * d_B, float * d_C)
2    {
3        __shared__ float Mds[BLOCK_SIZE][BLOCK_SIZE];
4        __shared__ float Nds[BLOCK_SIZE][BLOCK_SIZE];
5        int row = threadIdx.x + blockIdx.x * blockDim.x;
6        int col = threadIdx.y + blockIdx.y * blockDim.y;
7        int tx = threadIdx.x; int ty = threadIdx.y;
8        float P = 0;
9        for(int i = 0; i < N/BLOCK_SIZE; i++)
10       {
11           Mds[tx][ty] = d_A[row * N + ty + i * BLOCK_SIZE];
12           Nds[tx][ty] = d_B[col + (tx + i * BLOCK_SIZE) * K];
13           __syncthreads();
14           for(int j = 0; j < BLOCK_SIZE; j++)
15           {
16               P += Mds[tx][j] * Nds[j][ty];
17               __syncthreads();
18           }
19       }
20       d_C[row * K + col] = P;
21    }
```

2.2.2　线程分配与执行

在 GPGPU 编程模型中,一方面,应用程序的大规模数据根据编程人员所描述的线程和数据的索引关系被分配到了每个线程;另一方面,GPGPU 硬件提供了大量的硬件功能单元和高度并行的执行能力,因此可以容易地适配并行线程的执行。

为了实现对大量线程的分配,GPGPU 对硬件功能单元进行了层次化的组织。图 2-6 显示了典型 GPGPU 硬件层次化结构的抽象,它主要由流多处理器(SM)阵列和存储系统组成,两者由片上网络连接到 L2 高速缓存和设备端存储器上。每个流多处理器内部有多个流处理器(SP)单元,构成一套完整的指令流水线,包含取指、译码、寄存器文件及数据加载/存储(load/store)单元等,并以 SIMT 架构的方式进行组织。GPGPU 的整体结构、SM 硬件和 SP 硬件对应了线程网格、线程块和线程的概念,实现了线程到硬件的对应分配规则。

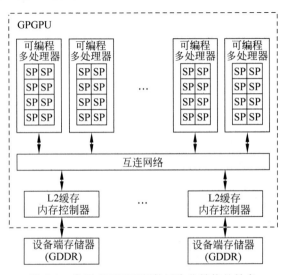

图 2-6　典型 GPGPU 硬件层次化结构的抽象

当内核函数被唤醒时,GPGPU 接受相应的线程网格,并以线程块为单位将不同的线程块分配给多个 SM。GPGPU 架构不同,每个 SM 能够接受的线程块数量也不同。比如,在 NVIDIA 的 Volta 架构中,每个 SM 最多支持 32 个线程块。当线程块被分配到特定的 SM 后,同一个线程块中的线程会被拆分成以 32 个线程为单位的线程束[1],再分配给不同的 SP 单元执行。不同 GPGPU 架构下 SM 中 SP 的数量也不同。假设 SP 的数量是 16,那么一个线程束中的线程需要分两次才能执行完成。同一个线程束中,32 个线程运行相同的指令,但每个线程根据各自的 threadIdx 和 blockIdx 索引到各自的数据进行处理,从而实现 SIMT 计算模型。值得注意的是,虽然 GPGPU 架构的不同导致各个架构参数都有所差异,但线程到硬件的分配过程对编程人员是完全透明的。这种方式使得 CUDA 和 OpenCL 程序可以

---

① NVIDIA 称之为 warp,OpenCL 中称为 wavefront,本书统一称之为线程束。

在不同架构的 GPGPU 上具有良好的迁移能力。

2.2.3　线程模型小结

1. SIMT 和 SIMD 模型对比

GPGPU 所采用的 SIMT 模式与弗林分类法中的 SIMD 模式具有一定的相似性,但两者并不相同。从本质上讲,SIMD 是单个线程控制多个数据的执行,而 SIMT 本质上是多个线程,每个线程采用标量执行。代码 2-8 以一个相同的向量乘法操作为例,对比了分别采用串行 C 语言代码、ARM 的 SIMD 指令扩展(NEON)和 CUDA 代码在实现上的不同。可以看到,SIMD 指令每次操作 4 个元素,因此编程人员需要显式地令循环变量 i 以步长为 4 的步幅进行迭代才能覆盖整个输入数据。在 CUDA 代码中并没有循环,而是隐式地利用硬件开辟的多线程,结合数据的索引关系覆盖整个输入数据。

代码 2-8　SIMD 和 SIMT 执行模式的对比

```
// 串行 C 语言代码
1    void vect_mult(int n, double * a, double * b, double * c){
2        for(int i = 0;i < n;i++)
3        a[i] = b[i] + c[i];
4    }
```

```
// ARM 的 SIMD 指令扩展(NEON)
1    void vect_mult(int n, uint32_t * a, uint32_t * b, uint32_t * c){
2        for(int i = 0; i < n; i += 4){
3            uint32x4_t a4 = vld1q_u32(a+i);
4            uint32x4_t b4 = vld1q_u32(b+i);
5            uint32x4_t c4 = vmulq_u32(a4, b4);
6            vst1q_u32(c+i, c4);
7        }
8    }
```

```
// CUDA 主机端代码
1    int nblocks = (n+511) / 512; //每个线程块有 512 个线程
2    vect_mul <<< nblocks, 512 >>>(n, a, b, c);
// CUDA 设备端代码
3    void vect_mult(int n, uint32_t * a, uint32_t * b, uint32_t * c){
4        int i = blockIdx.x * blockDim.x + threadIdx.x;
5        if(i < n) a[i] = b[i] * c[i];
6    }
```

正是这种理念上的不同,SIMT 模型与 SIMD 相比显得更加灵活。

首先,由于 SIMD 利用同一条指令在不同的数据上执行相同的操作,往往要求待操作的数据在空间上是连续的,这还需要借助其他的指令(如 gather 和 scatter 指令)实现数据的重组和拆分;而 SIMT 利用不同线程执行同一条指令(大部分时间)来处理不同的数据,通过各个线程独立的 threadIdx 和 blockIdx 内建变量形成对数据灵活的索引,从而降低空间连续性的需求。因此,一个 SIMD 程序可以很容易地转换为 SIMT 执行,相反则不然。

其次,在发生分支时,SIMD 模型往往需要指令显式地对活跃掩码寄存器(active mask register)进行设置,控制相应的数据是否参与计算;而 SIMT 往往是通过硬件自动地对谓词(predicate)寄存器进行管理。同时 SIMT 允许线程进行分支,实现多种执行路径,从而在一定程度上间接地支持了 MIMD 的执行模式。

最后,SIMD 执行方式需要由编程人员或编译器产生 SIMD 指令。SIMD 往往采用指令集扩展的方式,在指令中对并行度有明确的限制。不同的并行元素个数往往需要设计不同格式的 SIMD 指令,造成指令规模的膨胀;而 SIMT 对线程数原则上没有限制,硬件管理的方式也使得 SIMT 不需要设计新的指令,因为每个线程的标量指令都根据线程块的大小自动形成了给定的并行模式。

2. 层次化线程模型的优点

线程作为 GPGPU 最基本的执行单位,它根据编程人员指定的关系索引特定的数据进行处理,线程的集合形成了对输入数据的全覆盖。同时,硬件的并行结构允许线程并发性地处理数据,而线程如何映射到 GPGPU 硬件上,或者说运行期间哪个执行单元执行了哪一线程,对编程人员来说则是透明的。线程的抽象充分挖掘了硬件的潜力,同时屏蔽了硬件实现的细节。

无论是 CUDA 还是 OpenCL,在线程的抽象基础上都引入了线程块的概念,建立了线程-线程块-线程网格的层次化线程模型。线程块这一概念的引入可以带来哪些好处呢?

首先,线程块提高了线程之间的协作能力。虽然不同的线程可以并行地处理应用中不同的数据,但线程之间由于应用的特点可能不能完全独立,比如归约(reduction)操作需要邻近的线程之间频繁地交互数据,以协作的方式产生最终的结果。多个线程之间还可能需要相互同步。如果只设计线程-线程网格的层次,那么数据的交换和同步都需要在整个网格的范围内进行,这个代价在硬件规模增大时往往是很高的。线程块这一概念的引入提供了一个中间层次,能够减少硬件通信和同步的开销。同时,适度地合并线程还可以利用数据的局部性原理,合并不同线程的数据访问,提高对设备端存储器的访问效率。

其次,线程块使得 GPGPU 的执行更具有灵活性。线程块中的线程数量和网格中的线程块数量都可以由编程人员来指定。例如,在 NVIDIA 的 Volta 架构中,每个线程块的线程数可以从 1~1024 中选择。一般来讲,通过调节网格中的线程块数量适度大于可编程多处理器的数量,可以使得每个可编程多处理器至少获得一个线程块,并利用更多的线程块来掩藏访存等长延时操作。同时,线程数目还可以调节寄存器文件和共享存储器资源的平衡。如果只设计线程-线程网格的层次则很难达到这种灵活性,引入线程块这一中间层次则方便地提供了调节能力。

最后,线程块也使得 GPGPU 的架构设计更具有灵活性。CUDA 和 OpenCL 编程模型要求线程块是相互独立的,因此它们可以在 GPGPU 中任何一个可编程多处理器上按照任意的顺序来执行。这种独立性使得含有多个线程块的内核函数可以在具有任意数量可编程多处理器的 GPGPU 上执行,同时也意味着不同架构、不同版本的 GPGPU 可以自由增减可编程多处理器的数量,而不需要对代码进行改变就可以适应这种调整。

GPGPU 线程的层次化结构提供了一种良好的编程模型,能够在软件的可编程性、硬件的复杂度和可扩展性上取得良好的平衡。

2.3 存储模型

GPGPU 利用大量的线程来提高运算的并行度,这些线程需要到全局存储器中索引相应的数据。由于全局存储器带宽有限,无法同时满足这么多访问请求,因此这个过程往往会导致较长延时的操作,使得指令流水线停顿等候。为了减少对全局存储器的访问,GPGPU 架构提供了多种存储器类型和多样的存储层次关系,提高内核函数的执行效率。

由于 GPGPU 不同产品的架构之间往往存在较大差异,为了支持代码的可移植性,GPGPU 架构只定义了一个抽象的存储模型。根据该模型,编程人员和编译器可以进行存储空间的分配和管理,而硬件厂商决定如何在实际的硬件中实现不同的存储空间,这可能导致抽象的存储空间和物理的存储器实现并不完全是一一对应的。例如,GPGPU 编程模型往往都定义了线程私有存储空间和常量存储空间,但在实现上通常会把它们映射到全局存储器中。不同类型的存储器会带来访问方式及延时、能耗的差别,了解这些差别对于编写良好的 GPGPU 程序和提升执行性能来说是非常重要的。

不同的编程框架也会对功能类似的存储器冠以不同的名称。例如,为了帮助线程块中的线程之间相互通信,GPGPU 都会为线程块配备一块存储器。CUDA 称之为共享存储器(shared memory),OpenCL 称之为本地存储器(local memory),而 local memory 在 CUDA 中另有所指,是指线程私有的局部存储空间。为了避免混淆,表 2-1 简要总结了 CUDA 和 OpenCL 中不同存储空间的术语及它们的对应关系。

表 2-1　CUDA 和 OpenCL 中不同存储空间的术语及其对应关系

描　　述	CUDA 名称	OpenCL 名称
所有的线程(或所有 work-items)均可访问	global memory	global memory
只读存储器	constant memory	constant memory
线程块(或 work-group)内部线程访问	shared memory	local memory
单个线程(或 work-item)可以访问	local memory	private memory

2.3.1　多样的存储器类型

本节将以 CUDA 定义的存储模型为例,介绍 GPGPU 架构中通常所包含的存储器类型。如图 2-7 所示,CUDA 支持多种存储器类型,线程代码可以从不同的存储空间访问数据,提高内核函数的执行性能。每个线程都拥有自己独立的存储空间,包括寄存器文件和局部存储器,这些存储空间只有本线程才能访问。每个线程块允许内部线程访问共享存储器,在块内进行线程间通信。线程网格内部的所有线程都能访问全局存储器,也可以访问纹理存储器和常量存储器中的数据。不同存储器层次的访问带宽差别显著。

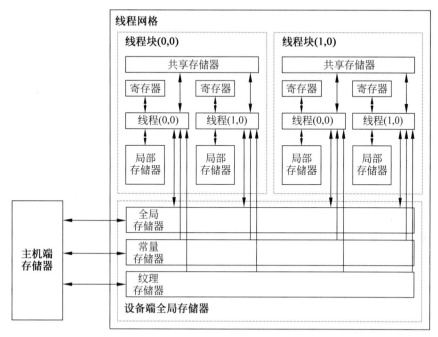

图 2-7　CUDA 存储器层次模型

1) 寄存器文件

寄存器文件(register file)是 SM 片上存储器中最为重要的一个部分,它提供了与计算内核相匹配的数据访问速度。与传统 CPU 内核一般只有少量通用寄存器不同,GPGPU 中每个 SM 拥有大量的寄存器资源。例如,NVIDIA V100 中一个 SM 中拥有 256KB 的寄存器文件,相当于 65 536 个 32 比特的寄存器。GPGPU 会将这些寄存器静态地分配给每个线程,使得每个线程都可以配备一定数量的寄存器,防止寄存器溢出所导致的性能下降。大容量的寄存器文件能够让更多的线程同时保持在活跃状态。这样当流水线遇到一些长延时的操作时,GPGPU 可以在多个线程束之间快速地切换来保持流水线始终处于工作状态,而不需要像 CPU 那样进行耗时的上下文切换。这种特性在 GPGPU 中被称为零开销线程束切换(zero-cost warp switching),可以有效地掩藏长延时操作,避免流水线的停顿。

寄存器文件是 GPGPU 设计的一个关键因素。如此大容量的寄存器文件往往只能采用高密度的静态存储器阵列进行搭建,以减小面积和功耗。第 4 章将详细介绍寄存器文件的组织结构和设计问题,以理解其对性能的关键影响。

2）局部存储器

每个线程除访问分配的寄存器外，还拥有自己独立的存储空间，即局部存储器（local memory）。局部存储器是私有的，只有本线程才能进行读写。一般情况下，如果线程使用的寄存器过多而没有足够的寄存器来存储变量，或使用了大型的局部数据结构，或编译器无法静态地确定数据的大小时，这些变量就会被分配到局部存储器中。由于不能确定其容量，局部存储器中的数据实际上会被保存到全局存储器中，而不像寄存器那样是片内独立的存储资源，因此其读写代价十分高昂。一般会采用 L1 和 L2 高速缓存对局部存储器的访问进行优化。

为了使 GPGPU 程序具有较高的执行效率，应尽量减少对局部存储器的使用。例如，在CUDA 编译时可以通过输出汇编代码及增加-ptxas-options＝-v 选项来观察局部存储器的使用情况。

3）共享存储器

共享存储器（shared memory）也是 SM 片内的高速存储资源，它由一个线程块内部的所有线程共享。相比于全局存储器，共享存储器能够以类似于寄存器的访问速度读写其中的内容，而且可以根据编程人员的需要显式地进行存储管理，因此它是实现线程间通信开销最低的方法。

在内核函数中，变量前加上说明符 __shared__，声明的变量会被存储在共享存储器中。编程人员往往会将需要反复用到的一部分全局存储器的数据提前加载到共享存储器中，减少对全局存储器的访问次数。例如，代码 2-7 中矩阵分块乘法的例子就将矩阵分块的数据或线程间归约运算的结果保留在共享存储器中，实现多线程之间快速共享数据，提高内核函数的性能。

在 NVIDIA V100 架构的一个 SM 中，共享存储器和 L1 高速数据缓存可以共用一块128KB 的片上存储空间。如果共享存储器配置了 64KB 大小的空间，那么 L1 高速缓存可以用剩余的 64KB 空间来缓存其他数据。两者之间的大小分配可以进行切换。关于共享存储器的架构细节可参见第 4 章。

4）L1 高速数据缓存

L1 高速数据缓存（L1 data cache）也是位于 SM 片内的高速缓存资源，用于将全局存储空间或局部存储空间中的数据缓存，减少线程对全局存储器的访问，降低数据的访存开销。虽然在 V100 架构的 GPGPU 中，L1 数据缓存和共享存储器共用 128KB 的存储资源，但是不同于共享存储器由编程人员控制和管理，L1 数据缓存是由硬件控制的，编程人员一般不需要控制对 L1 高速缓存的读写操作。

L1 高速数据缓存主要是为了支持通用计算而引入的，因此与 CPU 的高速缓存有很多类似之处。例如，它也会以"块"（cache block/cache line）为单位从全局存储器中读取数据。如果一个线程束内的线程需要访问的数据具有连续性并且这个块没有保留在 L1 高速缓存中，即发生缓存缺失，那么 L1 数据缓存会尽可能合并所有线程的访问请求，只进行一次全局存储器访问。这种方式称为"合并访存"（coalesced access）。合并访存对于像 GPGPU 这种硬件多线程结构可以大幅减少对于全局存储器的访问。关于 L1 高速数据缓存的架构细节可参见第 4 章。

5) 全局存储器

全局存储器(global memory)位于设备端。GPGPU 内核函数的所有线程都可对其进行访问,但其访存时间开销较大。全局存储器往往由 CPU 控制分配,编程人员可以通过 cudaMalloc()函数进行全局存储器的空间分配,通过 cudaFree()函数来释放空间,通过 cudaMemcpy()函数控制 CPU 主存储器和 GPU 全局存储器之间的数据交换。同时,函数外定义的变量前加上说明符__device__,这个变量存储的值将会被保存在全局存储器中。

由于 NVIDIA GPGPU 会采用独立的 GDDR,其结构特点使得全局存储器较主机端存储器具有更高的访问带宽。例如,在 V100 架构的 GPGPU 中,全局存储器可以提供 900 GB/s 的读写带宽,远高于 CPU 中 DDR4 所能提供的 25.6GB/s 的读写带宽。但 GPGPU 全局存储器的访存延时依然很高,这也是 GPGPU 架构设计了多层次存储空间的目的,希望能够合理地利用各种存储器和多种存储访问优化技术来减少对全局存储器的访问,或提高全局存储器的访问效率,减小对指令流水线的影响。

6) 常量存储器

常量存储器(constant memory)位于设备端存储器中,其中的数据还可以缓存在 SM 内部的常量缓存(constant cache)中,所以从常量存储器读取相同的数据可以节约带宽,对相同地址的连续读操作将不会产生额外的存储器通信开销。但常量存储器的容量较小,在 NVIDIA V100 中最多允许申请 64KB 的大小,每个 SM 也只有 8KB 的常量存储器缓存。由于常量存储器属于只读存储器,因此不存在缓存一致性的问题。

在 CUDA 中,常量在所有函数外定义,其变量名前需要加说明符__constant__。常量存储器只能在 CPU 上由 cudaMemcpyToSymbol()函数进行初始化,并且不需要进行空间释放。

7) 纹理存储器

纹理存储器(texture memory)位于设备端存储器上,其读出的数据可以由纹理缓存(texture cache)进行缓存,也属于只读存储器。纹理存储器原本专门用于 OpenGL 和 DirectX 渲染管线及图片的存储和访问。在通用计算中,纹理缓存器针对 2D 空间局部性进行了优化,同一个线程束内的线程访问纹理存储器的地址具有空间局部性,会使得设备端存储器达到更高的带宽,因此将会提升访问性能。纹理存储器具有 1D、2D 与 3D 的类型,其中的数据可以通过 tex1DLod()、tex2DLod()和 tex3DLod()函数利用不同维度的坐标进行读取。纹理存储器通常比常量存储器要大,因此适合实现图像处理和查找表等操作。

8) 主机端存储器

在 CUDA 中,主机端存储器(host memory)可分为可分页内存(pageable memory)和锁页内存(page-locked 或 pinned memory)。可分页内存由 malloc()或 new()在主机上分配。与一般的主机端存储器操作类似,可分页内存可能会被分配到虚拟内存中。与之相对,锁页内存则会驻留在物理内存中。它有两种分配方式:一种方式是 CUDA 提供 cudaHostAlloc()API 对锁页内存进行分配,另一种是由 malloc()API 分配非锁页内存,然后通过

cudaHostRegister()函数注册为锁页内存。锁页内存的释放由 cudaFreeHost()完成。

使用锁页内存的好处主要有：①锁页内存可以通过零开销复制映射到设备端存储器的地址空间，从而在 GPGPU 上直接访问，减少设备与主机之间的数据传输；②锁页内存与设备端存储器之间的数据传输和内核执行可以采用并行的方式进行；③锁页内存与设备端存储器之间的数据交换会比较快。虽然锁页内存有很多好处，但它是系统中的稀缺资源，分配过多会导致用于分页的物理存储器变少，导致系统整体性能下降。

2.3.2 存储资源与线程并行度

尽管层次化的存储模型可以有效地减少对全局存储器的访问，但毕竟存储资源是有限的。如果每个线程需要的存储资源过多，则会限制活跃线程和线程块的数量，降低线程并行度，削弱利用多线程掩藏长延时操作的能力；反过来，如果线程并行度过高，则会导致片上存储资源更加短缺，增加对全局存储器和局部存储器的访问。无论哪种情况，最终都会影响到内核函数的性能。

在 CUDA 中，实际情况下线程的并行度往往受到每个 SM 中允许的线程数量、线程块数量、寄存器数量及共享存储器容量的共同限制。例如，在 NVIDIA V100 中，每个 SM 最多可以激活 2048 个线程和 32 个线程块。如果每个线程块分配的线程数目低于 2048/32＝64，那么即使一个 SM 中达到了线程块允许数量的最大值，线程依然没有得到满载。线程的并行度还受到以下条件限制。

（1）寄存器资源的限制。例如，V100 中每个 SM 可以支配 256KB 大小的寄存器。考虑到最多允许 2048 个线程，相当于每个线程最多可以占用 32 个 32 比特的寄存器。如果需要更多的寄存器，那么只能减少线程的数量。如果一个线程块最少含有 64 个线程，那么线程数量一次性就要减少 64，这可能会导致同时可调度的线程束数量减少，使得长延时操作无法被完全掩藏。

（2）共享存储器资源的限制。例如，V100 中每个 SM 最大可配置 96KB 大小的共享存储器空间，这些空间会被 SM 内的线程块共享。如果唤醒 32 个线程块且每个线程块需要的共享存储器超过 96KB/32＝3KB，那么将会出现共享存储器资源匮乏而需要减少线程块的数量。如果每个块的共享存储器增加到 10KB，那么每个 SM 最多可以同时执行 9 个块，大幅降低了线程并行度。

总之，各种类型的存储器容量是有限的，并且在运行时相互依赖，影响到线程可能达到的并行度。编程人员应根据应用程序的特点，合理设置线程、线程块和共享存储器的大小，这也是 GPGPU 编程的关键因素之一。

2.4 线程同步与通信模型

在 SIMT 计算模型中，每个线程的执行都是相互独立的。这种独立性配合大规模的硬件多线程很好地实现了应用的并行化处理。简单高效的 SIMT 模型有利于 GPGPU 硬件的简化。然而在实际的应用和算法中,除向量加这种可完全并行的计算之外,并行的线程之间或多或少都需要某种方式进行协同和通信,这主要体现在两方面。

（1）某个任务依赖于另一个任务产生的结果,例如生产者-消费者关系。

（2）若干任务的中间结果需要汇集后再进行处理,例如归约操作。

这就需要引入某种形式的同步操作。这种同步操作需要满足 SIMT 计算模型,同时在不大幅增加编程难度和复杂度的情况下提供线程执行顺序的控制或通信支持。针对这一问题,GPGPU 架构的解决方法是在编程人员需要确切知道程序运行状态的地方提供同步控制和通信机制,让编程人员获取硬件的行为,保证硬件可以按照预期的行为工作,从而满足更多应用和算法的要求。

2.4.1　同步机制

由于 GPGPU 中线程具有层次化的结构,因此存在多种层次的同步可能性。例如,线程块内线程同步、存储器同步、GPGPU 与 CPU 间的同步等。本节以 CUDA 为例,介绍GPGPU 通常采用的同步机制。

1. 线程块内线程同步

在 CUDA 编程模型中,__syncthreads()可用于同一线程块内线程的同步操作,它对应的 PTX 指令为 bar 指令。该指令会在其所在程序计数器（Program Counter,PC）位置产生一个同步栅栏（barrier）,并要求线程块内所有的线程都到达这一栅栏位置才能继续执行,这可以通过监控线程的 PC 来实现。如图 2-8 所示,在线程同步的要求下,即便有些线程运行比较快而先到达 bar 指令处也要暂停,直到整个线程块的所有线程都达到 bar 指令才能整体继续执行。

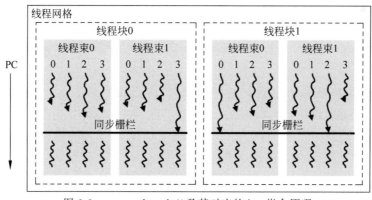

图 2-8　__syncthreads()及其对应的 bar 指令原理

__syncthreads()函数保证了先于该语句的执行结果对线程块内所有线程可见。由于线程块内部按照线程束组织,而且同一个线程束内的线程是自然同步的,所以__syncthreads()函数实际上保证了线程块内所有线程束都执行到同一位置再继续。如果没有__syncthreads()函数,在访问全局或共享存储器的同一个地址时,由于不同线程束的执行进度很可能不同步,线程可能会读取不到最近更新的数据造成错误。例如,在代码 2-7 分块矩阵乘法的代码中,第 13 行的 __syncthreads() 函数保证了线程块中所有线程在 Mds 和 Nds 数据从全局存储器搬运完成后再继续下面的指令。如果没有它,C 中计算的部分和可能是未读取完毕的矩阵块计算结果,导致计算错误。同样代码 2-7 第 17 行的 __syncthreads() 函数如果缺失,那么线程块内的其他线程可能修改了 Mds 和 Nds 后,本线程才进行 C 的运算,也会出现错误。

为了保证架构的可扩展性,GPGPU 硬件并不支持线程块之间的同步。值得注意的是,虽然 CUDA 9.0 中引入了协作组(见 2.4.2 节)的概念,允许编程人员重新定义线程之间的协作关系,但主要通过软件和运行时库进行管理。这样可以合理地控制架构设计的复杂度和硬件开销,是编程灵活性与硬件复杂度之间一种合理的折中考虑。

2. 存储器同步

同步机制不仅可以用于控制线程计算的顺序,还可以用来保证存储器数据的一致性。GPGPU 往往采用宽松的存储一致性模型,存储栅栏(memory fence)操作会在同步点处保持一致性,通过下面的函数保持在存储器操作上的维序关系。

(1) __threadfence()。一个线程调用 __threadfence() 函数后,该线程在该语句前对全局存储器或共享存储器的访问已经全部完成,执行结果对线程网格中的所有线程可见。换句话说,当一个线程运行到 __threadfence() 指令时,线程在该指令之前所有对于存储器的读取或写入对于网格的所有线程都是可见的。

(2) __threadfence()_block()。与 __threadfence() 函数作用效果相似,作用范围是同线程块内的线程。

(3) __threadfence()_system()。与 __threadfence() 函数作用效果相似,作用范围是系统内部的所有线程,包括主机端的线程和其他设备端的线程。

3. GPGPU 与 CPU 间的同步

在 CUDA 主机端代码中,通过使用 cudaDeviceSynchronize()、cudaThreadSynchronize() 及 cudaStreamSynchronize(),可以实现 GPGPU 和 CPU 之间的同步。因为 __global__ 定义的内核函数往往是异步调用的,这意味着内核函数启动后,主机端不会等待内核函数执行完成就会继续执行,因此利用该组同步函数可以实现不同目的的同步。

(1) cudaDeviceSynchronize()。该方法将停止 CPU 端线程的执行,直到 GPGPU 端完成之前 CUDA 的任务,包括内核函数、数据复制等。

(2) cudaThreadSynchronize()。该方法的作用和 cudaDeviceSynchronize() 完全相同,在 CUDA 10.0 后被弃用。

(3) cudaStreamSynchronize()。这个方法接受一个流(stream),它将阻止 CPU 执行直到 GPGPU 端完成相应流的所有任务,但其他流中的任务不受影响。

2.4.2　协作组

为了提高 GPGPU 编程中通信和同步操作的灵活性,NVIDIA 在 CUDA 9.0 之后引入了一个新的概念,称为协作组(cooperative groups)。它支持将不同粒度和范围内的线程重新构建为一个组,并在这个新的协作组基础上支持同步和通信操作。因此,协作组除可以提供与线程块内部已有的__syncthreads()类似的同步操作之外,还可以提供更为丰富多样的线程组合及其内部的通信和同步操作。例如,编程人员对线程块进行重新分块构建新的协作组,就可以提供比线程块粒度更为精细的同步。协作组还支持更大粒度范围内线程的组合,比如单个 GPGPU 上的线程网格或多个 GPGPU 之间的线程网格。

1. 利用协作组实现矩阵乘法

协作组需要通过相关的 API 在设备端代码中实现。参照前面代码 2-7 中分块矩阵乘法的例子,代码 2-9 给出了基于协作组的分块矩阵乘法的内核函数代码,展示了如何在线程块粒度上定义协作组,并使用它的索引和同步 API 完成类似功能。一般情况下,使用协作组需要以下步骤。

代码 2-9　基于协作组的分块矩阵乘法的内核函数

```
1    __global__ void block_mul(float * d_A, float * d_B, float * d_C)
2    {
3        __shared__ float Mds[BLOCK_SIZE][BLOCK_SIZE];
4        __shared__ float Nds[BLOCK_SIZE][BLOCK_SIZE];
5        float P = 0;
6        thread_block g = this_thread_block();
7        int row = g. thread_index(). x + g. group_index(). x * BLOCK_SIZE;
8        int col = g. thread_index(). y + g. group_index(). y * BLOCK_SIZE;
9        int tx = g. thread_index(). x; int ty = g. thread_index(). y;
10        for (int i = 0; i < N / BLOCK_SIZE; i++)
11        {
12            Mds[tx][ty] = d_A[row * N + ty + i * BLOCK_SIZE];
13            Nds[tx][ty] = d_B[col + (tx + i * BLOCK_SIZE) * K];
14            g. sync();
15            for (int j = 0; j < BLOCK_SIZE; j++)
16            {
17                P += Mds[tx][j] * Nds[j][ty];
18                g. sync();
19            }
20        }
21        d_C[row * K + col] = P;
22    }
```

(1) 将线程重新分组构建协作组。例如第 6 行的 this_thread_block()表明分组方式为每个线程块为一个协作组,本质上就是原来的线程块。当然为了实现不同粒度的同步,还可以有其他方法构建协作组。后面将会对此进行介绍。

（2）对协作组的数据进行操作。当构建新的协作组完成后，需要获取线程在协作组中的索引编号。如果以线程块的方式构建，可以调用 thread_index() 方法，获取的结果与 threadIdx 相同。还可以使用 group_index() 方法，获取的结果与 blockIdx 相同。如第 7 行～第 9 行就利用了协作组的索引 API 获得了原先的 threadIdx 和 blockIdx。除了返回三维数据的方法，协作组还提供了 thread_rank() 方法，可以返回线程在线程组中的一维索引号。

（3）对协作组进行同步或通信操作。对新的线程组合进行同步是协作组的核心所在，可以通过 g.sync() 方法，对整个协作组进行同步。在第 14 行和第 18 行中，由于协作组代表了原有的线程块，所以利用 g.sync() 就实现了与 __syncthreads() 相同的效果。通过构建不同粒度的协作组，g.sync() 可以实现不同粒度的同步，给予编程人员充分的编程灵活性。

2. 协作组粒度和线程索引

除了线程块粒度，CUDA 还支持以多种不同的粒度来动态构建协作组。如图 2-9 所示，构建协作组的粒度范围从小到大包括以下几种。

（1）线程束内部线程合并分组。通过调用 coalesced_threads() 方法，可以将线程束内活跃的线程重新构建一个协作组。

（2）线程块分块。可以在线程块或已有协作组的基础上，继续划分协作组。通过调用 tiled_partition < num >(thread_group) 方法，允许从特定的协作组中以 num 数量的线程为一组，继续进行细分分组。

（3）线程块。通过调用 this_thread_block() 方法，以线程块为基本单位进行分组。

（4）线程网格分组。通过调用 this_grid() 方法，将单个线程网格中所有线程分为一组。

（5）多 GPGPU 线程网格分组。通过调用 this_multi_grid() 方法，将运行在多个 GPGPU 上的所有线程网格内的线程分为一组。

协作组为这些不同粒度的线程重新组合提供了与以往类似的通信和同步机制，这意味着通信和同步操作可以在更加灵活范围的线程组合中完成，提高了编程的自由度和灵活性。

为了能够利用新构建的协作组进行线程操作，还需要获取线程索引编号。在代码 2-9 中，thread_index() 和 group_index() 方法为线程块粒度的协作组提供了一种二维的线程索引，类似于原有的 threadIdx 和 blockIdx。除此之外，协作组还可以使用一维索引方法 thread_rank() 为每个线程提供索引。值得注意的是，协作组的线程索引与线程原有范围的内部索引有所不同。如图 2-10 所示，假设一个线程束内 8 个线程中通道 1、3、7 对应的线程通过 coalesced_threads() 方法构建了协作组 g，协作组会为这三个线程重新排序，通过调用 thread_rank() 方法得到的线程索引为 0、1、2。

3. 协作组的其他操作

协作组提供了同步操作，还提供了组内线程之间的洗牌（shuffle，也称为置换 permutation）、表决（vote）、匹配（match）等线程间的通信操作。

（1）线程洗牌操作，允许某个线程以特定的方式读取组内其他线程的寄存器，可以以更低的延迟进行组内线程间寄存器数据通信。洗牌操作包括：g.shfl(v,i) 操作返回组内线程 i 的寄存器 v 中的数据；g.shfl_up(v,i) 操作先计算本线程索引减去 i，并返回该索引中寄存

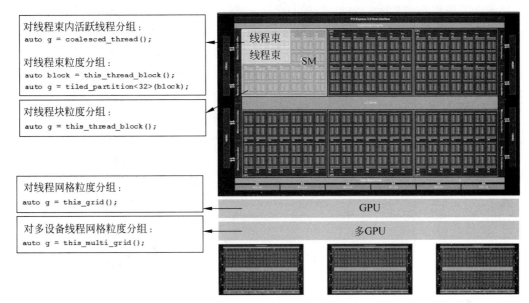

对线程束内活跃线程分组：
`auto g = coalesced_thread();`

对线程束粒度分组：
`auto block = this_thread_block();`
`auto g = tiled_partition<32>(block);`

对线程块粒度分组：
`auto g = this_thread_block();`

对线程网格粒度分组：
`auto g = this_grid();`

对多设备线程网格粒度分组：
`auto g = this_multi_grid();`

图 2-9　不同粒度范围的协作组构建方法

图 2-10　协作组内线程索引与原线程束内通道索引的不同

器 v 的数据；g.shfl_down(v,i)操作先计算本线程索引加上 i，并返回该索引中寄存器 v 的数据；g.shfl_xor(v,i)操作将交换本线程和以本线程索引加 i 为索引线程的寄存器 v 中的数据。

（2）表决操作，对协作组合中每个线程的谓词寄存器进行检查，并将结果返回给所有的线程。表决操作包括：g.all(p1)将对组内所有线程的谓词寄存器 p1 进行检查，如果所有线程的谓词寄存器 p1 均为 1，则所有线程返回结果 1，否则返回 0；g.any(p1)将对组内所有线程的谓词寄存器 p1 进行检查，如果存在线程的谓词寄存器 p1 为 1，则所有线程返回结果 1，否则返回 0。

（3）匹配操作，这个操作出现于 Volta 架构中。匹配操作将查找组内每个线程是否存在特定的值，并且返回掩码。匹配操作包括：g.match_any(value)操作将查找组内所有线程是否含有 value 值，返回拥有 value 值的线程掩码；g.match_all(value,pred)操作将查找组内所有线程是否含有 value 值，如果都包含 value 值则返回全 1 的掩码，并且将 pred 置为 1，否则返回全 0 的掩码，并且将 pred 置为 0。

注意这里的线程范围是按照协作组的一维索引 thread_rank()方法来计算的。

通过重新定义这些操作所作用的线程范围，协作组中的线程就可以更加灵活地通信和同步,提升特定应用的性能。例如,数据归约和广播算法可以利用协作组进行性能优化。

4. 协作组的软件栈支持

根据 NVIDIA 的介绍,协作组主要是由软件 API 结合运行时库和驱动来实现的,并没有增加新的硬件支持。如图 2-11 所示的协作组实现方式,它支持 5 个粒度范围的线程组合,通过统一的 API 封装为 CUDA C++库提供给编程人员,针对不同粒度的协作组,采用不同的编译原语予以支持。例如,线程网格级别的协作组主要借助新增的内容进行支持。对于线程块粒度的协作组实现,使用原有的操作 API 就可以实现该粒度下协作组所需要的所有操作。对于线程块粒度以下更为细粒度的协作组,涉及线程束或内部线程的同步,这些需要设计新的线程束同步原语进行实现。

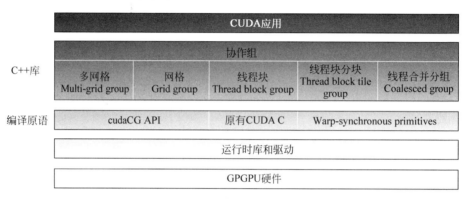

图 2-11　协作组的实现方式

2.4.3　流与事件

为了让主机端和设备端多个内核函数并行起来,GPGPU 中很多操作都是异步的。例如,主机端传输数据到设备端(Host-to-Device,H2D)、启动内核函数计算(K)、设备端运算完成的结果返回至主机端(Device-to-Host,D2H)。如图 2-12 所示,如果这些操作是同步的,即只有将主机端存储器的数据全部发送到设备端存储器后,才会进行下面的内核函数计算,那么等到所有计算全部完毕后,才能将结果发回主机端存储器,这样会导致数据传输和内核函数计算只能串行执行,很难高效利用硬件资源。

为了提升资源利用率,可以借助流(stream)将数据传输和设备端计算进行异步化。流可以实现在一个设备上运行多个核函数,实现任务级别的并行。针对上面的例子,可以将H2D、K 和 D2H 这三个异步的操作封装在流中。同一流内部的操作需要严格遵守顺序,但是流之间无顺序限制。如图 2-12 所示,三个流并发执行,数据分成三份放在三个流中进行计算。不同流之间可以在不同的时间占用传输总线和 GPGPU,完成 H2D、D2H 和内核函数计算这三个操作,这样极大提高了资源利用率并节省了运行时间。

下面通过一个简单的代码来介绍流如何封装这一过程。这个例子将包含 30 个元素的float 数组每个元素自加 1。由于内核函数并不重要,其主机端代码如代码 2-10 所示。

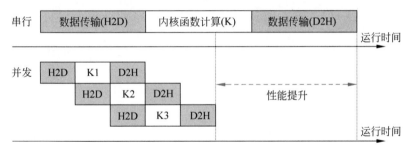

图 2-12　主机端和设备端的串行操作与并行操作

第 3 行,声明了 3 个流,分别存储在 stream 数组中。

第 6 行至第 8 行,用循环及 cudaStreamCreate() 函数对流进行初始化。通过 cudaHostAlloc() 函数将 float 类型的数组 A 分配到主机端存储器中。

第 10 行~第 15 行,用循环实现图 2-12 中流并行的主体,这 3 个循环代表了 3 个流的运作。cudaMemcpyAsync() 函数作为异步存储器搬运函数,用于以异步方式实现主机端存储器和设备端存储器之间的通信。

第 12 行,将数组以 10 个为一组传输进设备端存储器中。这个函数的参数为传输目的地址、需要被传输数据的地址、传输的数据大小、传输方向及在哪条流中被运行。

第 13 行,调用内核函数。与之前没有流的内核函数调用相比,这里多了两个参数,分别是每个块动态分配的共享存储器大小(这里 0 指无须动态分配)及调用该内核函数的流。

第 14 行,表示数据以异步的方式从设备端存储器写回主机端存储器。

第 16 行和第 17 行,使用 cudaStreamDestroy() 函数对流进行销毁。

第 18 行,使用 cudaFreeHost() 函数对存储器进行释放。

代码 2-10　CUDA 中利用流来实现主机端和设备端的并行操作

```
1    int main()
2    {
3        cudaStream_t stream[3];
4        float * A;
5        float * d_A;
6        for(int i = 0; i < 3;i++)
7            cudaStreamCreate(&stream[i]);
8        cudaHostAlloc(&A, 30 * sizeof(float), cudaHostAllocDefault);
9        cudaMalloc((void **)& d_A, 30 * sizeof(float));
10        for(int i = 0; i < 3;i++)
11        {
12            cudaMemcpyAsync(d_A+i * 10 * sizeof(float), A+i * 10 * sizeof(float),
                 10 * sizeof(float), cudaMemcpyHostToDevice, stream[i]);
```

```
13          float_add <<< 10, 1, 0, stream[i]> >>(d_A+i * 10 * sizeof(float));
14          cudaMemcpyAsync(d_A+i * 10 * sizeof(float), A+i * 10 * sizeof(float),
            10 * sizeof(float), cudaMemcpyDeviceToHost, stream[i]);
15        }
16        for(int i = 0; i < 3;i++)
17            cudaStreamDestroy(stream[i]);
18        cudaFreeHost(A);
19        cudaFree(A);
20      }
```

在 GPGPU 编程模型中,还可以通过声明事件(event),在流的执行中添加标记点,以更加细致的粒度来检测正在执行的流是否执行到了指定的位置。通过事件和流,可以构建复杂的任务图,实现控制。一般来说,事件的用途主要有两点。

(1) 事件可插入不同的流中,用于流之间的操作。由于不同流的执行是并行的,特殊情况下需要同步操作。在流需要同步的地方插入事件,例如在 CUDA 中可以使用 cudaEventRecord()来记录一个事件,之后使用 cudaStreamWaitEvent()指定某个流必须等到事件结束后才能进入 GPGPU 执行,这样就可以完成流的同步。

(2) 可以用于统计时间,在需要测量的函数前后插入 cudaEventRecord(event)来记录事件。调用 cudaEventElapseTime()查看两个事件之间的时间间隔,从而得到 GPGPU 运行内核函数的时间。

2.4.4 原子操作

GPGPU 架构还提供了若干原子存储操作函数。通过这些函数可以对位于全局存储器和共享存储器中的数据进行原子化操作。在原子操作中,每个线程独自从全局存储器和共享存储器中读取数据,然后进行某些运算后再写回原地址中。在随机分散计算模式,如直方图统计、前缀扫描中,会频繁地使用到原子操作。

在 CUDA 10.0 中提供了如表 2-2 所示的原子操作函数。

表 2-2   CUDA 10.0 中提供的原子操作函数

函 数	函 数 作 用
atomicAdd(* a,val)	获取地址 a 中的数据 old,返回 old+val
atomicSub(* a,val)	获取地址 a 中的数据 old,返回 old-val
atomicExch(* a,val)	获取地址 a 中的数据 old,将 val 的值写入地址 a 中,返回 old
atomicMin(* a,val)	获取地址 a 中的数据 old,将 old 和 val 中较小值写入地址 a 中,返回 old
atomicMax(* a,val)	获取地址 a 中的数据 old,将 old 和 val 中较大值写入地址 a 中,返回 old
atomicInc(* a,val)	获取地址 a 中的数据 old,计算((old >= val)？0：(old+1))并写入地址 a 中,返回 old

续表

函　　数	函　数　作　用
atomicDec(＊ a,val)	获取地址 a 中的数据 old,计算((old == 0)｜(old ＞ val))? val :(old−1))并写入地址中 a,返回 old
atomicCAS(＊ a,compare,val)	获取地址 a 中的数据 old,计算(old == compare ? val : old)并写入地址 a 中,返回 old
atomicAnd(＊ a,val)	获取地址 a 中的数据 old,计算(old ＆ val)并写入地址 a 中,返回 old
atomicOr(＊ a,val)	获取地址 a 中的数据 old,计算(old｜val)并写入地址 a 中,返回 old
atomicXor(＊ a,val)	获取地址 a 中的数据 old,计算(old ˆ val)并写入地址 a 中,返回 old

这些原子存储操作函数的实现往往需要借助硬件支持来实现,有兴趣的读者可以参见文献[6]中的介绍。简单来讲,虽然硬件支持的方式不同,但原子操作基本原理就是串行化线程的存储器访问,所以原子操作不可避免地将减慢整体的计算速度。快速的原子操作减少了复杂算法转换的需求,也可能会减少内核函数被调用的次数。值得注意的是,CUDA不同计算能力的硬件对原子指令的支持也不尽相同。例如,计算能力 1.0 之前不支持任何原子函数;1.1 支持全局存储器上的原子函数;1.2 增加了共享存储器的原子函数。当架构低于 6. x 时,原子操作只对当前的 GPGPU 有效;高于 6. x 的 GPGPU 架构允许不同范围内的原子操作,例如 atomicAdd_system()允许所有的主机端和设备端存储器进行原子加法操作,而 atomicAdd_block()只允许同线程块内的线程进行原子加法操作。从中可以看出,原子操作函数也是随着 GPGPU 而不断发展的。

因为 GPGPU 程序一般会要求线程块之间不能有依赖,运行时硬件也无法保证先后顺序,因此线程块之间一般只在内核函数结束时是同步的。由于原子操作可以保证每次只能有一个线程对变量进行读写,其他线程必须等待,因此某一时刻存储器中的特定地址只能被单一线程所读写,这构建了基本的"锁"操作。因此,有时也可以借助原子操作实现线程间或线程块间的同步。

2.5　CUDA 指令集概述

本节以 NVIDIA 的 GPGPU 为例,介绍 CUDA 指令集的一些特点,有助于读者对后续 GPGPU 体系结构内容的理解。

指令集是处理器软硬件交互的界面。一般情况下,编程人员编写的高级语言通过编译器直接转换成机器指令在硬件上运行。NVIDIA 历代 GPGPU 产品的底层架构不尽相同,运行的机器指令也存在一定的差异。因此,CUDA 定义了一套稳定的指令集及其编程模型,称为 PTX(Parallel Thread Execution)。PTX 与底层 GPGPU 硬件架构基本无关,能够跨越多种硬件,在运行时再转化为更底层的机器指令集 SASS 执行,从而更具有通用性。

PTX 由高级语言 CUDA C/C++ 或其他基于 CUDA 的编程语言通过 NVIDIA 提供的 nvcc(NVIDIA's CUDA Compiler)编译得到。PTX 指令集展示了 GPGPU 支持的功能,但是不同 GPGPU 对这些功能的实现方式存在差异。机器指令 SASS 相比于 PTX 指令更接近 GPGPU 底层架构。SASS 指令集可以通过 PTX 指令集进行即时编译（Just-In-Time，JIT）得到，根据实际硬件的计算能力（compute capability）生成对应的二进制代码。SASS 指令集可以体现出特定型号的 GPGPU 对于 PTX 功能的实现方式。

2.5.1 中间指令 PTX

本节将介绍 PTX 指令的一些主要定义和特点。

1. PTX 代码格式

PTX 代码格式与 C/C++有很多相似的地方，比如换行符为"\n"，对空格符不进行编译，注释格式相同等。PTX 代码区分大小写，所有的 PTX 程序都以".version"开始，标明整个 PTX 程序的版本。本节的 PTX 代码示例都基于 PTX 6.4，在所有的 PTX 文件中第一行均为".version 6.4"。

2. PTX 指令格式

PTX 的指令从一个可选的标记开始，以分号结束，如代码 2-11 所示。一条 PTX 示例指令包含两部分：指示和指令的集合，指明本条 PTX 指令进行的操作和需要的操作数。

代码 2-11   PTX 指令示例

```
tmp0:
    mov.u32                    %r11, %ctaid.x
```

3. PTX 指示

PTX 定义了许多编译指示（directive），它们不会编译生成在实体 GPGPU 上运行的机器代码。这些指示包含了 PTX 文件的编译信息。PTX 采用的指示标记如表 2-3 所示。

表 2-3   PTX 采用的指示标记

. address_size	. entry	. local	. pragma	. target
. align	. extern	. maxnctapersm	. reg	. tex
. branchtargets	. file	. maxnreg	. reqntid	. version
. callprototype	. func	. maxntid	. section	. visible
. calltargets	. global	. minnctapersm	. shared	. weak
. const	. loc	. param	. sreg	

其中一些指示标记给出了 PTX 代码的主要信息，比如：

（1）". version"用于标明整个 PTX 程序的版本；

（2）". target"用于指定当前 PTX 代码目标结构和编译特征等；

（3）". address_size"位于". target"之后，用于声明指令和数据的地址位宽，". address_size"并不是必需的，若不适用该指示，则默认地址的位宽为 32；

（4）". entry"指示了 PTX 代码中核函数的入口，GPGPU 会从". entry"指示的核函数处开始执行指令；

（5）".func"指示用于定义一个函数,类似于高级语言中的函数定义。

PTX 也为性能优化提供了指示标记,实现对 GPGPU 性能一定程度的调优,比如：

（1）".maxnreg"指令规定每个线程使用寄存器的最大数量；

（2）".maxntid"指示在一个线程块中线程的最大数量；

（3）".reqntid"指示在一个线程块中使用的线程形状；

（4）".minnctapersm"指示每个 SM 最少执行线程块的数量。

指示中还包含了 PTX 中变量所在存储层次的信息。这些指示经常被应用在变量声明中,说明被声明的变量存储在哪个存储层次。PTX 采用的存储指示和说明如表 2-4 所示。

表 2-4　PTX 采用的存储指示和说明

名　　称	说　　明
.reg	寄存器,访问快速
.sreg	特殊寄存器,只读,需要提前定义,不同平台存在差异
.const	常量存储器
.global	全局存储器
.local	局部存储器
.param	用于存储内核函数的参数,需要提前定义
.shared	共享存储器
.tex	纹理存储器

许多指令还需要配合基础类型说明符来指明具体的操作。这些基础类型说明符体现了 GPGPU 能够处理的数据类型和位宽,包括有符号定点数、无符号定点数、浮点数及暂时无法确定的比特流。其中浮点数的".f16x2"代表了 GPGPU 允许从相邻的存储空间中读取两个 16 比特浮点数。".pred"类似于 C/C++中的 bool 类型。表 2-5 列举了 PTX 采用的基础数据类型和说明。

表 2-5　PTX 采用的基础数据类型和说明

基础数据类型	说　　明
有符号整数	.s8,.s16,.s32,.s64
无符号整数	.u8,.u16,.u32,.u64
浮点数	.f16,.f16x2,.f32,.f64
未定型类型	.b8,.b16,.b32,.b64
掩码	.pred

4. 常用 PTX 指令及类型

PTX 包含很多类型的指令,表 2-6 列举了 PTX 6.4 所提供的部分指令,如运算指令 add.f32 用于进行 32 位浮点数计算。除此之外,还有数据转移指令,如 mov、ld、st 等；逻辑指令,如 and、or 等；移位指令,如 shf、shfl、shl、shr 等；跳转指令 bra；数据格式转换指令

cvt；地址空间转换指令 cvta；同步指令 bar 等。详细指令功能可以参考 CUDA 文档。

表 2-6　PTX 6.4 所提供的部分指令

abs	cvta	neg	shfl	vabsdiff
add	div	not	shl	vabsdiff2,vabsdiff4
addc	ex2	or	shr	vadd
and	exit	pmevent	sin	vadd2,add4
atom	fma	popc	slct	vavrg2,vavrg4
bar	isspacep	prefetch	sqrt	vmad
bfe	ld	prefetchu	st	vmax
bfi	ldu	prmt	sub	vmax2,vmax4
bfind	lg2	rcp	subc	vmin
bra	mad	red	suld	vmin2,vmin4
brev	mad24	rem	suq	vote
brkpt	madc	ret	sured	vset
call	max	rsqrt	sust	vset2,vset4
clz	membar	sad	testp	vshl
cnot	min	selp	tex	vshr
copysign	mov	set	tld4	vsub
cos	mul	setp	trap	vsub2,vsub4
cvt	mul 24	shf	txq	xor

在 PTX 基本指令及特征的基础上，接下来仍以代码 2-5 中矩阵乘法的内核函数为例，采用 nvcc 编译器在－arch＝sm_30 条件下生成的 PTX 代码如代码 2-12 所示。

代码 2-12　矩阵乘法内核函数的 PTX 代码

```
1     . version 6. 4
2     . target sm_30，debug
3     . address_size 64
4     . visible . entry _Z9basic_mulPfS_S_(
5         . param . u64 _Z9basic_mulPfS_S__param_0,
6         . param . u64 _Z9basic_mulPfS_S__param_1,
7         . param . u64 _Z9basic_mulPfS_S__param_2
8     )
9     {
10        . reg . pred      %p < 3 >;
11        . reg . f32       %f < 6 >;
12        . reg . b32       %r < 22 >;
13        . reg . b64       %rd < 13 >;
14    func_begin0:
```

```
15      ld. param. u64              %rd1，[_Z9basic_mulPfS_S__param_0]；
16      ld. param. u64              %rd2，[_Z9basic_mulPfS_S__param_1]；
17      ld. param. u64              %rd3，[_Z9basic_mulPfS_S__param_2]；
18   func_exec_begin0：
19   tmp0：
20      mov. u32                    %r6，%tid. x；
21      mov. u32                    %r7，%ctaid. x；
22      mov. u32                    %r8，%ntid. x；
23      mul. lo. s32                %r9，%r7，%r8；
24      add. s32                    %r1，%r6，%r9；
25   tmp1：
26      mov. u32                    %r10，%tid. y；
27      mov. u32                    %r11，%ctaid. y；
28      mov. u32                    %r12，%ntid. y；
29      mul. lo. s32                %r13，%r11，%r12；
30      add. s32                    %r2，%r10，%r13；
31   tmp2：
32      mov. u32                    %r14，0；
33      mov. b32                    %r3，%r14；
34   tmp3：
35      mov. u32                    %r21，%r3；
36   tmp4：
37
38   BB0_1：
39      mov. u32                    %r4，%r21；
40   tmp5：
41      setp. lt. s32               %p1，%r4，64；
42      not. pred                   %p2，%p1；
43      @%p2 bra                    BB0_4；
44      bra. uni                    BB0_2；
45
46   BB0_2：
47   tmp6：
48      mul. lo. s32                %r15，%r1，64；
49      add. s32                    %r16，%r15，%r4；
50      cvt. s64. s32               %rd4，%r16；
51      shl. b64                    %rd5，%rd4，2；
52      add. s64                    %rd6，%rd1，%rd5；
53      ld. f32                     %f1，[%rd6]；
54      mul. lo. s32                %r17，%r4，128；
```

```
55        add. s32          %r18, %r2, %r17;
56        cvt. s64. s32     %rd7, %r18;
57        shl. b64          %rd8, %rd7, 2;
58        add. s64          %rd9, %rd2, %rd8;
59        ld. f32           %f2, [%rd9];
60        mul. f32          %f3, %f1, %f2;
61        mul. lo. s32      %r19, %r1, 128;
62        add. s32          %r20, %r19, %r2;
63        cvt. s64. s32     %rd10, %r20;
64        shl. b64          %rd11, %rd10, 2;
65        add. s64          %rd12, %rd3, %rd11;
66        ld. f32           %f4, [%rd12];
67        add. f32          %f5, %f4, %f3;
68        st. f32           [%rd12], %f5;
69  tmp7：
70        add. s32          %r5, %r4, 1;
71  tmp8：
72        mov. u32          %r21, %r5;
73  tmp9：
74        bra. uni          BB0_1;
75  tmp10：
76
77  BB0_4：
78        ret;
```

上述 PTX 代码中,第 1 行~第 3 行显示本次 PTX 指令版本是 6.4,并且目标虚拟架构为 sm_30,每条指令的指令地址大小为 64 比特。

第 4 行通过". entry"指示内核函数的入口,". visible"意味着这个内核函数对于其他函数是可见的。这个内核函数有三个 unsigned 的参数,与 CUDA 代码相符。

第 10 行~第 13 行声明了四种类型的寄存器用于暂存数据,包括 3 个". pred"类型的寄存器,6 个". f32"类型的寄存器,22 个". b32"的寄存器和 13 个". b64"类型的寄存器。

第 15 行~第 17 行根据参数名(参数空间中的地址),将 3 个参数加载到对应的寄存器中。

第 20 行~第 24 行对应 CUDA 代码中计算 row 的过程,%tid.x 对应 threadIdx.x,%ctaid.x 对应 blockIdx.x,而%ntid.x 对应 blockDim.x。其中 mul 指令的结果取低 32 位。

第 26 行~第 30 行对应 col 变量的计算。最终 row 变量的结果被存储在寄存器%r1中,col 变量的结果被存储在寄存器%r2 中。

第 39 行~第 44 行进入 CUDA 中的 for 循环。其中第 41 行的 setp 指令表示如果寄存器%r4 中的值小于 64(预设宏 N 中的值),那么设置 bool 型寄存器%p1 的值为 1。%r4 寄存器中存储着变量 i,在第 70、72 行中加 1 赋值给%r21,再经由第 74 行的 bra 指令返回第 38行的 BB0_1,最后赋值给%r4,这一套指令完成了 for 循环的构建。第 43 行有一个@%p2,用于判断%p2 寄存器中的值是否为 1。若为 1 则说明完成了 for 循环并跳出值 BB0_4,否则继续 for 循环进行计算。

第 48 行~第 68 行完成了 for 循环内部的乘加代码。在第 48 行和第 49 行已经完成了这个运算,但是得到的结果是输入矩阵数组的下标,也就是偏移地址。为了得到最终地址,需要先进行数据类型转换,将".s32"转换到".s64",左移两位并且加上存储在%rd1 中的基地址。由于地址的大小为 64 比特,所以第 52 行的加法是 64 比特有符号整数。再经由第53 行的 ld 指令,将 d_A 中存储的浮点数读入浮点数类型的寄存器%f1 中。同理,d_B 中的浮点数被读取到了%f2 中,如第 59 行代码所示,128 是 K 的值。而第 60 行的 mul.f32 指令和第 67 行的 add.f32 指令完成了 CUDA 的乘加代码,由第 68 行的 st.f32 写入 d_C中。第 61 行~第 66 行计算了需要存储的地址。最终,执行完 for 循环后,指令跳转到第 78行,以 ret 指令退出内核函数。

为了适应 GPGPU 硬件架构更新所带来新的操作和功能,PTX 指令集也在不断地增添新的指令,详情可参见文献[5]中的介绍。

2.5.2 机器指令 SASS

PTX 指令体现了 GPGPU 硬件的功能,同一种功能对于不同的底层硬件可能会有不同的实现方式。运行时,PTX 代码会被编译成 SASS 机器码,对应不同的 GPGPU 底层架构。

SASS 指令与 GPGPU 的计算能力对应。一般情况下,给定一种计算架构就会有一组对应的 SASS 指令。但不同的架构也可能会共享 SASS 指令集,比如 Maxwell 和 Pascal 架构对应的 SASS 指令集非常相似。一些指令在不同的架构中也会被更新或丢弃,比如 16 比特的乘加运算 XMAD 指令,在 Maxwell 和 Pascal 架构中被启用,但是在后续的 Volta 架构中被删除。

仍以代码 2-5 中矩阵乘法的内核函数为例。它采用 nvcc 编译器生成的 PTX 程序,如代码 2-12 所示,而基于 Volta 架构(计算能力为 7.0)的 SASS 代码片段如代码 2-13 所示。这个 SASS 代码是由 NVIDIA 提供的反编译器 cuobjdump 生成的。SASS 代码的公开资料较少,NVIDIA 的官方文档中仅介绍了每个架构对应的 SASS 指令集中包含的指令及其简单的功能描述。

代码 2-13 矩阵乘法内核函数的 SASS 代码片段(基于 Volta 架构)

```
1 code for sm_70
2 Function : _Z9basic_mulPfS_S_
3 .headerflags @"EF_CUDA_SM70 EF_CUDA_PTX_SM(EF_CUDA_SM70)"
```

```
4
5    /*0000*/ MOV R1，c[0x0][0x28] ;                        /* 0x00000a0000017a02 */
6                                                           /* 0x000fd00000000f00 */
7    /*0010*/ @! PT SHFL. IDX PT，RZ，RZ，RZ，RZ ;          /* 0x000000ffffffff389 */
8                                                           /* 0x000fe200000e00ff */
9    /*0020*/ S2R R0，SR_CTAID. X ;                         /* 0x0000000000007919 */
10                                                          /* 0x000e220000002500 */
11   /*0030*/ MOV R6，0x4 ;                                 /* 0x0000000400067802 */
12                                                          /* 0x000fc60000000f00 */
13   /*0040*/ S2R R3，SR_TID. X ;                           /* 0x0000000000037919 */
14                                                          /* 0x000e280000002100 */
15   /*0050*/ S2R R7，SR_CTAID. Y ;                         /* 0x0000000000077919 */
16                                                          /* 0x000e680000002600 */
17   /*0060*/ S2R R2，SR_TID. Y ;                           /* 0x0000000000027919 */
18                                                          /* 0x000e620000002200 */
19   /*0070*/ IMAD R0，R0，c[0x0][0x0]，R3 ;                /* 0x0000000000007a24 */
20                                                          /* 0x001fca00078e0203 */
21   /*0080*/ SHF. L. U32 R5，R0，0x6，RZ ;                 /* 0x0000000600057819 */
22                                                          /* 0x000fe200000006ff */
23   /*0090*/ IMAD R7，R7，c[0x0][0x4]，R2 ;                /* 0x0000010007077a24 */
24                                                          /* 0x002fc800078e0202 */
25   /*00a0*/ IMAD. WIDE R10，R5，R6，c[0x0][0x160] ;       /* 0x00005800050a7625 */
26                                                          /* 0x000fe200078e0206 */
27   /*00b0*/ LEA R3，R0，R7，0x7 ;                         /* 0x0000000700037211 */
28                                                          /* 0x000fc600078e38ff */
29   /*00c0*/ IMAD. WIDE R8，R7，R6，c[0x0][0x168] ;        /* 0x00005a0007087625 */
30                                                          /* 0x000fc800078e0206 */
31   /*00d0*/ IMAD. WIDE R2，R3，R6，c[0x0][0x170] ;        /* 0x00005c0003027625 */
32                                                          /* 0x000fe400078e0206 */
33   /*00e0*/ LDG. E. SYS R4，[R10] ;                       /* 0x000000000a047381 */
34                                                          /* 0x000ea800001ee900 */
35   /*00f0*/ LDG. E. SYS R13，[R8] ;                       /* 0x00000000080d7381 */
36                                                          /* 0x000ea800001ee900 */
37   /*0100*/ LDG. E. SYS R0，[R2] ;                        /* 0x0000000002007381 */
38                                                          /* 0x000ea400001ee900 */
39   /*0110*/ FFMA R13，R13，R4，R0 ;                       /* 0x000000040d0d7223 */
40                                                          /* 0x004fd00000000000 */
41   /*0120*/ STG. E. SYS [R2]，R13 ;                       /* 0x0000000d02007386 */
42                                                          /* 0x0001e8000010e900 */
43   /*0130*/ LDG. E. SYS R0，[R8+0x200] ;                  /* 0x0002000008007381 */
44                                                          /* 0x000ea800001ee900 */
```

从代码 2-13 可以看到,开始处的 sm_70 代表了 Volta 架构,Function 代表设备端正在执行哪个内核函数,".headerflags"代表了一些整体的文件信息。SASS 代码区域最左边是指令的地址,以十六进制表示。在 Volta 架构中,每条指令的大小为 128 比特。中间是指令的汇编表示,由 cudobjdump 生成。一般情况下,指令的格式如下:

```
(instruction) (destination) (source 1) (source 2) …
```

根据推断,在 SASS 指令中的 RX 代表通用寄存器,其中 RZ 是一个特殊的寄存器,其值恒为 0。SRX 代表了特殊寄存器,对应了 PTX 中的".sreg"存储类型。PX 则是存储 bool 值的寄存器,对应 PTX 中的".preg",用于判断指令。寄存器的值需要经过 load 和 store 类型的指令,从不同的存储空间读取数据进行计算,并且将结果写回。其中比较特殊的是常量存储空间,指令可以直接通过 c[X][Y] 从常量寄存空间中读取数据用于计算。

代码 2-13 右侧的十六进制数据代表了指令的机器码。这个机器码包括了指令本身的编码和控制码(control code),后者用于指示线程的控制逻辑。控制码并没有在 NVIDIA 的公开文档中描述,但一些研究人员对其分析和研究发现,不同架构的控制码不尽相同。在 Maxwell 架构中,控制码和指令的机器码长度相同,均为 64 比特。一般情况下,一条控制码用于控制下面三条指令的运行。而在 Volta 架构中,每条指令均有控制码,因此每条指令的大小是 Maxwell 架构中的两倍,为 128 比特。

根据矩阵乘法的 CUDA 和 PTX 代码可以粗略地对代码 2-13 中的 SASS 指令进行分析。其中,S2R 指令将特殊寄存器的值转移到通用寄存器中。第 3 条(第 9 行)和第 5 条(第 13 行)的 S2R 指令就是将线程的 blockIdx.x 和 threadIdx.x 写入通用寄存器,用于第 8 条(第 19 行)的 IMAD 指令,对应了 CUDA C/C++ 中计算 row 的代码。IMAD 指令是 32 比特的整数乘加指令,这条指令进行了 $R0 = R0 \times c[0x0][0x0] + R3$ 的计算。$c[0x0][0x0]$ 是从常量存储器中提取数据,对应的是 blockDim.x。

第 10 条(第 23 行)指令对应了计算 col 变量的代码。

第 12 条(第 25 行)、第 14 条(第 29 行)、第 15 条(第 31 行)指令分别用于计算地址,对应 CUDA C/C++ 代码中计算数组索引。

第 16 条(第 33 行)、第 17 条(第 35 行)、第 18 条(第 37 行)指令均为 LDG,即从全局存储器中读取数据到通用寄存器中。对于不同的存储空间,SASS 指令有不同的 load 型指令,比如从共享存储器中读取的指令为 LDS。

第 19 条(第 39 行)的 FFMA 指令是 32 比特的浮点数乘加指令,这条指令执行 $R13 = R13 \times R4 + R0$ 的计算,对应 CUDA C/C++ 代码第 21 行的浮点数乘加代码。

第 20 条(第 41 行)的 STG 指令将 R13 的值写入 R2 寄存器中存储的地址对应的全局存储器中。与 LDG 类似,不同的存储空间也对应不同的 store 型指令。

后续的指令将由编译器循环展开,重复 LDG 读取数据,FFMA 进行乘加运算,最终由 STG 指令写入相同的地址,执行完毕得到最终的结果。

参 考 文 献

[1] Nvidia. Guide D. Cuda c programming guide[Z]. (2017-06-01)[2021-08-12]. https://eva.fing.edu.uy/pluginfile.php/174141/mod_resource/content/1/CUDA_C_Programming_Guide.pdf.

[2] ARM. Series Programmer's Guide[Z]. (2012-06-25)[2021-08-12]. https://developer.arm.com/documentation/den0013/latest.

[3] Nvidia. Cooperative Groups: Flexible CUDA Thread Programming[Z]. [2021-08-12]. https://developer.nvidia.com/blog/cooperative-groups/.

[4] Steve Rennich. CUDA C/C++ Stream and Concurrency[Z]. [2021-08-12]. https://developer.download.nvidia.com/CUDA/training/StreamsAndConcurrencyWebinar.pdf.

[5] Nvidia. PTX: Parallel thread execution ISA version 6.4[M]. (2017-06-01)[2021-08-12]. https://docs.nvidia.com/pdf/ptx_isa_5.0.pdf.

[6] Hennessy J L, Patterson D A. Computer architecture: a quantitative approach[M]. 6th ed. Elsevier, 2011.

[7] Intel. Control Code[Z]. (2016-01-11)[2021-08-12]. https://github.com/NervanaSystems/maxas/wiki/Control-Codes.

第 3 章

GPGPU 控制核心架构

　　抽象为本,GPGPU 编程模型从较高的层次抽象了 GPGPU 的计算模型、线程模型和存储模型,这有利于编程人员采用传统串行思想进行并行程序的设计;架构为魂,GPGPU 架构和微体系结构的设计是抽象的根本,与编程模型息息相关。

　　本章将在 SIMT 计算模型基础上,介绍 GPGPU 控制核心架构和微体系结构的设计。本章的介绍以桌面 GPGPU 为实例,但不拘泥于特定工业产品的设计,试图以更广泛和深入的视角探索在 SIMT 架构下如何进行高效的 GPGPU 控制核心架构设计,有序地组织起大规模线程的并行执行,以揭示 GPGPU 架构进行高性能通用计算的机理。

3.1 GPGPU 架构概述

3.1.1 CPU-GPGPU 异构计算系统

　　遵循经典的冯·诺依曼架构,GPGPU 大规模线程并行的方式,与传统的 CPU 一起构成了当前普遍存在于桌面计算机和工作站的异构计算平台。虽然两者的并行度都在增加,但 GPGPU 大规模并行计算的方式是串行 CPU 的重要补充。两者采用分工合作的模式,为当前众多应用程序提供了卓越的处理性能。

　　一个由 CPU 和 GPGPU 构成的异构计算平台,可以在较为宏观的层面上对其计算、存储和互连等主要特征加以描述。典型的 CPU-GPGPU 异构计算平台如图 3-1 所示,GPGPU 通过 PCI-E[①] 接口连接到 CPU 上。CPU 作为控制主体统筹整个系统的运行。PCI-E 充当 CPU 和 GPGPU 的交流通道,CPU 通过 PCI-E 与 GPGPU 进行通信,将程序中的内核函数加载到 GPGPU 中的计算单元阵列和内部的计算单元上执行。为了驱动内核函数的计算,所有需要的代码、配置和运行数据都需要从硬盘加载到主机端存储器中,然后由一系列运行和驱动 API 将数据传送到 GPGPU 的设备端存储器中。一旦所有的配置、代码及数据都准备完善之后,GPGPU 则启动内核函数的运算,通过大算力完成计算。在计算结

---

　　① PCI-E(Peripheral Component Interconnect Express)是一种高速串行计算机扩展总线标准。

果输出之后,CPU再将结果由设备端存储器传送回主机端存储器,等待下一次调用。

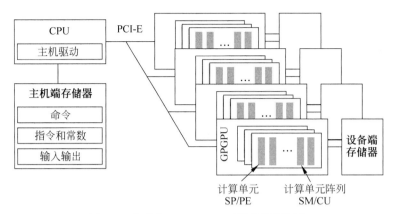

图 3-1 典型的 CPU-GPGPU 异构计算平台

与图形图像处理中利用 OpenGL 和 Direct3D 提供的 API 操作将 GPU 作为图形协处理器的方式类似,在通用处理中,CUDA 和 OpenCL 也提供了 API 操作向 GPGPU 发送命令、程序和数据,将 GPGPU 视为计算协处理器来使用,实现管控。通过这种方式,CPU 与 GPGPU 串并相协,优势互补,构建起一个强大的异构计算平台。

当然,CPU+GPGPU 的异构计算架构也不仅仅拘泥于上述形式。一种变种的异构计算平台架构就是统一存储结构系统。这种系统往往仅配备主机端存储器而省去设备端存储器,而 CPU 和 GPGPU 两者共用主机端存储器。这种系统的一个实例是 AMD 的异构系统架构(Heterogeneous System Architecture,HSA)。它采用硬件支持的统一寻址,使得 CPU 和 GPGPU 能够直接访问主机端存储器,无须在主机端存储器和设备端存储器之间进行显式的数据复制。借助 CPU 与 GPGPU 之间的内部总线作为传输通道,通过动态分配系统的物理存储器资源保证了两者的一致性,提高了两者之间数据通信的效率。但由于 GPGPU 专用的设备端存储器(如 GDDR)往往具有更高的带宽,共用主机端存储器(如 DDR)构建的这种系统容易受到存储带宽的限制,也可能由于存储器的争用导致访问延时的增加。

另外一种高性能变种是使用多个 GPGPU 并行工作。这种形式需要借助特定的互连结构和协议,将多个 GPGPU 有效地组织起来。这种系统的一个典型实例是 NVIDIA 的 DGX 系统。它通过 NVIDIA 开发的一种总线及通信协议 NVLink,采用点对点结构、串列传输等技术,实现多 GPGPU 之间的高速互连。为了解决 GPGPU 通信编程的问题,NVIDIA 还提供了 NCCL(NVIDIA Collective Communications Library)等支持,采用多种通信原语在 PCI-E、NVLink 及 InfiniBand 等多种互连上实现多 GPGPU 和 CPU 之间的高速通信。

3.1.2 GPGPU 架构

虽然不同厂商、不同架构、不同型号的 GPGPU 产品有所差异,但 GPGPU 核心的整体架构存在一定的共性特征。图 3-2 显示了典型的 GPGPU 架构及可编程多处理器的组成,其核心部分包含了众多可编程多处理器,NVIDIA 称之为流多处理器(Streaming Multiprocessor,SM),AMD 称之为计算单元(Compute Unit,CU)。每个可编程多处理器又包含了多个流处理器(Streaming Processor,SP),NVIDIA 称之为 CUDA 核心,AMD 称之为 PE(Processing Element),支持整型、浮点、特殊函数、矩阵运算等多种不同类型的计算。

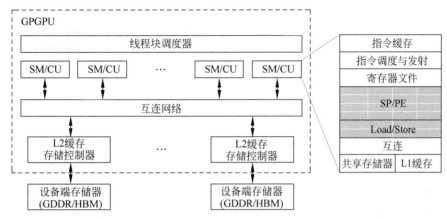

图 3-2　典型的 GPGPU 架构及可编程多处理器的组成

可编程多处理器构成了 GPGPU 核心架构的主体。它们从主机接口的命令队列接收 CPU 发送来的任务,并通过一个全局调度器分派到各个可编程多处理器上执行。可编程多处理器通过片上的互连结构与多个存储分区相连实现更高并行度的高带宽访存操作。每个存储分区包含了第二级缓存(L2 cache)和对应的 DRAM 分区。通过调整可编程多处理器和存储分区的数量,GPGPU 的规模可大可小,并通过编程框架实现对这些灵活多变架构的统一编程。

在这样的架构下,用 CUDA 或 OpenCL 编写的通用计算程序主要在可编程多处理器和它内部的流处理器中完成。由于 GPGPU 的主体结构由数量可扩展的可编程多处理器构成,每个可编程多处理器又包含了多个流处理器,所以可编程多处理器可以在很大规模上并行执行细粒度的线程操作。可编程多处理器的重复性和独立性也简化了硬件设计,同时与线程块的编程模型抽象相互对应,使得线程块可以非常直接地映射到可编程多处理器上执行。

如图 3-2 所示,可编程多处理器的一个特点就是包含了大量的流处理器。流处理器由指令驱动,以流水化的方式执行指令,提高指令级并行度。每个流处理器都有自己的寄存器,如果单个线程使用的寄存器少,则可以运行更多的线程,反之则运行较少的线程。编译器会优化寄存器分配,以便在线程并行度和寄存器溢出之间寻找更高效的平衡。每个流处理器都配备一定数量的算术逻辑单元,如整型和浮点单元,使得可编程多处理器形成了更为强大的运算能力。可编程多处理器中还包含特殊功能单元(Special Function Unit,SFU),执行特殊功能函数及超越函数。可编程多处理器通过访存接口执行外部存储器的加载、存储访问指令。这些指令可以和计算指令同时执行。另外 NVIDIA 从 Volta 架构的 GPGPU 开始,在可编程多处理器中还增加了专用的功能单元,如张量核心(Tensor Core)等,支持灵活多样的高吞吐率矩阵运算。

可以看到,GPGPU 架构所采用的可编程多处理器和流处理器的二级层次化组织结构与 CUDA 和 OpenCL 编程模型的二级线程结构具有直接的对应关系。GPGPU 所采用的 SIMT 架构体现为硬件多线程,每个线程运行自己的指令流。同时,传统的图形流水线中对顶点、几何和像素渲染的处理也可以在可编程多处理器和流处理器中完成,视为统一的可编程图形渲染架构。另外的输入装配、建立和光栅化等图形处理的固定功能模块则被插入 GPGPU 架构当中,成为可编程图形渲染结构,与可编程多处理器一起实现图形专用功能的处理,达到了架构的统一。

这种统一的 GPGPU 的架构有如下的优点。

(1) 有利于掩盖存储器加载和纹理预取的延时。硬件多线程提供了数以千计的并行独立线程,这些线程可以在一个多处理器内部充分利用数据局部性共享数据,同时利用其他线程的计算掩盖存储访问延时。由于典型的 GPGPU 只有小的流缓存而不像 CPU 那样具有大的工作集缓存,因此一个存储器和纹理读取请求通常需要经历全局存储器的访问延迟加上互连和缓冲延迟,可能高达数百个时钟周期。在一个线程等待数据和纹理加载时,硬件可以执行其他线程。尽管对于单个线程来说存储器访问延迟还是很长,但整体访存延时被掩盖,计算吞吐率得以提升。

(2) 支持细粒度并行图形渲染编程模型和并行计算编程模型。一个图形顶点或像素渲染是一个处理单个顶点或像素的单一线程程序。类似地,一个 CUDA/OpenCL 程序也是一个单一线程计算的类 C/C++ 程序。图形和计算程序通过调用众多的并行线程以渲染复杂图形或解决复杂计算问题。在图形渲染程序或通用计算程序中,硬件多线程可以动态地轮换各自的线程,采用硬件管理成百上千的并发线程,简化了调度开销。

(3) 将物理处理器虚拟化成线程和线程块以提供透明的可扩展性,简化并行编程模型。为支持独立的顶点、像素程序或 CUDA/OpenCL 的类 C/C++ 程序,每个线程都有自己的私有寄存器、存储器、程序计数器和线程执行状态,从而执行独立的代码路径。编程人员可以假想为一个线程编写一个串行程序,而必要时在线程块的并发线程之间进行同步栅栏。轻量级的线程创建、调度和同步有效地支持了 SIMT 计算模型。

面对数以万计的线程,硬件资源仍然有限,因此硬件仍然会对海量的线程进行分批次的处理。GPGPU 中往往采用线程束(NVIDIA 称为 warp,AMD 称为 wavefront)的方式创建、管理、调度和执行一个批次的多个线程。当前,一种典型的配置是一个 warp 包含 32 个线程,一个 wavefront 包括 64 个线程。当这些线程具有相同的指令路径时,GPGPU 就可以获得最高的效率和性能。在线程束粒度基础上,SIMT 计算与标量指令的执行方式类似,只不过有多个线程束交织在一起,整体上实现了所有线程随时间向前推进的效果。

3.1.3 扩展讨论：架构特点和局限性

1. 架构特点

GPGPU 是由 GPU 发展而来的，所以 GPGPU 是在图形处理硬件的基础上，以可编程多处理器阵列为基础来构建的并行结构，以支持如 CUDA 和 OpenCL 等编程模型所需要的大规模并行线程。GPGPU 在可编程多处理器阵列中统一了图形处理中顶点、几何、像素渲染处理和通用并行计算的需求，并在其中紧密集成了原有图形处理中的固定功能处理单元，如纹理滤波、光栅建立、光栅操作和高清视频处理等。

与多核 CPU 相比，GPGPU 的架构具有本质的不同。GPGPU 提供的线程数量是 CPU 的 2~3 个数量级，例如在 NVIDIA 最新的 Ampere 架构中线程数达到 221 184。硬件中数量众多的可编程流多处理器和流处理器很好地适应了这种特点。

基于计算的重复和控制的相对单一性，GPGPU 所采用的 SIMT 计算模型借助数据流之间的独立性简化了线程间的数据交互。这种数据并行的编程模型不但可以简化 GPGPU 的架构，有效地提高了用于计算的晶体管比例，还使得 GPGPU 的并行度可以持续提升。

GPGPU 架构有着良好的扩展性和延续性。用户往往只是期望游戏、图形、图像和通用计算功能能够运行，而且要足够快，对它到底有多大并行规模并不关心。因此，可以根据不同的性能、市场和价格需求，通过调整可编程多处理器和存储分区的数量、缩放阵列的规模，快速迭代出合适的 GPGPU 设计。GPGPU 的编程模型和架构设计可以以透明扩展的方式支持不同规模的产品。

GPGPU 采用了大量计算逻辑部件来实现算力的提升。虽然 GPGPU 还是使用传统的硬件，但其背后将各种部件重新整合，使其能保证大算力的同时保留了良好的可编程能力，从而满足了如图形渲染、机器学习、大数据挖掘和数字货币等诸多新兴任务的需求，在一定程度上延续了摩尔定律的发展和冯·诺依曼架构的生命力。这就是架构设计的魅力。

2. 架构局限性

以 CUDA 和 OpenCL 为代表的 GPGPU 编程模型提供了高度灵活的可编程能力。但为了提高 GPGPU 硬件的执行效率并减少设计开销，经典的 GPGPU 编程模型也做出了一些改变。

（1）为了能使 GPGPU 程序可以在任意数量的可编程多处理器上运行，同一个线程网格中的线程块之间不允许存在依赖而能够独立执行。由于线程块独立且能以任意的顺序执行，多个线程块之间的同步和通信往往需要更高开销的操作才能完成，例如通过全局存储器通信，或利用原子操作进行协同，抑或利用新的线程网格来处理。线程块内的同步则可以利用同步栅栏等在线程块中的所有线程上实行。不过，随着 GPGPU 编程模型的不断发展和通用性的不断增强，线程块的独立性也出现了一些变化，正如 2.4.2 节所介绍的协作组（cooperative groups）就允许重新选择线程构成协作组以实现多种粒度的协同操作。

（2）递归程序早期也并不被允许。在大规模并行的很多情况下，递归操作并没有太大的用处,而且可能会消耗大量的存储器空间。通常使用递归编写的程序,如快速排序,都可以变换成并行结构来实现。不过为了支持更为通用的编程,NVIDIA 在计算能力 2.0 的 GPGPU 架构中也开始支持有限制的递归程序。

(3) 典型的 CPU-GPGPU 异构计算还是需要各自拥有独立的存储空间,因此需要在主机端存储器和设备存储器之间复制数据和结果。这虽然会带来额外的开销,但可以通过执行足够大的计算密集型问题来分摊。当然,这个问题不仅仅是编程模型和架构设计的问题,也和存储器件本身的特性密切相关。

(4) 在早期的 GPGPU 中,线程块和线程只能通过 CPU 创建,而不能在内核函数执行过程中创建,这种方式有利于简化运行时管理和减小硬件多线程的开销。不过一些新的 GPGPU 架构也开始支持这一特性。例如,NVIDIA 从计算能力 3.0 的 Kepler 架构及 CUDA 5.0 中引入了对动态内核函数的支持,可以在内核函数中启动新的内核函数。

3.2　GPGPU 指令流水线

流水线技术是利用指令级并行,提高处理器 IPC[①] 的重要技术之一。它在标量处理器中已经得到了广泛应用。不同功能的电路单元组成一条指令处理流水线,利用各个单元同时处理不同指令的不同阶段,可使得多条指令同时在处理器内核中运行,从而提高各单元的利用率和指令的平均执行速度。在大多数 GPGPU 架构中,虽然指令的执行粒度变为包含多个线程的线程束,但为了提高指令级并行,仍然会采用流水线的方式提高线程束指令的并行度。与单指令流水线相比,可以想象成水管变得更粗。当线程束中所有的线程具有相同的指令路径时,指令流水的方式与标量流水线类似。但当线程束中线程发生分支,不同线程执行不同的代码路径时,GPGPU 则采用了专门的技术来解决这一问题,例如 3.3 节中将介绍的 SIMT 堆栈技术。

图 3-3 显示了一种典型的 GPGPU 架构流水线设计[②]。可以看到,每个线程束按照流水方式执行指令的读取(fetch)、解码(decode)、发射(issue)、执行(execute)及写回(writeback)过程。这一过程与标量流水线非常类似,但不同之处在于从取指令开始,GPGPU 的流水线以线程束为粒度执行,各个线程束相互独立。同时 GPGPU 的指令调度器原则上可以在任何已经就绪的线程束中挑选一个并采用锁步(lockstep)的方式执行。锁步执行使得所有的执行单元都执行同一条指令,从而简化控制逻辑,把硬件更多地留给执行单元。GPGPU 的流水线不必像动态流水线那样利用高复杂度和高开销的控制执行逻辑来提高指令并行性。

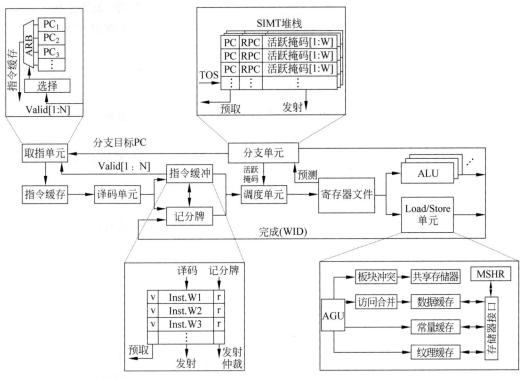

图 3-3　一种典型的 GPGPU 架构流水线设计

3.2.1　前段：取指与译码

流水线始于取指。GPGPU 的指令流水线前段主要涉及取指单元(fetch)、指令缓存(I-cache)、译码单元和指令缓冲(I-buffer)等部件。

1. 取指单元

取指单元是根据程序计数器(Program Counter,PC)的值,从指令缓存中取出要执行指令的硬件单元。取出来的指令经过译码后会保存在指令缓冲中,等待指令后续的调度、发射和执行。

在标量流水线中,一般只需要一个 PC 来记录下一条指令的地址。但由于 GPGPU 中同时存在多个线程束且每个线程束执行的进度可能并不一致,取指单元中就需要保留多个 PC 值,用于记录每个线程束各自的执行进度和需要读取的下一条指令位置。这个数目应该与可编程多处理器中允许的最大线程束数量相同。众多线程束进而通过调度单元选出一个线程束来执行。

2. 指令缓存

指令缓存接收到取指单元的 PC,读取缓存中的指令并发送给译码单元进行解码。指令高速缓存可以减少直接从设备端存储器中读取指令的次数。

本质上,指令缓存也是缓存,可以采用传统的组相联结构及 FIFO 或 LRU 等替换策略来进行设计。取指单元对指令缓存的访问也可能会发生不同的情况:如果命中,指令会被传送至译码单元;如果缺失,会向下一层存储请求缺失的块,等到缺失块回填指令缓存后,访问缺失的线程束指令会再次访问指令缓存。对 GPGPU 来说,不管命中还是缺失,调度器都会处理下一个待调度线程束的取指请求。还有一种可能的情况是指令缓存的资源不足,此时则无法响应取指单元的请求,只能停顿直到指令缓存可以来处理。

3. 译码单元

译码单元对指令缓存中取出的指令进行解码,并且将解码后的指令放入指令缓冲中对应的空余位置上。

根据 SASS 指令集的定义和二进制编码规则,译码单元会判断指令的功能、指令所需的源寄存器、目的寄存器和相应类型的执行单元或存储单元等信息,进而给出控制信号,控制整个线程束流水线的运行。

4. 指令缓冲

指令缓冲用于暂存解码后的指令,等待发射。考虑到每个可编程多处理器中会有许多线程束在执行,指令缓冲可以采用静态划分的方式来为每个线程束提供专门的指令条目,保留已解码待发射的指令。这样,每个线程束就可以直接索引到相应的位置,避免每次从指令缓冲中查找指令所带来较高的延时和功耗开销。

每个指令条目一般包含一条解码后的指令和两个标记位,即一个有效位(valid)和一个就绪位(ready)。有效位表示该条指令是有效的已解码未发射指令,而就绪位表示该指令已经就绪可以发射。就绪的指令往往需要通过诸如记分牌的相关性检查等一系列条件,并且需要有空闲的硬件资源才能得以发射。一旦某指令发射完成,就会重置对应的标记位等待进一步填充新指令。在初始时,这些标记位也会被清除以表明指令缓冲空闲。

指令缓冲中的有效位还会反馈给取指单元,表明指令缓冲中是否有空余的指定条目用于取指新的线程束指令。如果有空余条目,应尽快利用取指单元从指令缓存中获得该线程束的后续指令;如果没有空余条目,则需要等待指令缓冲中该线程束的指令被发射出去后,条目被清空才能进行指令读取。

3.2.2 中段:调度与发射

指令的调度与发射作为指令流水的中段,连接了前段取指和后段执行部分,对流水线的执行效率有着重要的影响。

1. 调度单元

调度单元通过线程束调度器(warp scheduler)选择指令缓冲中某个线程束的就绪指令发射执行。发射会从寄存器文件中读取源寄存器传送给执行单元。调度器则很大程度上决定了流水线的执行效率。

为了确保指令可以执行,调度单元需要通过各种检查以确保指令就绪并且有空闲执行单元才能发射。这些检查包括没有线程在等待同步栅栏及没有数据相关导致的竞争和冒险等。

不同指令在不同类型的流水线上执行。例如,运算类型指令在算术逻辑部件(Arithmetic Logic Unit,ALU)中执行;访存类型指令会在存储访问单元(Load/Store 单元)中执行。当遇到条件分支类指令时,需要合理地处置指令缓冲中的指令。例如,在跳转发生时清空指令缓冲中该线程束的指令条目,同时该线程束的 PC 也需要调整,并根据分支单元如 SIMT 堆栈来管理线程分支下的流水线执行。

2. 记分牌

记分牌单元(scoreboard)主要是检查指令之间可能存在的相关性依赖,如写后写(Write-After-Write,WAW)和写后读(Read-After-Write,RAW),以确保流水化的指令仍然可以正确执行。

经典的记分牌算法会监测每个目标寄存器的写回状态确保该寄存器写回完成前不会被读取或写入,避免后续指令的读操作或写操作引发 RAW 冒险或 WAW 冒险。记分牌算法通过标记目标寄存器的写回状态为"未写回",确保后续读取该寄存器的指令或再次写入该寄存器的指令不会被发射出来。直到前序指令对该目的寄存器的写回操作完成,该目的寄存器才会被允许读取或写入新的数据。

3. 分支单元和 SIMT 堆栈

对于指令中存在条件分支的情况,例如 if…else…语句,它们会破坏 SIMT 的执行方式。条件分支会根据线程束内每个线程运行时得到的判断结果,对各个线程的执行进行单独控制,这就需要借助分支单元,主要是活跃掩码(active mask)和 SIMT 堆栈进行管理,解决一个线程束内线程执行不同指令的问题。

GPGPU 架构一般都会采用串行化不同线程执行的方式来处理分支的情况。例如,可以先执行 if 分支(true 路径)再执行 else 分支(false 路径)。活跃掩码用来指示哪个线程应该执行,哪个线程不应该执行,普遍采用 n 比特的独热(one-hot)编码形式(n 值与线程束内线程的数量一致),其中每一位对应了一个线程的条件判断结果。如果该线程需要执行该指令,则对应位为 1,否则为 0。活跃掩码会传送给发射单元,用于指示该发射周期的线程束中哪些线程需要执行,从而实现分支线程的独立控制和不同分支的串行化执行。

线程分支会严重影响 SIMT 的执行效率,导致大量执行单元没有被有效利用。研究人员对此提出了不同的技术来减轻这种影响。

4. 寄存器文件和操作数收集

指令执行之前会访问寄存器文件(register file)获取源操作数。指令执行完成后还需要写回寄存器文件完成目标寄存器的更新。

寄存器文件作为每个可编程多处理器中离执行单元最近的存储层次,需要为该可编程多处理器上所有线程束的线程提供寄存器数值。为了掩盖如存储器访问等长延时操作,GPGPU 会在多个线程束之间进行调度,这也就要求寄存器文件需要有足够大的容量能够同时为多个线程束保留寄存器数据,因此其设计与传统 CPU 有显著不同。例如,GPGPU 的寄存器文件与其他存储层次会呈现"倒三角"结构。出于电路性能、面积和功耗的考虑,寄存器文件会分板块设计,且每个板块只有少量访问端口(如单端口)的设计方式。对不同板块的数据同时读取可以在同周期完成,但是不同请求如果在同一板块,就会出现板块冲突而影响流水线性能。板块冲突也有不同的处理方式。NVIDIA 的 GPGPU 借助操作数收集器(operand collector)结构和寄存器板块交织映射等方式减轻板块冲突的可能性。

3.2.3 后段:执行与写回

作为指令执行的后段,计算单元是对指令执行具体操作的实现,存储访问单元则完成数据加载及存储操作。计算单元主要包括整型、浮点和特殊功能单元在内的多种功能单元。NVIDIA 的 GPGPU 从 Volta 架构起还引入了张量核心单元(tensor core)来支持大规模矩阵计算。

1. 计算单元

GPGPU 需要为每个可编程多处理器配备许多相同的流处理器单元来完成一个线程束中多个线程的计算需求,同时还配备了多种不同类型的计算单元,用来支持不同的指令类型,如整型、浮点、特殊函数、矩阵运算等。不同类型的指令从寄存器文件中获得源操作数,并将各自的结果写回到寄存器文件中。

作为基本的算术需求,GPGPU 中提供了较为完整的算术逻辑类指令,支持通用处理程序的执行。在 NVIDIA 的 GPGPU 架构中,流处理器单元体现为 CUDA 核心,它提供了整型运算能力和单精度浮点运算能力。不同的架构会配备不同数量的双精度浮点硬件单元,以不同的方式对双精度浮点操作进行支持,以满足高性能科学计算的需求。

某些指令需要在特殊功能单元(Special Function Unit,SFU)上执行,这些指令包括倒数、倒数平方根和一些超越函数。这些单元也以 SIMT 方式执行。但由于这些特殊功能单元往往对硬件的消耗很高,所以一般数量不会很多,而是采用分时复用的方式。例如,在 NVIDIA 的 GPGPU 架构中,一个 SFU 可能会被 4 个 SP 共享,吞吐率就降为原来的 1/4。另外,这些单元的另一个特点是它们并不一定严格遵循 IEEE 754 标准中对单精度浮点的精确性要求,这是因为对于许多 GPGPU 应用来说,更高的计算吞吐率往往是更重要的。如果应用对精确性有更高的要求,可以利用 CUDA 数学库中精确的函数来实现,这往往需要软件的介入。

近年来,为了支持深度神经网络的计算加速,NVIDIA 的 Volta、Turing 和 Ampere 架构开始增加了张量核心单元,主要为低精度的矩阵乘法提供更高的算力支持。关于张量计算单元的详细介绍,详见第 5 章的内容。

2. 存储访问单元

存储访问单元负责通用处理程序中 load 和 store 等指令的处理。由于配备了具有字节寻址能力的 load 和 store 等指令,GPGPU 可以执行通用处理程序。

如 2.3.1 节所介绍的,GPGPU 一般会包含多种类型的片上存储空间,如共享存储器、L1 数据缓存、常量缓存和纹理缓存等。存储访问单元实现了对这些存储空间的统一管理,进而实现对全局存储器的访问。同时针对 GPGPU 的大规模 SIMT 架构特点,存储访问单元还配备了地址生成单元(Address Generation Unit,AGU)、冲突处理(bank conflict)、地址合并、MSHR(Miss Status Handling Registers)等单元来提高存储器访问的带宽并减小开销。当需要访问共享存储器中的数据时,冲突处理单元会处理可能存在的板块冲突,并允许在多周期完成数据的读取。对于全局存储器和局部存储器中的数据,load/store 指令会将同一线程束中多个线程产生的请求合并成一个或多个存储块的请求。面对 GPGPU 巨大的线程数量,存储访问单元通过合并单元将零散的请求合并成大块的请求,利用 MSHR 单元支持众多未完成的请求,有效地掩盖了对外部存储器的访问延时,提升了访问的效率。纹理存储器具有特殊的存储模式,需要经由特定的纹理单元进行访问。

由于不同的存储空间在 GPGPU 程序中会起到不同的作用,存储访问单元对各种存储空间实施差异化的管理。具体请参见第 4 章的内容。

3.2.4　扩展讨论:线程束指令流水线

1. 与其他流水线的比较

1) 与标量处理器流水线的比较

从 GPGPU 的流水线可以看出,它与标量处理器的流水线是非常相似的。通过将线程束指令划分为几个阶段,GPGPU 可以实现指令级并行。不同之处在于,从取指令开始,GPGPU 的流水线就以线程束为粒度,多个线程独立执行。GPGPU 采用了更为简单的锁步执行方式,所有执行单元都执行同一个操作,因此能够从已经就绪的线程束中选择一个进行执行。由于每个可编程多处理器内部都会有大量的线程和线程束等待执行,原则上 GPGPU 具有很大的调度空间来掩盖缓存缺失带来的访存操作等长延时操作。这使得 GPGPU 可以简化高速缓存的设计,不必像动态调度流水线一样利用高复杂度和高硬件开销的乱序执行方式寻找可以执行的指令来填充流水线,以及掩盖长延时操作带来的流水线停顿。GPGPU 的这种执行和调度方式在保证了指令并行性的同时,可以简化控制逻辑,使得 GPGPU 可以将硬件资源更多地留给计算等功能操作单元。

当然,并不是每时每刻线程束中的所有线程都能够完美地打包在一起执行,必然会有线程执行不同分支路径的情况,因此条件分支是 GPGPU 性能的重要影响因素之一,可编程多处理器必须要能够对这种情况进行有效的管理。同时,如何管理数量众多的线程束,并选择一个合理的线程束来执行,也是 GPGPU 调度器要解决的新问题。另外,线程产生数据访问请求时也可能会因为庞大的线程数量而相对分散,从而对访存性能来说也是非常不利的影响,GPGPU 需要更高效的访问策略对访问请求进行组织。

2) 与向量处理器流水线的比较

向量处理器和以 SIMT 为核心的 GPGPU 处理器起初都是为了支持数据级并行程序而设计的,但它们选取了不同的技术路径。数量更多的执行单元、灵活性更高的动态分支管理、更为复杂的存储架构、更强的存储访问能力及特有的线程和线程束调度机制是 GPGPU 流水线与向量处理器最显著的区别。

向量处理器采用数据流水的方式来一次性处理所有的向量元素,所以每次载入和存储指令都需要进行大块的数据传输,往往存在较大的一次性启动延时代价。有的向量处理器配备了集中/分散(gather/scatter)及地址跳跃(striding)等地址访问能力来应对复杂的地址访问模式,但 GPGPU 基于单个线程独立的地址计算能力则更为灵活。同时,GPGPU 利用线程的切换来掩藏长延时的访存,等于在数据并行的维度上增加了延时掩藏的能力。

另外,在条件分支指令的处理上,两种架构都采用了活跃掩码的方式。区别在于,向量处理器可能会利用软件来管理活跃掩码的保存、求补和恢复等操作,而 GPGPU 普遍采用硬件的管理方式。这种方式往往更加灵活,也利于取得更好的性能。

这些机制和硬件单元使得 GPGPU 更为灵活,也具有更良好的可编程性来应对数据级并行(Data-Level Parallelism,DLP)之外的可并行任务。当然,并不是说向量处理器不能支持这些机制,新的融合体系结构设计可能会在两种架构之间找到更好的平衡点。更多关于向量处理器的内容可以参见文献[3]中的介绍。

3)与 SIMD 流水线的比较

2.2.3 节中已经讨论了 SIMD 和 SIMT 在编程模型上的差异。从硬件层面上,SIMD 流水线保持了与标量流水线的高度相似性,可以认为仅仅是增加了 SIMD 扩展指令及在硬件上增加了独立并行的执行通路。而 GPGPU 流水线除了扩展执行单元的数量,还设计了完整的体系结构支持更为灵活的 SIMT 计算模型和不同的存储访问机制。GPGPU 的 SIMT 编程模型还可以通过不同的编程手法实现类似 MIMD 的并行计算模型。这种灵活性显然是 SIMD 流水线无法比拟的。

2. 线程束的宽度选择

在 GPGPU 的编程模型中,线程网格和线程块的大小都是编程人员可以根据应用需求进行调节的,而唯有线程束的大小是与硬件绑定且固定的。NVIDIA 的 GPGPU 将线程束(称为 warp)的宽度即线程(thread)的个数设置为 32,而 AMD 的 GPGPU 将线程束(称为 wavefront)的宽度即工作项(work-item)的个数设置为 64。为什么两者会选择不同的数值,为什么是这两个数值,或者说线程束的宽度究竟设置为多少才合适?人们对这些问题也进行了多种分析和研究。

一方面,对于使用相同线程数量执行的应用来说,如果线程束的宽度增加,那么执行应用所需的线程束数量就会变少,这可能会影响到线程束的并行度或 GPGPU 的调度能力,进而影响性能。一旦发生线程分支,不同的线程会执行不同的代码。越大的线程束遭遇分支的可能性越高,导致性能损失的可能性也越大。另一方面,由于每个线程束都需要独立地取指、访问 L1 高速缓存等资源,因此从直观上来看,越大的线程束在前端取指的次数也减少,访问 L1 高速缓存的次数也会越少。同理,越小的线程束在前端取指的次数也越多,访问 L1 缓存的次数也会变多,这都可能会带来性能上的差异。因此,虽然不能确切地推断为什么两种 GPGPU 会选择不同的数值,但很大可能是架构和应用方面多个因素折中的结果。

针对这一问题,研究人员在文献[4]中将不同线程束宽度对不同类型应用的性能影响进行了量化的研究。该研究针对 165 个真实应用的内核函数,将它们分成了三类:随着线程束宽度下降而性能上升的发散型应用(divergent applications)、随着线程束宽度下降而性能基本不变的不敏感型应用(insensitive applications)及随着线程束宽度下降而性能下降的收敛型应用(convergent applications)。不同线程束宽度对应用的性能呈现差异化的影响结果如图 3-4 所示。

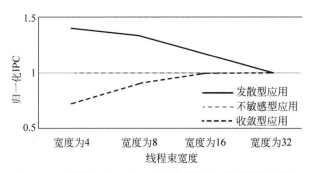

图 3-4　不同线程束宽度对应用的性能呈现差异化的影响

从图 3-4 中可以看到,不同应用的性能对线程束宽度的变化反应不一,这个结果可以这样来理解:当线程束宽度下降时,L1 高速缓存的访问次数会增大,这与直觉相符。对于一些应用,当用宽度较小的线程束来代替较大的线程束时,原本按照较大线程束合并的访问会因存储器等资源的限制被分散到多个周期,呈现存储合并能力的退化。一般出现这种情况会使得整体性能下降。但对于发散型应用,这种性能的下降又会被下面两个因素弥补。

(1) 应用的控制流存在分支,且较少的线程会参与存储访问。

(2) 虽然出现了存储合并退化的现象,但是 L1 高速缓存的命中次数提升较为明显,同时较小的线程束宽度会提升 SIMT 通道的利用率,从而弥补性能。

在收敛型应用中,这种情况对于性能的影响是负面的,说明上述两个原因可能不能弥补存储合并退化带来的性能损失。根据该文献的统计,这些应用在线程束宽度下降时,存储访问总数和 L1 高速缓存未命中数均增加,有些应用还增加了 MSHR 的合并数量,这意味着访问 L1 高速缓存的次数增加了。

线程束的宽度除了对于性能存在影响,对于前端的压力也显著增大。当线程束宽度下降时,由于每个小线程束需要读取指令,从而相比于大线程束需要读取更多的指令。这对于收敛型应用和不敏感型应用的影响比较明显,因为根据该文献的统计,取指请求的数量对于线程束宽度下降有近乎线性的提升。而对于发散型应用,虽然取指请求也增加了,但增加了更多独立的控制路径,也会变得更加复杂多样。这对于提升发散型应用的性能可能至关重要。

从上面的分析可以看到,不同应用的内核函数对线程束宽度的相关性也并不一致,线程束的宽度与诸多架构因素也有着复杂的关系,因此线程束的宽度很大程度上也是折中的结果。从另一个角度来看,静态的线程束宽度设定并不能适合所有的内核函数和架构,那么是否可以动态调整线程束的宽度以适应更多的应用和架构,这也是值得进一步研究的问题。

3.3 线程分支

从整个流水线的角度,GPGPU 遵循了 SIMT 计算模型,按照线程束的组织进行指令的取指、译码和执行。这种方式使得编程人员可以按照串行化的思维完成大部分的代码,也允许每个线程独立地执行不同的工作。在执行阶段,如果遭遇了 if…else…等条件分支语句,不同线程需要执行的代码路径可能会不一致,就会出现线程分支或分叉。

代码 3-1 给出了一个包含嵌套分支的内核函数 CUDA 代码(左)和所对应的 PTX 代码(右)。假设线程束中有 4 个线程。起初,4 个线程执行基本块 A 中的代码,这时没有发生线程分支。但是当指令块 A 到达执行末尾时需要执行第 6 行的 if…else…语句,对应 PTX 第 6 行的分支指令 bar。假设有 3 个线程在执行时判断条件成立会去执行块 B 中的代码,1 个线程不成立而去执行块 F 中的代码,此时就发生了线程分支。同理,执行完指令块 B 代码后也发生了线程分支,一部分线程会去执行 C,而另一部分线程会去执行 D。图 3-5 展示了这段 CUDA 代码和 PTX 代码所提取出的分支流图。其中,每个框表示了需要执行的指令块及哪个线程将执行这个指令块,如 A/1111 表示 4 个线程都会执行指令块 A,C/1000 表示只有第 1 个线程会执行指令块 C。每个框之间的连线意味着相继执行的指令块。

代码 3-1 包含嵌套分支的内核函数示例

```
1     do {                                      1    A:    mul. lo. u32      t1, tid, N;
2         t1 = tid * N;        // A             2          add. u32          t2, t1, i;
3         t2 = t1 + i;                          3          ld. global. u32   t3, [t2];
4         t3 = data1[t2];                       4          mov. u32          t4, 0;
5         t4 = 0;                               5          setp. eq. u32     p1, t3, t4;
6         if(t3 != t4){                         6          @p1 bra           F;
7             t5 = data2[t2];  // B             7    B:    ld. global. u32   t5, [t2];
8             if(t5 != t4) {                    8          setp. eq. u32     p2, t5, t4;
9                 x += 1;      // C             9          @p2 bra           D;
10            }else{                            10   C:    add. u32          x, x, 1;
11                y += 2;      // D             11         bra               E;
12            }                                 12   D:    add. u32          y, y, 2;
13        } else {                              13   E:    bra               G;
14            z += 3;          // F             14   F:    add. u32          z, z, 3;
15        }                                     15   G:    add. u32          i, i, 1;
16        i++;                 // G             16         setp. le. u32     p3, i, N;
17    } while(i < N);                           17         @p3 bra           A;
```

为了支持上述条件分支的执行,GPGPU采取的方法也很直观,就是分别执行分支的不同路径,即按照 A/1111→B/1110→C/1000→D/0110→E/1110→F/0001→G/1111 的顺序分别执行其中给定的一个或几个线程,最终执行完所有线程。为了实现这种执行方式,GPGPU往往会利用谓词寄存器和硬件 SIMT 堆栈相结合的方式对发生了条件分支的指令流进行管理。本节将介绍这一原理及它是如何解决分支问题的。为了提高执行的效率,还将针对线程分支的效率问题展开深入的讨论。

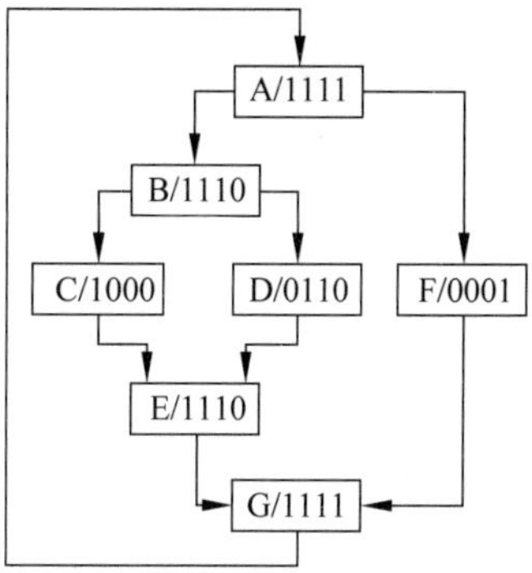

图 3-5　嵌套分支内核函数示例的分支流图

3.3.1　谓词寄存器

在理解 GPGPU 如何处理线程条件分支之前,先介绍谓词(predicate)寄存器的概念。谓词寄存器是为每个执行通道配备的 1 比特寄存器,用来控制每个通道是否开启或关闭。通常,谓词寄存器设置为 1 时,对应的执行通道将被打开,该通道的线程将得以执行并存储结果;谓词寄存器设置为 0 的通道将被关闭,该通道不会执行指令的任何操作。谓词寄存器广泛应用于向量处理器、SIMD 和 SIMT 等架构中用来处理条件分支。

GPGPU 架构普遍采用显式的谓词寄存器来支持线程分支,每个线程都配备有若干谓词寄存器。例如,在代码 3-1 的 PTX 代码中,第 5、8、16 行的 setp 指令就是根据运行时的实际结果来设置 p1、p2、p3 三个谓词寄存器。而在后续的代码中,如第 6、9、17 行的 bra 指令,可以在 p 或 !p(p 取反)的指示下根据各自的谓词寄存器控制每个线程是否需要执行。

在这段嵌套分支的 PTX 代码中,第 1 行～第 4 行是指令块 A 的计算部分,每个线程通过自己的线程号 tid 计算出各自的 t3 和 t4,准备比较。

第 5 行是一个比较操作,对应 CUDA 代码中第 6 行的比较。每个线程执行 setp 指令,将 t3 和 t4 的值进行比较。如果 t3 和 t4 相等,则该线程的谓词寄存器 p1 设为 1。注意这是每个线程独立的操作,所以不同线程的 p1 值可能会不同。根据图 3-5 中的假设,只有第 4 个线程的谓词寄存器 p1 被设置为 1。

第 6 行,标记有 @p1 的指令表示每个线程在执行该指令前,需要先检测谓词寄存器 p1 中的值。如果为 1 则执行 bra,跳转至 F 块中,否则不跳转继续执行第 7 行 B 块的指令。由于只有第 4 个线程的谓词寄存器 p1 为 1,所以只有该线程将跳转到 F,发生线程分支。

第 8 行,每个线程执行 setp 指令,将 t4 和 t5 的值进行对比,对应 CUDA 代码中第 8 行的比较。如果 t4 和 t5 相等,则将该线程的谓词寄存器 p2 设为 1。根据图 3-5 可知,线程 2、3 将设置谓词寄存器 p2 为 1。

第 9 行,标记 @p2 的指令执行前会检查谓词寄存器 p2 的值,并根据检查结果选择执行 D 块或继续执行 C 块。这里线程 2、3 将执行 D 块。

第 11 行,bra 指令使得执行完 C 块的线程将无条件跳转至 E 块,而之前跳转至 D 块的线程也会顺序执行到 E 块,这样执行了 C 块和 D 块的前 3 个线程会在执行 E 块时发生线程重聚(reconverge)。

第 13 行,bra 指令会使 E 块重聚的线程无条件跳转至 G 块,与执行 F 块的线程重聚。

第 16 行,所有的线程都需要执行,setp 指令会对比 i 和 N 的值,若 i 小于 N 则设置谓词寄存器 p3 为 1。

第 17 行,标记@p3 的指令会检查 p3 的值,判断所有线程是否需要跳转回 A 块,继续执行循环操作。

可以看到,当线程束内部的不同线程出现分叉时,带有谓词标记的指令会根据谓词寄存器中的 0 或 1 值产生不同的执行路径,从而能够使得不同线程独立地开启和关闭,此时多个个线程的执行也就不再整齐划一。

另外,对于条件分支的执行效率问题,如果是 if…then…else 这种对称分支结构且两个分支路径的长度相等,那么 SIMT 的执行效率降低为 50%。同理,对于双重嵌套分支结构,如果路径长度相等,那么 SIMT 的执行效率就为 25%。这意味着大多数 SIMT 单元在执行嵌套分支时是空闲的,执行效率大幅降低。因此,线程分支是 GPGPU 性能损失的一个重要因素。

3.3.2　SIMT 堆栈

当代码发生分支时,谓词寄存器决定了每个线程是否应该被独立地开启或关闭。从整体来看,GPGPU 的线程调度器会对线程束的多个线程进行管理,保证具有相同路径的线程能够聚集在一起执行,从而尽可能地维持 SIMT 的执行效率。为此,GPGPU 采用了一种称为 SIMT 堆栈(SIMT stack)的结构。它可以根据每个线程的谓词寄存器形成线程束的活跃掩码(active mask)信息,帮助调度器来确定哪些线程应该开启或关闭,从而实现分支线程的管理。

正如图 3-5 中看到的那样,代码块后面的编码代表了线程束的活跃掩码信息。起初所有线程都会执行 A/1111。当遭遇了第 6 行的 bra 指令会产生分叉,线程不再整齐划一,形成了 B/1110 和 F/0001 两条互斥的路径,直到 G/1111 处再恢复到整齐划一的状态。这里的 A 称为线程分叉点(devergent point),G 称为分叉线程的重聚点(reconvergent point)。如果存在嵌套分支的代码,会使得已分叉的线程进一步分叉,如 B/1110 遭遇了第 9 行的 bra 再次分叉,形成了 C/1000 和 D/0110 的路径,直到 E/1110 处再重聚恢复 B/1110 的状态。

随着周期的推进和不同线程束代码的调度和执行,活跃掩码也需要随之不断地更新。从上面的例子可以看到,识别线程的分叉点和重聚点是管理活跃掩码的关键。一种思路是,当线程发生分叉时,记录下重聚点的位置和当前的活跃掩码,然后进入分叉,根据分支判断的结果执行其中一些线程(如 true 路径上的线程),直到一条分支路径执行完成后切换到余下的线程(如 false 路径上的线程)执行。当所有路径的线程都执行完毕后,分叉的线程就可以在重聚点处恢复之前的活跃掩码,继续执行下面的指令。

SIMT 堆栈实现了对活跃掩码的管理。SIMT 堆栈本质上仍是一个栈,栈内条目的进出以压栈和出栈的方式进行,栈顶指针(top-of-stack,TOS)始终指向栈最顶端的条目。每个条目包含以下三个字段。

(1) 分支重聚点的 PC(Reconvergence PC,RPC),PC 值独一无二的特性刚好可以用来识别重聚点的位置。RPC 的值由最早的重聚点指令 PC 确定,因此称为直接后继重聚点(Immediate Post-DOMinate reconvergence point,IPDOM)。在图 3-5 的例子中,代码块 B 执行完毕后,三个线程经由两条分支路径 C 和 D 在 E 处重聚,我们就称 E(确切来说,是代码块 E 的第一条指令)为一个 IPDOM。同样,E 和 F 的重聚点为 G 的第一条指令。

(2) 下一条需要被执行指令的 PC(Next PC,NPC),为该分支内需要执行的指令 PC。

(3) 线程活跃掩码(Active Mask),代表了这条指令的活跃掩码。

这里借助图 3-5 的例子来详细解释 SIMT 堆栈对活动掩码的管理方式。随着时钟周期的推进,线程的执行过程如图 3-6(a)所示。实体箭头代表对应的线程被唤醒,空心箭头代表对应的线程未被唤醒,每个代码块内线程分支情况保持一致。SIMT 堆栈通过选择不同的分支路径执行完所有的指令,如图 3-6(b)～图 3-6(d)的过程,最终所有线程都会恢复到共同执行的状态。初始时如图 3-6(b)所示,所有线程(活跃掩码为 1111)执行指令块 A 时,NPC 为指令块 G 的第一条指令 PC,即后面所有线程的重聚点。当到达了 A 的最后一条指令(PTX 代码第 6 行)时,由于指令块 A 产生了分支,RPC 应更新为当前指令块的 NPC,即 G 的第一条指令 PC。此后线程分为两个互补的执行路径,前三个线程将执行指令块 B(活跃掩码为 1110),而最后一个线程将执行指令块 F(活跃掩码为 0001)。SIMT 堆栈会将指令块 B 和 F 及它们的活跃掩码压入栈中,并记录 B 和 F 的 RPC 为 G。

当前线程束需要执行的指令将从 TOS 条目的 NPC 获得。在本例中,会弹出指令块 B 的第一条指令(第 7 行),其活跃掩码字段给出 1110 来控制内部线程的执行,同时 B 的 NPC 为 E 压栈,如图 3-6(c)中步骤(i)所示。当到达指令块 B 的结尾(第 9 行)时,这三个线程再次遭遇条件分支,硬件会采取类似的操作来更新 SIMT 堆栈:首先将 RPC 更新为当前指令块 B 的 NPC,即 E 的第一条指令。然后 B 的两个分支路径,即 C 和 D 及它们的活跃掩码会被压入栈中,同时标记其 RPC 为 E 的第一条指令,如图 3-6(c)中步骤(ii)和(iii)所示。

当前线程束会从 TOS 条目中选取接下来要执行的指令(块),本例为指令块 C 且活跃掩码为 1000。当这个唯一的活跃线程到达指令块 C 的最后一条指令(第 11 行)时,其目标跳转 PC 与 RPC 相同,为指令块 E,所以 SIMT 堆栈会将 C 弹栈。接下来,当前线程束会再次从 TOS 条目选取指令块 D 且活跃掩码为 0110。当 D 执行完成后,其 NPC 与 RPC 相同,为指令块 E,所以 SIMT 堆栈会将 D 弹栈。此时,SIMT 堆栈更新为图 3-6(d)的状态。上述过程就是 SIMT 堆栈对活跃掩码的管理过程,保证了分支代码的正确性,还可以很好地应对嵌套分支的情况。

为了实现 SIMT 堆栈中如压栈、出栈的操作,一种方法是引入压栈、求反和恢复等专门指令针对 SIMT 堆栈进行操作,并通过编译器在 PTX 代码合适的位置插入这些指令,实现对活跃掩码的管理。GPGPU 则普遍采用硬件 SIMT 堆栈的方式提高线程分支的执行效

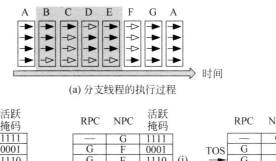

(a) 分支线程的执行过程

RPC	NPC	活跃 掩码
-	G	1111
G	F	0001
G	B	1110

TOS →

(b) 初始SIMT堆栈状态

RPC	NPC	活跃 掩码	
—	G	1111	
G	F	0001	
G	E	1110	(i)
E	D	0110	(ii)
E	C	1000	(iii)

TOS →

(c) 首次分支SIMT堆栈

RPC	NPC	活跃 掩码
—	G	1111
G	F	0001
G	E	1110

TOS →

(d) 分支重聚后SIMT堆栈

图 3-6 SIMT 堆栈实现对图 3-5 例子的管理

率。例如可以根据线程束中各个线程的执行情况动态地避免无效分支的执行,当所有线程都选择一个分支方向时,另一个方向的活跃掩码全为 0 便可以省略对应的分支路径,而不必以空流水的方式执行,提高执行效率。

3.3.3 分支屏障

基于 SIMT 堆栈的线程分支管理方式简单高效,但在特殊情况下可能会存在功能和效率上的问题,例如文献[5]就指出在原子操作下,SIMT 堆栈可能会产生线程死锁的问题。本节将结合文献[5-7]来具体分析这一问题,并讨论利用分支屏障和 Yield 指令解决这个问题的方法。

1. SIMT 堆栈可能的死锁

图 3-7 展示了一个 SIMT 堆栈可能会产生死锁的代码示例。

```
A: *mutex = 0
B: while( atomicCAS(mutex, 0, 1));
C: // critical section
   atomicExch(mutex, 0);
```

图 3-7 一个 SIMT 堆栈可能产生死锁的例子

这段代码中,代码块 A 首先初始化了一个公共锁变量 mutex,它可以被线程束内所有线程读取和修改。在 B 块中,每个线程试图对 mutex 执行 atomicCAS 操作,读取 mutex 的值并和 0 进行比较,如果两者相等,那么 mutex 的值将和第三个参数 1 进行交换,设置 mutex 的值为 1。该函数的返回值是 mutex 未交换之前的值。由于 atomicCAS 是一个原子操作,同一个线程束内多个线程需要串行化地访问存储器中的 mutex 锁变量,这也就意味着只有一个线程可以看到 mutex 的 0 值,进而获得锁退出循环执行 C 操作,而其他线程都只能看到 1 值而不断地循环。在块 C 中,获得锁的线程执行关键区操作,然后再通过

atomicExch 原子交换将 mutex 赋值为 0,即由获得 mutex 锁变量的线程来释放这把锁。

同时,考虑 B 中 SIMT 堆栈的执行过程。图 3-8(a)显示了该线程束执行 A 操作时 SIMT 堆栈的状态,其活跃掩码为 1111。当 B 执行完 atomicCAS 操作并返回后,B 中线程 发生了分支,其重聚点为 C。由于 B 操作是原子的,在线程束内只有一个线程能够离开循 环。假设只有第一个线程获得了锁变量而退出循环,那么 C 的活跃掩码为 1000,而 B 的活 跃掩码为 0111。根据前文 SIMT 堆栈的描述,需要将 C 和 B 及各自的活跃掩码压入 SIMT 堆栈,此时 SIMT 堆栈的状态可能如图 3-8(b)所示。那么只有等待后三个线程先完成 B 对 应的指令,才能去执行 C。但 B 是一个死循环,需要等待 C 指令完成后释放锁才能脱离循 环,因此这里将产生死锁。

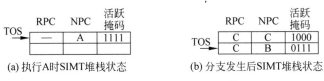

	RPC	NPC	活跃掩码
TOS →	—	A	1111

(a) 执行A时SIMT堆栈状态

	RPC	NPC	活跃掩码
TOS →	C	C	1000
	C	B	0111

(b) 分支发生后SIMT堆栈状态

图 3-8 SIMT 堆栈发生死锁的具体过程

2. 分支屏障和 Yield 指令

针对 SIMT 堆栈管理线程束分支时存在死锁的问题,文献[7]提出了一种利用分支屏障 和 Yield 指令来解决死锁的方式。相比于 SIMT 堆栈,这种方式允许屏障中的某些线程进 入让步状态,从而允许其他线程先能够通过屏障执行下面的指令,避免死锁。

为此,分支屏障专门设计了增加屏障和等待屏障指令,例如 ADD 和 WAIT,并保存必 要的信息使得分支屏障能够实现类似于 SIMT 堆栈的功能。当程序开始进入分支的时候, 编译器会插入 ADD 指令来产生一个屏障,线程执行 ADD 指令时会与给定编号的屏障绑定 而进入屏障。进入屏障的线程会沿着一条分支执行程序,直到到达 WAIT 指令时等待,等 到所有绑定了这个屏障的线程到达这个 WAIT 指令屏障才能解除。线程重新进入活跃状 态,以 SIMT 方式执行接下来的指令。值得注意的是,每个线程束内可能会有多个分支屏 障,参与分支屏障的线程执行的分支也不相同。

仍然采用图 3-5 中的例子,但利用分支屏障实现条件分支的管理。在本例中,在块 A 和 B 中增加了专门的 ADD 指令用来初始化分支屏障。此时线程束内所有的活跃线程,会根据 ADD 指令修改自己对应的屏障参与掩码,以确定哪些线程会进入哪个分支屏障中,如 A 块 的分支屏障为 B0,B 块的分支屏障为 B1。进入分支时,线程调度器会选择一组线程执行。 对应于 ADD,WAIT 指令用于分支屏障内部的线程相互等待,一般存在于分支重聚点处,比 如块 E 和 G。执行到 WAIT 的线程会修改线程状态,表明线程已经挂起。一旦屏障参与掩 码中的所有线程都执行了相应的 WAIT 指令,线程调度器就可以将分支屏障中的线程切换 到活跃状态。利用分支屏障管理图 3-5 中条件分支的例子如图 3-9 所示。

针对 SIMT 堆栈可能出现的死锁问题,分支屏障还设计了 Yield 指令,使得某些线程可 以进入让步状态。进入让步状态的线程会退出占用的资源暂缓执行,其他分支路径的线程

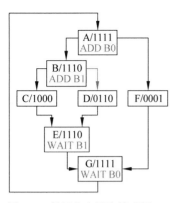

图 3-9　利用分支屏障管理图 3-5 中条件分支的例子

也无须在屏障处等待那些已经进入让步状态的线程。在具体实现中,可以采用不同的方式来判定分支屏障中的线程是否需要进入让步状态。

（1）执行了编译器在分支路径中显式插入的 Yield 指令。

（2）运行超时或执行了某一固定次数的跳回操作,即从数值较大的 PC 跳回数值较小的 PC。这相当于硬件会判定跳回操作超过某一数值后,认为线程执行出现了死循环。这正是本节例子中出现的情况。

基于分支屏障实现的线程调度器可以自由切换不同的线程执行,而无须按照 SIMT 堆栈的方式提取栈顶的线程束执行。配合 Yield 状态的线程不再执行,这样可以解锁其他线程,从而避免死锁。

3. 死锁问题的解决

下面介绍如何利用新的分支屏障和 Yield 指令来解决图 3-7 中所示的死锁问题。如图 3-10 所示,由于块 A 是分支的开始,C 为重聚点,因此添加分支屏障的指令应该在 A 中,而 C 中第一条指令应为对应的 WAIT 指令。图 3-10(a)中插入了分支屏障指令实现了与 SIMT 类似的分支管理。由于没有 Yield 指令,分支屏障依然要求屏障前的所有分叉线程都重聚到屏障后才能继续执行,因此第一个线程会一直等待在屏障处,从而无法执行 C 块代码,也无法释放锁资源。图 3-10(b)中块 B 插入了 Yield 指令来避免死锁的发生。Yield 指令会让 B 中的部分线程让步而放弃执行循环,从而使第一个线程能够不等待 B 中的其他线程,跨越分支屏障而先执行 C,释放锁资源。然后让步状态会解除,让 B/0111 的一个线程再次得到锁而退出循环。最终,B 中所有线程都会走出死循环,不会再发生死锁,完成代码的既定功能。

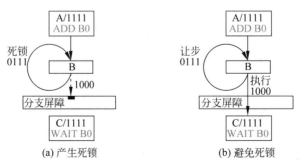

(a) 产生死锁　　　(b) 避免死锁

图 3-10　采用分支屏障和 Yield 指令避免死锁

为了便于理解,下面详细分析线程在刚进入循环及第一次解除死锁的过程,如图 3-11 所示,图 3-11(a)为马上进入循环时分支屏障的状态。由于 4 个线程都会参与屏障,因此屏障参与掩码是不变的。而屏障状态为 4 比特,每一位代表一个线程,若线程已经执行到了屏障,则对应位置标为 1,否则为 0。由于还没有执行 B 中程序,因此图 3-11(a)中屏障状态为 0000。线程状态有 3 个,其中 00 为就绪状态,01 为挂起状态,10 为让步状态。线程 RPC 为接下来要执行的指令,每个线程对应一个 RPC。此时,所有线程都是活跃的,准备进入循环 B 中。

屏障参与掩码	屏障状态	线程状态	线程RPC	线程活跃
1111	0000	00 00 00 00	BBBB	1111

(a) 马上进入循环

屏障参与掩码	屏障状态	线程状态	线程RPC	线程活跃
1111	1000	01 00 00 00	CBBB	0111

(b) 第一次执行完循环

屏障参与掩码	屏障状态	线程状态	线程RPC	线程活跃
1111	1000	00 10 10 10	CBBB	1000

(c) 线程进入让步状态

屏障参与掩码	屏障状态	线程状态	线程RPC	线程活跃
1111	1100	01 01 00 00	CCBB	0011

(d) 第一次摆脱死锁

图 3-11 采用 Yield 指令避免死锁的具体过程

图 3-11(b)为线程执行完一次循环后的结果。此时,其中一个线程可以开始执行 C 中的指令,即到达了屏障,而其他的线程必须再次执行循环。假设第一个线程到达了屏障,它由于 WAIT 指令被挂起,其他线程继续执行循环。因此第一个线程的 RPC 被调度器修改为 C,并且状态转为非活跃,等待其他线程一起执行 C 中指令。而其他线程仍然活跃,等待执行 B 中指令。

图 3-11(c)为线程进入让步状态。根据第二个触发条件,线程执行 Yield 指令。这时,三个线程进入让步状态(即 10),第一个线程进入活跃状态(即 00),因此第一个线程不需要等待其他三个线程就可以穿过屏障执行 C 中的指令。

图 3-11(d)为第一次离开死锁。由于第一个线程执行了指令 C,可以释放 B 循环三个线程中的一个进入屏障。假设第二个线程被释放出来,到达了屏障,这样前两个线程被挂起,而剩下两个线程继续执行 B 循环并适时做出让步。重复图 3-11(c)和图 3-11(d),最终所有线程都能走出死锁。

代码 3-2 给出了图 3-7 示例在 NVIDIA Volta 架构下所对应的 SASS 代码,其中第 1 行~第 6 行显示了块 A 的代码,第 7 行~第 11 行显示了块 B 的代码,第 12 行~第 14 行显示了块 C 的代码。第 3 行的 BSSY 指令可以认为是增加分支屏障中的 ADD 指令,这条指令增加了一个屏障 B0。第 12 行的 BSYNC 即为分支屏障中的 WAIT 指令,表示线程必须在 B0 屏障中等待其他分支的线程执行完毕后,才能一起继续执行。第 8 行 Yield 指令是 Volta 架构新增加的代码,使得执行 B 中的线程进入让步状态,防止死锁。

代码3-2　SASS代码中采用Yield指令避免死锁的示例

```
1    / * 0020 * /    STS [RZ], RZ;
2    / * 0030 * /    BMOV.32. CLEAR RZ, B0;
3    / * 0040 * /    BSSY B0, 0xe0;
4    / * 0050 * /    MOV R3, 0x1;
5    / * 0060 * /    NOP;
6    / * 0070 * /    BAR.sync 0x0;
7    / * 0080 * /    IMAD.MOV.U32 R2, RZ, RZ, RZ;
8    / * 0090 * /    YIELD;
9    / * 00a0 * /    ATOMS.CAS R0, [RZ], R2, R3;
10   / * 00b0 * /    ISETP.NE.AND P0, PT, R0, RZ, PT;
11   / * 00c0 * /    @!P0 BAR 0x80;
12   / * 00d0 * /    BSYNC B0;
13   / * 00e0 * /    ATOMS.EXCH RZ, [RZ], RZ;
14   / * 00f0 * /    EXIT;
```

3.3.4　扩展讨论：更高效的线程分支执行

从前文的介绍可以看到,GPGPU架构支持条件分支的基本思想就是串行执行发生分叉的线程,但这种方式会损失SIMT硬件的执行效率,成为影响GPGPU性能的重要因素之一。单纯的SIMT堆栈管理方式虽然基本保证了分支执行的正确性,但在某些情况下的IPC并不能达到最优。

为了提高线程分支执行的效率,通过分析线程分支的执行过程可以发现,架构设计者可以从以下两个来角度来进行优化。

(1)寻找更早的分支重聚点,从而尽早让分叉的线程重新回到SIMT执行状态,减少线程在分叉状态下存续的时间。实际上,前面提到的直接后继重聚点(IPDOM)是一种直观的重聚点位置。它以两条分支路径再次合并的位置作为重聚点,符合对称分支代码的结构,但在多样的分支代码结构下未必是最优的重聚点选择方案。

(2)积极地实施分支线程的动态重组和合并,这样即便线程仍然处在分叉状态,能够让更多分叉的线程一起执行来提高SIMT硬件的利用率。例如,将不同分支路径但相同的指令进行重组合并就可以改善分支程序的执行效率。但这往往需要打破原有线程束的静态构造等限制,需要微架构的支持。

为了提高线程分支的执行效率,研究人员基于以上两种思想开展了广泛的研究。本节将挑选其中具有代表性的技术和方法进行介绍,深入理解GPGPU架构设计的权衡和考量。

1. 分支重聚点的选择

重聚点的选择有利于让线程尽早脱离分支状态,恢复到SIMT执行状态,但重聚点的选择会根据代码结构的不同而有所不同。本节将介绍一种不同于IPDOM的分支重聚点。

程序控制流可分为结构化控制流和非结构化控制流。诸如顺序执行的基本块、条件分支和循环，如 if…then…else、for 循环、do…while 循环等，被称为结构化控制流；而 goto、break、短路优化、长跳转和异常检测等被称为非结构化控制流。这里的短路优化是指布尔运算中只有当第一个参数不能确定表达式的值时，才会执行或评估第二个参数。例如，在与（AND）逻辑中，如果第一个参数为 false 则无须判断后面的参数，表达式结果必然为 false；在或（OR）逻辑中，如果第一个参数为 true 则无须判断后面的参数，表达式结果必然为 true。编译器在为复合的布尔逻辑生成代码时，有时会利用短路优化尽快地给出条件判断的结果，确定分支路径。

对于非结构化控制流，常常存在早于 IPDOM 的局部重聚点，可以提前对部分线程进行重聚，从而提高 SIMT 硬件的资源利用率，改善程序的执行效率。为便于理解，图 3-12(a) 给出了一段由复合布尔运算构成的控制流程序及其分支流图。由于编译器使用了短路优化，处理器无须完全执行 4 个条件判断，因此至多存在 7 条不同的控制路径，如图 3-12(b.1) 所示。考虑一种最糟糕的情况，假设一个线程束包含了 7 个线程且运行时分别选择了 7 种控制路径。如果使用前面介绍的 SIMT 堆栈方式，可能会出现图 3-12(b.2) 的情况，其中横轴表示各个线程，纵轴表示时间，灰色方块表示执行单元处于停顿状态。从图 3-12(b.2) 中可以看到，同一个基本块的不同线程会被安排在不同的周期执行，例如 B3、B4 和 B5 的线程在多个执行路径下被多次拆分执行，使得程序执行效率十分低下。

针对这个问题，如果能让 T1～T3 线程在执行 B3 时尽早地与互补路径的 T4～T6 线程执行 B3 重聚，那么将有效地提升并行度，如图 3-12(b.3) 所示。但现有 SIMT 堆栈下无法实现这样的控制，原因是 B1 块的分支路径会将 B3(T4～T6) 和 B2(T1～T3) 压栈。一旦选择执行 B2 块，就需要将 B2 块后面的分支 B3、B4、B5 完全压栈和出栈后，才能将 B2 退栈回到 B1 块分支的另一个路径 B3(T4～T6) 来执行。因此，为了能够这样执行就需要不同于 SIMT 堆栈的管理方式，利用不同于 IPDOM 的局部重聚点来发现这个可能性。在文献[8]中，将这种新的局部重聚点称之为 TF(Thread Frontiers)，并且给出了一种基于编译器和硬件协同管理 TF 的机制。

TF 可理解为在任一时间点，分叉的线程可能执行的所有基本块。换句话说，就是当一部分线程进入一个分支执行某个基本块时，其他线程可能等待执行另一个分支的基本块即为该基本块的 TF。比如，当线程 T1～T3 将要执行 B3 时，非活跃的 T4～T6 也可能会执行 B3。由于 T1～T3 和 T4～T6 可以同时执行 B3，因此可以形成一个 TF 重聚点，两个线程分片可以合并执行。为了实现线程在 TF 重聚，需要两种支持。

（1）当程序出现分支时，非活跃线程需要在活跃线程的 TF 中等待。比如，在 T1～T3 将要执行 B3 时，非活跃线程 T4～T6 在 B3 的 TF 中等待。

（2）如果部分线程进入 TF，需要进行重聚合检查判断是否有线程可以合并。比如，当 T1～T3 进入 B3 时，发现 B3 包含在其 TF 中，这时需要进行重聚合检查，即检查 T1～T3 中执行 B3 的线程和等待在 TF 中 B3 的线程 T4～T6 能否合并。

这些功能可以由编译器和硬件调度器共同完成。编译器通过算法分析出每个基本块的

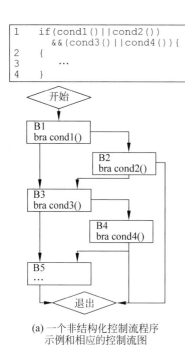

```
1    if(cond1()||cond2()
         &&(cond3()||cond4())){
2    {
3       ...
4    }
```

(a) 一个非结构化控制流程序
示例和相应的控制流图

(b.1) 逻辑执行通路

T0	T1	T2	T3	T4	T5	T6
开始	开始	开始	开始	开始	开始	开始
B1	B1	B1	B1	B1	B1	B1
B2	B2	B2	B2	B3	B3	B3
退出	B3	B3	B3	B4	B5	B4
	B4	B5	B4	退出	退出	B5
	退出	退出	B5			退出
			退出			

(b.3) 分支线程在更早的局部重聚点重聚

T0	T1	T2	T3	T4	T5	T6
开始	开始	开始	开始	开始	开始	开始
B1	B1	B1	B1	B1	B1	B1
B2	B2	B2	B2			
	B3	B3	B3	B3	B3	B3
	B4		B4	B4		B4
	B5	B5	B5	B5		B5
退出	退出	退出	退出	退出	退出	退出

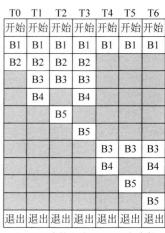

(b.2) 分支线程在IPDOM处重聚

图 3-12　利用 TF 重聚点对非结构化分支进行优化的示例

TF 信息，并且在适当的位置插入线程重聚合检查。编译器还需要为每个基本块分配一个优先级，帮助硬件按照指定的优先级顺序对线程进行调度，以最大化 TF 合并的可能。在具体的实现中，可以使用 PC 值作为优先级判断的依据：PC 值越小的指令，执行的优先级越高。对于硬件调度器，保证线程按照优先级顺序执行基本块，同时在执行期间遇到编译器放置的重聚合检查时，在可能的情况下进行线程合并。例如，在本例中基本块的优先级顺序应为（B1、B2、B3、B4、B5、Exit），调度器按照这种优先级顺序执行基本块，有利于 T0～T3 在执行完 B2 之后，T1～T3 与 T4～T6 尽早合并。

2. 线程动态重组及合并

提高线程分支执行效率的另一种方式就是打破原有静态线程束的限制，对特定互补的线程分片进行重组及合并，以便在分支存续期间提高 SIMT 硬件的利用率。这个优化可以在 IPDOM 重聚点下进行，也可以在局部重聚点如 TF 下进行。

根据 SIMT 线程分支的特点，可以从不同线程和不同 PC 所构成的多个维度进行动态重组和合并。如图 3-13 所示，假设有 8 个线程（T0～T7），分成 2 个线程束 W0 和 W1，运行时可能分别执行不同分支的指令，那么不同线程束中相同 PC 的指令很可能存在互补，例如，如果 W0 中的 T0/T1 和 W1 中的 T6/T7 都执行到了 true 分支路径，就可以在相同的 PC 值处进行互补合并。这种可能性主要来源于 GPGPU 中同时存在大量线程，大概率有不同的线程在执行同样的分支路径。然而其难点在于这些线程可能跨度很大，未必在同一个线程束内，也可能这些线程在特定 SIMT 通路上存在冲突。

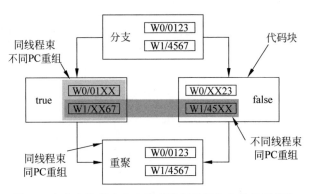

图 3-13　分支线程在多个维度进行重组和合并的可能性

另一种可能性是相同的线程束在不同的 PC 处进行重组和合并,例如 W1 在 true 路径中的 T6/T7 和在 false 路径中的 T4/T5。这种可能性主要来源于同一线程束在不同分支路径中的线程往往存在互补性,即发生分支的 W1 在 true 路径中的线程必然和 false 路径中的线程存在互补性。然而其难点在于同一时刻需要发射执行不同的指令,一定程度上呈现出 MIMD 执行的特性。

根据图 3-13 分支线程在多个维度进行重组和合并的可能性,本节将探讨四个维度下的线程重组和合并技术,即同线程束同 PC 合并、不同线程束同 PC 合并、同线程束不同 PC 合并和不同线程束不同 PC 合并。

1) 同线程束同 PC 线程的重组和合并

实际上,前文介绍的 IPDOM 重聚点可以看成是相同线程束同 PC 合并。如图 3-13 所示,当部分线程先到达重聚点,还需要等待同线程束内其他线程也执行到重聚点才能完成分支,相当于相同线程束内的线程在相同的 PC 处,即重聚点 PC 处合并。但是这种合并方式并不能有效利用 SIMT 通道,因为重聚点前的分支路径不具有相同 PC,有必要打破线程束和 PC 的限制,提升程序的整体运行效率。

2) 不同线程束同 PC 线程的重组和合并

不同线程束同 PC 线程可以重组和合并。理想情况下,多个相同路径的线程可以重组为一个更为"完整"的线程束来执行。这种合并的好处是不会破坏 SIMT 执行,而更多体现在调度方面的设计。这里以图 3-14(a)所示的线程分支流图为例,8 个执行 if…else…分支的线程 T0~T8 分别组织在 2 个线程束 W0 和 W1 中。图 3-14(b)显示了基于 SIMT 堆栈的分支执行过程,W0 和 W1 的分支线程在代码块 B、C 中串行执行。图 3-14(c)显示了线程进行"原位合并"后的结果,其中 W0 的 T0 和 W1 的 T6/T7 合并执行,W0 的 T1/T2/T3 和 W1 的 T4 合并执行。不过由于 W0 的 T1 和 W1 的 T5 在合并时存在冲突,导致 W1 的 T5 需要单独执行。但即便如此,后者的执行时间仍然少于前者。

为了实现线程的重组合并,文献[8]提出了动态线程束原位合并的思路,并在硬件上设计了如图 3-15 中的 PC-Warp LUT(查找表)以建立 PC 和线程束之间的映射关系。它通过

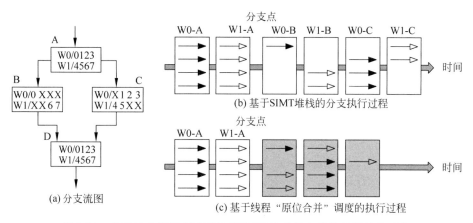

图 3-14 使用与未使用不同线程束同 PC 的线程合并的执行过程对比

哈希运算 H 为相同 PC 值的不同线程匹配到一个 PC-Warp LUT 表项,然后根据"错位"或"原位"的规则尽可能与表项中已有的线程束合并以填充 SIMT 通道。为了平衡线程束产生和消耗存在的速率差,还在中间引入了一个线程池,重组完成的线程束会先进入池中等待。根据线程束优先级的高低,发射部件采取特定的机制选取池中的线程束进行调度,从而达到较高的 SIMT 通道利用率。

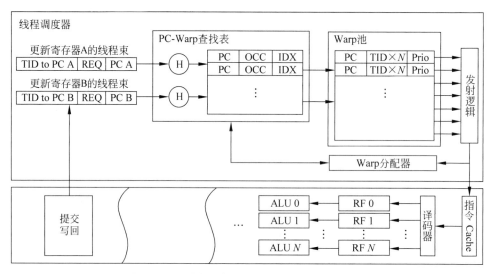

图 3-15 不同线程束同 PC 线程合并的硬件实现

为了支持"原位合并",文献[9]提出了一种基于原有 SIMT 堆栈的实现方法,称为线程块压缩。为此调度器需要维护一个与 SIMT 堆栈类似的结构,如图 3-16 所示,栈中每项元素包含四个属性,其中 RPC 和 NPC 与 SIMT 堆栈中相同,活跃掩码相比于 SIMT 堆栈有所扩展,表示了线程块中的所有线程。而 WCnt 表明执行该指令的活跃线程束数量,说明线程块中有多少线程束已经准备好执行该指令。栈初始化如图 3-16(a)所示,线程块将要执行 A

指令。由于线程块内两个线程束都要执行 A,因此活跃掩码都被写入其中且 WCnt 设为 2。接下来如图 3-16(b)所示,第一个线程束 W0 执行完 A 后,其线程发生分支,不同的分支 C和 B 被压入栈中。由于活跃的线程束数量减少,TOS 的 WCnt 的值减 1。由于 W0 需要等待 W1 执行完 A,因此栈顶指针 TOS 维持不变,B 和 C 中的 WCnt 的值为 0。如图 3-16(c)所示,当线程束 W1 也执行完 A 后,其分支被压入栈中,扩展了活跃掩码位并与 W0 的活跃掩码合并,TOS 将指向下一个需要执行的分支 B。此时线程 T0/T6/T7 可以合并执行,两个线程束可以合并成为一个,WCnt 的值为 1。当 B 被执行完毕后,C 和 D 也相继被弹出,如图 3-16(e)和图 3-16(f)所示,最终所有的指令都执行完毕。

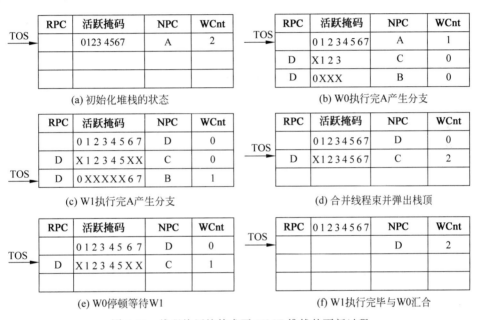

图 3-16　线程块压缩技术下 SIMT 堆栈的更新过程

同样,为了实现不同线程束在同一 PC 处线程的重组合并,文献[10]提出了一种基于大线程束的线程管理和重组策略,期望可以发现更多线程合并的机会。每个大线程束由若干线程束的连续线程组成,当出现分支时,根据分支情况生成多个子线程束。为了实现这种管理,大线程束将其线程的活跃掩码统一组织为一个二维结构,如图 3-17(a)所示。矩阵的列数等于大线程束的宽度,每行表示子线程束的活跃掩码,重组时会尽可能从不同列选择活跃线程,因而更利于实现线程的"原位合并",避免线程冲突现象。图 3-17(b)展示了在连续 4个周期内从 1 个大线程束生成 4 个子线程束的过程。线程调度器每个周期从矩阵各列中搜索到 1 个活跃掩码并找到对应的线程将其加入子线程束中,然后清除对应掩码位。重复此过程,直到当前掩码矩阵中所有非 0 位被清空,标志着大线程束在当前分支路径中的线程已经处理完毕。

大线程束处理分支和重聚的方法与 SIMT 堆栈方式类似。在一个大线程束执行分支指令时,只有当其最后一个子线程束执行完毕才能确定是否发生了分支。当所有分支子线程束完成执行后,一方面更新当前大线程束的 PC 值和活跃掩码,另一方面将重聚点 PC、活跃掩码和待执行 PC 等信息压入大线程束的 SIMT 堆栈中。每当一个分支执行完毕便将对应的分支项从栈顶弹出。这个大线程束间的调度应由更高阶的调度策略和调度器来决定。这种机制不仅能够解决单一分支问题,还能应对嵌套分支的情形。另外,对于无条件分支,如jump 指令,大线程束的方式也适用。无条件分支指令只需要更新一次 PC 值,仅一次跳转即可使下一个大线程束提前开始执行,减少不必要的指令发射时间。

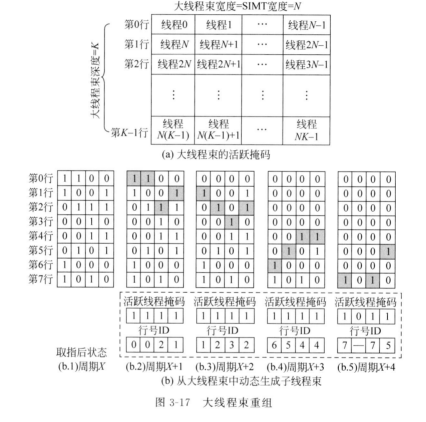

图 3-17　大线程束重组

本节介绍的动态线程束重组、线程块压缩和大线程束重组等方法,都属于跨线程束同 PC 线程的重组和合并方法,本质上是类似的,只是具体实现方法上有所不同。然而,这种重组和合并也可能影响到架构设计的其他方面,例如:

(1)这种方式并不总是能够减少线程束的数量而获得性能收益。以图 3-14(c)为例,执行 C 块时也试图进行线程合并,但线程束的数量并没有减少。

(2)当新线程束访问寄存器时,要避免线程错位访问或多个线程访问寄存器出现冲突,以便新线程束内的线程可以高效地获取寄存器文件中的数据。

(3)这种方式还会导致线程之间的同步问题,原则上不允许线程脱离线程块单独调度。

（4）这种方式虽然能够提高 SIMT 通道的利用率，但也可能会导致更多的高速缓存缺失。如图 3-18 所示，W0 需要的数据在缓存中而 W1 的数据不在。如图 3-18(a)所示，如果没有线程合并只会有一个线程束发生缓存缺失。如图 3-18(b)所示，如果进行了线程合并可能导致两个合并后的线程束都发生缓存缺失。为解决这个问题还可以采用预测的方式，通过预测合并后是否会提升性能来避免不合理的压缩带来的性能影响。

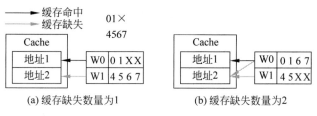

图 3-18　线程合并较未合并带来的负面影响

（5）这种方式倾向使用轮询的调度策略（参见 3.4 节的内容），这样不同线程束的执行进展大致相同，利于在线程分支时找到同 PC 互补的线程。其他的线程束调度策略是否会破坏这种可能性或重组后的线程是否会影响到整体的调度，则需要进一步思考和研究。

3）同线程束不同 PC 线程的重组和合并

与不同线程束同 PC 线程的重组和合并相对应，还可以在同线程束不同 PC 的维度进行线程合并。这种方式的可能性主要源于分支路径往往存在互补性，即发生线程分叉后，true 路径的线程必然和 false 路径的线程存在互补性。然而，相比于同线程束不同 PC 的合并，不同线程束同 PC 线程的合并难度更大，因为其从本质上改变了 SIMT 计算模型，不同通道上执行了不同的指令，这更加倾向于 MIMD 执行。

文献[12]提出了一种允许同一个线程束内互补线程的不同指令同时执行的方式，称为 Simultaneous Branch Interweaving(SBI)。它主要针对 if⋯else⋯这一对称结构的分支进行优化，因为执行 if 指令的线程和执行 else 指令的线程是互补的，不会产生冲突。SBI 允许 if 和 else 中的指令被一个线程束内的线程同时执行，提高 SIMT 通道的利用率。

以图 3-19(a)中的分支流图为例。假设两个线程束 W1 和 W2 各有 4 个线程。指令块 1～6 旁标注了线程束有哪些线程执行该指令块。图 3-19(b)～(d)对比了采用 SIMT 堆栈与 SBI 执行结果的区别。在 SIMT 堆栈下，如图 3-19(b)所示，一个调度器调度一个线程分片执行，而 SBI 则提供了一个副调度路径允许同线程束中互补线程的不同指令进入功能单元执行。如图 3-19(c)所示，主调度在为 W1 线程 T0/T3 调度指令块 I2 和 I3 的同时，副调度则为 W1 线程 T1/T2 调度指令 I5 和 I6。

为了实现这种重组的方式，需要修改原有的 GPGPU 中指令读取和调度器的结构。该研究基于经典的 NVIDIA Fermi 架构 SM 进行设计。图 3-20(a)显示了 Fermi 架构 SM 的基本结构，它包含两条独立的指令流水线可以同时调度两个线程束，所以可以将其中一个确定为主调度器，另一个为副调度器。副调度器接收主调度器的线程束 ID(Wid)来跟随发射某个线程束的指令。如图 3-20(b)所示，修改后的架构可以支持同线程束两条不同指令 I1

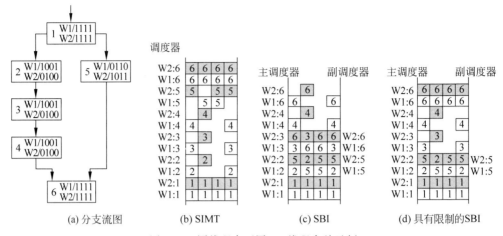

图 3-19 同线程束不同 PC 线程合并示例

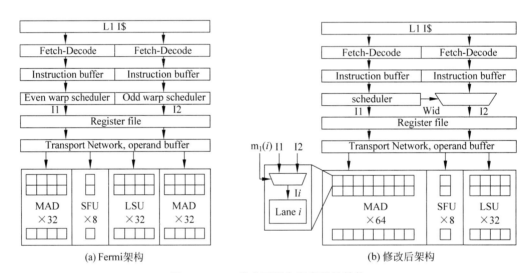

图 3-20 SBI 模式下指令调度器的结构

和 I2 的执行。为了使两条通道接收两条不同的指令,每个通道前设置了一个多路选择器,选择执行 I1 或 I2 中的一条。

选取两条指令流水线的 PC 是实现线程束内不同 PC 线程合并的关键。在执行阶段当线程分片进入了某个分支时,会计算互补的线程分片将执行哪些 PC(互补路径的 PC),且这些 PC 的优先级会高于接下来指令的 PC,以便增加重组的可能性。比如当 W1/1001 进入 I2 时,W1 的互补线程 0110 执行 I5 的优先级会高于 W1 接下来要执行的 I3。

不过,SBI 也存在一定问题。比如,如果没有遇到资源冲突,两个线程分片之间会彼此不同步运行,这样可能会忽略原有的重聚点,推迟线程束恢复 SIMT 执行的时机。如图 3-19(c)所示,副调度器没有等待线程重聚就"提前"调度了 W1 的 I6 指令,造成 I6 处本应重聚的线程被打乱。针对这一问题,可以对 SBI 进一步限制,不允许分支点和重聚点的指令参与线程重组,如图 3-19(d)所示。这可以通过记录分支指令的 PC_{div} 和重聚点指令的 PC_{rec} 来判断副调度器是否应该被开启。在该示例中,PC_{div} 为 I1,PC_{rec} 为 I6。当副调度器调度完 I5 到达指令 I6 时,如果主调度器还在调度 I2、I3 或 I4,副调度器可以调度。当主调度器开始调度 I6,副调度器停止调度,这样 I6 就不会被副调度器提前调度。

4) 不同线程束不同 PC 线程的重组和合并

上述介绍的同线程束不同 PC 线程的重组和合并主要针对互补的分支结构,比如执行 if…else…指令产生的分支时,两条分支路径的线程分片有机会重组为同一个线程束。但还有很多时候分支是不平衡的。比如只有 if 而没有 else 语句下的非结构化分支,或 if 和 else 分支的路径长度不对等,这会导致同一线程束中并没有互补的线程分片能够执行不同的 PC 指令来填充 SIMT 通道。为了解决这个问题,可以选取其他线程束中执行不同 PC 的线程来填充 SIMT 通道,这就是不同线程束不同 PC 线程进行重组和合并的思想。

文献[12]在 SBI 的基础上又提出了 SWI(Simultaneous Warp Interweaving)来解决这个问题。SWI 的硬件架构与 SBI 相同,如图 3-20(b)所示,可以看到每个 SIMT 通道上有一个多选器用于选择执行哪个调度器发射的指令。当一条指令 I 被发射之后,另一个调度器可以获取指令 I 对应的活跃掩码来寻找通道上不冲突的另一条指令 I'。这个 I' 可以来源于同线程束内的指令即 SBI,也可以来源于不同线程束的指令即 SWI。图 3-21 展示了 SWI 是如何工作的。SWI 选择 W1 中的 I3 和 W2 中的 I2 同时执行,及 W1 中的 I4 和 W2 中的 I3 同时执行。同时,SWI 和 SBI 技术也并不冲突,

图 3-21　不同线程束不同 PC
线程重组和合并示例

两者也可能结合起来进一步提高 SIMT 通道的利用率来改善性能。不过 SWI 由于允许了 MIMD 执行会使得线程分支的硬件设计更为复杂。

3.4　线程束调度

调度在计算机中是一个常见的概念。笼统地讲,调度是指分配工作所需资源的方法。在计算机中这个"资源"可以涵盖各种层次的资源,既可以是虚拟的计算资源,如线程、进程或数据流,也可以由硬件资源,如处理器、网络连接或 ALU 单元。调度的目的是使得所有资源都处于忙碌状态,从而允许多个工作可以有效地同时共享资源,或达到指定的服务质量。调度的工作可以由软件程序完成,称之为调度算法或策略;也可以由硬件单元来完成,称之为调度器。调度算法和调度器可能会针对不同目标而设计,例如,吞吐率最大化、响应时间最小化、最低延迟或最大化公平。这些目标在同一系统中往往是相互矛盾的,因此调度算法和调度器要实现一个权衡利弊的折中方案,这取决于用户的需求和目的。

CUDA 和 OpenCL 编程模型可以定义任意数量的线程块和线程,线程块会被分配到可编程多处理器上,由内部的流处理器提供线程并行度。但毕竟硬件资源是有限的,每个周期只能执行若干线程。当有多个线程处于就绪状态时,应该选取哪一个来执行呢?这其实就是一个调度问题。早期的 GPGPU 多采用轮询策略来保证调度的公平性。尽管这种策略简单可行,但很多时候执行效率并不高,因此人们提出了多种改进和优化的调度策略。本节将针对上述问题展开讨论。

3.4.1 线程束并行、调度与发射

在编程人员看来,线程是按照线程块指定的配置规模来组织和执行的。从硬件角度来看,当一个线程块被分配给一个可编程多处理器后,GPGPU 会根据线程的编号(TID),将若干相邻编号的线程组织成线程束。线程束中所有线程按照锁步方式执行,所有线程的执行进度是一致的,因此一个线程束可以共享一个 PC。线程束中每个线程按照自己线程的TID 和标量寄存器的内容来处理不同的数据。多个线程聚集在一起就等价于向量操作,多个线程的标量寄存器聚集在一起就等价于向量寄存器,向量宽度即为线程束大小。如同2.2.3 节的分析,这种基于线程 TID 的向量构造方式与传统的 SIMD 不同,它不需要编程人员的参与,因此可以看成是基于硬件的隐式 SIMD 或向量化。这种方式提供了相当的灵活性,例如线程块可以配置为 256×1、16×16 等多种维度,硬件都会自动地构造出线程束来对线程块进行切分并执行。

大量的线程束提供了高度的并行性,使得 GPGPU 可以借助零开销的线程束切换来掩藏如缓存缺失等长延时操作。原则上线程束越多,并行度越高,延时掩藏的效果可能会越好。但实际上这个并行度是由一个可编程多处理器中可用的硬件资源及每个线程的资源需求决定的,如最大线程数、最大线程块数及寄存器和共享存储器的容量。例如,在 NVIDIA V100 GPGPU 中,一个可编程多处理器最多同时执行 2048 个线程,即 64 个线程束或 32 个线程块,并为这些线程提供了 65 536 个寄存器和最多 96KB 的共享存储器。如果一个内核函数使用了 2048 个线程且每个线程使用超过 32 个寄存器,那么就会超过一个可编程多处理器内部寄存器数量;如果每个线程束占用的共享存储器超过 1536B,那么共享存储器的资源无法支撑足够多的线程束在可编程多处理器中执行。最终执行时可达到的线程并行度是由线程块、线程、寄存器和共享存储器中允许的最小并行度决定的。由于并不是所有资源都能够同时达到满载,因此对于非瓶颈的资源来说存在一定的浪费。

当可编程多处理器中有众多线程束且处于就绪态(或活跃)时,需要调度器从其中挑选出一个。这个被选中的线程束会在接下来的执行周期中根据它的 PC 发射出一条新的指令来执行。从整个可编程多处理器角度看,由于调度器每个周期都可以切换它所选择的线程束,不同线程束的不同指令可能会细粒度地交织在一起,而同一个线程束的指令则是顺序执行的,如图 3-22 所示。调度器需要根据 GPGPU 的架构特点设计合适的策略来做出这个选择,尽可能保证 SIMT 执行单元不会空闲。

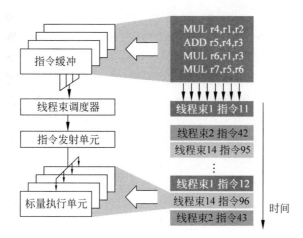

图 3-22　调度器的工作原理和线程束指令交错执行

3.4.2　基本的调度策略

简单来讲,GPGPU 线程束调度器的职责是从就绪的线程束中挑选一个或多个线程束发送给空闲的执行单元。这个过程看似简单,但由于连接了指令取指和执行两个关键步骤,调度器的选择会涉及整个 GPGPU 执行过程的多方面,对 GPGPU 的性能有着重要的影响。

首先一个问题是,什么样的线程束可以认为是就绪的? 在处理器中,一条就绪的指令一般需满足以下三个基本条件: 下一条指令已经取到,指令的所有相关性都已解决,以及指令需要的执行单元可用。在 GPGPU 架构中,就绪的线程束也类似。根据 NVIDIA 对发射停顿原因的描述,主要有以下一些原因。

(1) Pipeline busy,指令运行所需的功能单元正忙。

(2) Texture 单元正忙。

(3) Constant 缓存缺失,一般说来会在第一次访问时缺失。

(4) Instruction Fetch,指令缓存缺失,一般只有第一次运行访问容易缺失。例如,跳转到新的地方或是达到指令缓存行的边界。

(5) Memory Throttle,有大量存储访问操作尚未完成,为了不加剧性能损耗导致存储指令无法下发。这种原因造成的停顿可以通过合并存储器事务来缓解。

(6) Memory Dependency,由于请求资源不可用或满载导致 load/store 无法执行,可以通过存储访问对齐和改变访问模式来缓解。

(7) Synchronization,线程束在等待同步指令,如 CUDA 中的_syncthreads()要求线程块中的所有线程都到达后才能统一继续执行下一条指令。

(8) Execution Dependency,输入依赖关系还未解决,即输入值未就绪。这与 CPU 中的数据相关是类似的。

只有消除了上述原因的线程束才可能被认为是可以发射的。通过对这些停顿的动态统计分析(profiling),架构设计者可以获知特定的内核函数性能损失的原因。例如,在存储受限型的应用中,存储依赖(memory dependency)的占比往往会很高,此时 GPGPU 的性能大幅受限于访存。当然,问题溯源是为了改进。一方面,编程人员可以根据分析的结果来优化内核函数的代码,另一方面,架构设计者可以获得对微架构进一步的优化方向。

在获知线程束就绪后,调度器又是如何工作的呢? 根据指令流水线的介绍,从指令缓存中读取到的指令一般会被存放在一个小的指令解码缓冲区中。如图 3-23 所示,这个指令解码缓冲区可以采用一个简单的表结构,表项数目与可编程多处理器所允许的最大线程束的数量相关。每个表项包含了一个线程束的基本信息,包括线程块 ID、线程束 ID 和线程 ID。由于所有线程使用同一个内核函数,所以这些信息主要用来判断线程执行的进度、是否已经完成及生成逻辑寄存器到物理寄存器的映射等,以便能够访问到各自线程束的物理寄存器。在指令解码缓冲区中,每个线程束可能会存储几条待执行指令,减少发射停顿的可能。

| ID | PC | 解码后指令 | Ready | Valid |

图 3-23　线程束调度器条目的基本结构

当一条线程束指令解码完成后,会设置有效字段(valid)表明该指令有效,然后实施就绪检查以决定是否可以发射。如果可以,设置就绪字段(ready)表明该指令已经就绪,等待调度器的选择和发射;否则该指令就一直在指令缓冲区中等待直到就绪字段被设置。当一条就绪的线程束指令发射后,线程束调度器会将该表项清除,并通知取指单元加载新的指令进来,对指令解码并重复上述的操作。不同的线程束指令可能执行的进度并不一致,因此会导致每个线程束的 PC 字段并不相同,因此需要在指令解码缓冲区设置足够多的条目,保留每个线程束执行的进度。

那么在众多就绪的线程束中,调度器是如何做出选择的呢? 早期的线程束调度器往往采用基本的轮询(Round-Robin,RR)调度策略。如图 3-24 所示,它在调度过程中,对处于就绪状态的线程束 0、1、3、4、5 都赋予相同的优先级,并按照轮询的策略依次选择处于就绪状态的线程束指令进行调度,完成后再切换到下一个就绪线程束,如线程束 0、1、3、4、5 都执行完成第 1 条指令(指令 0)后再重复上述过程直到执行结束。与之相对应的另一种策略称为GTO(Greedy-Then-Oldest)。该策略允许一个线程束按照贪心策略一直执行到不能执行为止。例如,当线程遭遇了缓存缺失,此时调度器再选择一个最久未调度的线程束来执行,如果再次停顿再调度其他线程束,直到执行结束。图 3-24 对比了两种策略的不同。在该例子中,GTO 调度器首先选择了线程束 0 的前 3 条指令执行,直到无法继续执行指令 3,此时再切换到线程束 1 的前 3 条指令执行。在这个过程中,线程束 2 由于某种原因始终未能就绪,因此它的就绪字段不会被设置,无论哪种调度器都不会调度它。线程束的生命周期起始于它被分配到可编程多处理器上的时刻,因此一个线程块内的线程束具有相同的生命周期。实际上,GTO 调度与轮询调度可以认为是两种极端情况。但两者都存在一定的问题,后面的内容将对这些不足和改进方法展开更为细致的讨论。

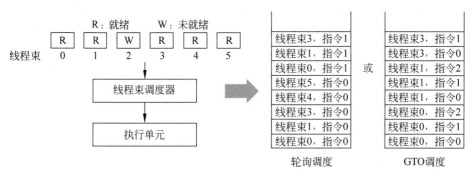

图 3-24　基本的轮询调度和 GTO 调度策略

3.4.3　扩展讨论：线程束调度策略优化

GPGPU 的执行性能与线程束的调度之间关系密切。线程束调度的主要功能是选择合适的线程束发射执行，但这个"合适"却很难给出具体的定义，总体上以改善性能和功耗为目标。合适的调度策略和调度器设计需要综合考虑硬件设计的复杂度、开销及代码执行过程中多种复杂的情况，比如，掩藏长延时操作以提高吞吐率、发掘数据局部性以降低延时、线程执行进度的平衡等，从而获得性能和功耗的最优化。

在 GPGPU 架构中，数据的访存延时仍然是影响性能的主要因素，而发掘数据的局部性则是改善访存延时最有效的手段之一。由于 SIMT 架构的特点，一般来讲内核函数中往往存在两种数据局部性：线程束内局部性（intra-warp locality）和线程束间局部性（inter-warp locality）。当数据被一个线程访问后，如果不久之后还会被同一线程束中的其他线程再次访问则称为线程束内局部性，而如果再次访问的是其他线程束中的线程则称为线程束间局部性。注意这里所谓的"再次访问"可能是这个数据本身，也可能是相邻地址的数据，因此是包含了时间和空间两种局部性而言的。线程束内局部性主要源于线程束内的线程往往是连续分配的，会线性地访问连续的地址空间，因而易于通过合并操作命中同一个缓存行；而线程束间局部性往往是由于线程块中的线程束也具有类似的地址连续特性。回顾轮询和GTO 两种调度策略，其实两者就是发掘线程束内局部性和线程束间局部性的不同体现：轮询策略通过执行不同线程束的同一条指令，较好地获得了线程束间局部性；而 GTO 策略则更多地考虑了线程束内的局部性。到底哪种因素更重要、对性能的影响更大则要根据实际运行程序的特点决定。

GPGPU 架构采用大规模线程的设计初衷就是希望能够利用线程的快速切换达到掩藏访问延时的目的，从而保证或提高吞吐率。然而，基本的轮询调度策略并不能很好地达到这一效果。考虑图 3-25 的情形，使用轮询策略对 16 个线程束 W0，W1，$\cdots$，W15 进行调度，每个线程束中 $I_0 \sim I_{k-1}$ 均为运算指令，I_k 为访存指令。首先，调度器依次调度各线程束的指令 I_0，16 个周期后再依次调度各线程束执行指令 I_1。重复上述过程，直到 $16 \times (k-1)$ 个周期后，所有线程束先后进入访存指令 I_k，执行长延时操作，假设相邻线程束执行 I_k 指令仅相差一个周期,显然线程束 W0 的访存操作几乎不可能在 16 个周期内完成,而此时也没有更多可供调度的线程束来隐藏访存延迟,这导致流水线陷入了一段较长时间的空闲。考虑到存储访问的延时往往需要几十甚至上百个时钟周期,除非有大量线程束可供调度,否则很容易导致延时不能被有效地掩盖。这反映出轮询调度策略对长延时操作的容忍度还不够高。

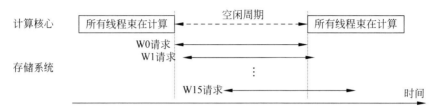

图 3-25　基本的轮询调度存在的问题

与之相对,GTO 策略则倾向于让一个线程束尽快执行。当遭遇了长延时操作时,其他线程束还可以有更多的指令(如上例中的 $I_0 \sim I_{k-1}$)用于掩藏延时,从而提供一定程度的改进。但 GTO 策略可能会破坏线程间局部性,在高速缓存很小的情况下可能会导致缓存数据重用不足甚至抖动现象,这反而拉长了平均访存延时,使得这些本来可以避免的访存缺失反而需要更高的线程并行度来掩盖。

因此,GPGPU 线程束的调度往往需要解决两方面的问题。

(1) 调度策略需要能够首先甄别出执行过程中影响性能的主要因素。

(2) 调度器能够以简单的硬件逻辑运用轮询和 GTO 策略或两者的结合取得更好的性能。

两者相互依赖,因为调度器需要专门的硬件对某些指标进行动态统计,反馈给调度器进行策略的调整。线程束调度作为线程切换的最小粒度,在这方面也有很大的空间。本节介绍了对缓存缺失、指令停顿等指标的统计,并调整调度策略的案例,来帮助读者理解线程束调度策略和调度器设计的要点。

1. 利用并行性掩藏长延时操作

在 GPGPU 架构中,轮询和 GTO 调度策略都比较理想化,面对复杂情况时显示出诸多不足。基于两者的基本思想,针对长延时操作的掩藏有如下几种改进的调度策略。

1) 两级轮询调度

基于轮询的调度策略可以保证线程束调度的公平性,允许相邻的线程、线程束和线程块相继执行。如果程序具有良好的空间局部性,这种方式利于挖掘数据的空间局部性。但数据局部性特征只能一定程度上改善访存延时,并不能改善 GPGPU 对长延时操作的掩藏能力。

为了解决轮询调度策略在应对长延时操作时表现不佳的问题,文献[10]设计了一种两级线程束调度(two-level warp scheduling)策略,它将所有线程束划分为固定大小的组(fetch group),组间基于优先级顺序的策略进行调度,但本质上还是轮询策略。在初始条件下,第 0 组优先级最高,第 1 组次之……。第 0 组将优先得到调度,当该组中所有线程束依次执行到访存指令时,将该组的优先级降至最低。同时赋予第 1 组最高优先级,组内每个线程束权重相等,同样按照轮询策略调度,以此类推。调度器通过修改各组的优先级,切换到下一个优先级最高的组并执行,达到了隐藏延时、缩短流水线空闲时间的目的。图 3-26 仍然采用图 3-25 中 16 个线程束的例子,分为 2 组,每组包含 8 个线程束。第 0 组拥有较高优先级,第 1 组优先级次之。调度器优先选取第 0 组调度,组内按照轮询策略依序执行各个线程束的指令 I_0、指令 I_1……直到组内 8 个线程束都执行到访存指令 I_k 时,将第 0 组的优先级置为最低,然后赋予第 1 组最高优先级并调度执行。此时还有 8 个线程束,每个线程束也有足够的指令($I_0 \sim I_{k-1}$)可供调度,从而更好地掩藏第 0 组访存操作带来的长延时,因此两级轮询调度总用时更短。在这个例子中,理想情况下节省的时间约为组 1 计算的时间。

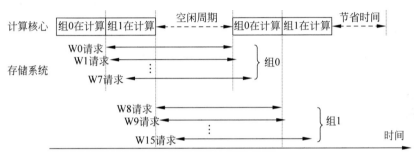

图 3-26　两级轮询调度改善了长延时操作掩藏的能力

这种两级调度策略是对基本轮询调度策略的一种改进,实现起来也相对简单。调度策略通过将各个组的长延时操作分隔开,使访存指令可以分批次更早地发射执行,将后继组的运算阶段和前置组的访存阶段重叠起来,提高了长延时操作的掩藏能力。同时组内和组间仍采用轮询的方式,让相邻线程束相继执行,尽可能地保证数据的空间局部性。

组规模的设置也存在影响:当组内线程束数量过少时,加载到 DRAM 行缓冲区的数据不能得到充分利用,且线程束级并行度过低;如果偏向另一个极端,即组内线程束数量过多时,最坏情况退化到基准轮询调度策略,则两级调度的优势将被弱化,对长延时操作的容忍度降低。这个阈值的选择针对具体的案例也可能有所不同,这在调度器中也要有所考虑。

2) 线程块感知的两级轮询调度

与两级轮询调度策略类似,文献[16]同样从提高 GPGPU 对长延时操作的容忍能力出发,提出了另一种两级调度策略——线程块感知的两级线程束调度(CTA[①]-aware two-level warp scheduling)。与前者不同的是,该策略兼顾了线程块间数据的分布特点而试图利用线程块间的数据局部性,所以将第一级(对应于两级轮询调度中的"组"级)设置为线程块级,即分组时将若干存在数据局部性的线程块分配到同一组中。相应地,下一级(对应于两级轮询调度中的线程束级)仍设置为线程束级,每个线程块内包含若干线程束,以此作为该策略下的第二级进行调度。该策略之所以沿用"两级轮询调度"的名称,是因为它在两个级别的

① 线程块有时也被称为 CTA(Cooperative Thread Array,协作线程组)。

调度方面仍然选取了轮询策略。组一级线程块之间按照轮询策略进行调度,当前置组中所有线程束都因长延时操作而被阻塞时,调度器切换到下一组线程块并继续执行。线程块内的线程束具有相等的优先级,线程束级同样按照轮询策略调度执行。这种方法在理念上与两级轮询调度相同,可以认为是在具体操作层面上的改进。

3)结合数据预取的两级调度策略

预取作为一种掩盖长延时访存操作的技术,被广泛应用于 CPU 中。在 GPGPU 中,如果线程束调度和预取策略配合不当,会导致需要预取线程束的调度时机与当前正在执行的线程束过于接近,使得延时不能被充分掩藏。如图 3-27(a)所示,假定有 8 个线程束 W0~W7 需要从 2 个 DRAM 板块中读取不同的数据块 D0~D7。一般情况下,连续线程束的数据在 DRAM 中往往具备空间局部性。假设 W0~W3 的数据块存储在板块 0 中,W4~W7 的数据块存储在板块 1 中。基本的轮询调度策略较好地保留了这种空间局部性和板块并行性,即当 W0~W3(W4~W7)需求的数据在板块 0(板块 1)的同一行时,一次读取就可以读出 W0~W3(W4~W7)所有所需的数据,并且板块 0 和板块 1 的读取可以并行。但轮询调度有时并不能很好地与预取策略结合,如图 3-27(b)所示。当一个线程束,如 W0 访问全局存储器时,预取器会预取下一个连续的数据块 P1,可能就是下一个将要被调度的线程束所需要的数据。但因为轮询调度中连续线程束的调度时间非常接近,在发出预取请求不久后需要该数据的线程束就会被调度,导致这个预取并不能有效地减少该线程束等待数据的时间,降低了预取的质量。类似的情况在基于轮询的两级调度中依然存在。

文献[17]对于这种线程束调度和预取策略配合不当的问题提出了一种预取感知的调度方式(prefetch-aware warp schedule)。它采用两级调度策略,将线程束分组以便将连续的线程束隔开,比如 W0/W2/W4/W6 为组 0,W1/W2/W5/W7 为组 1。假设按照两级轮询优先调度第 0 组配合简单预取策略,如图 3-27(c)所示,在 W0 请求访问全局存储器时,对 W1 的预取 P1 也一样被发出,而 W1 真正被调度时已经在组 0 的线程束全部进入停顿之后,一部分预取时间已经被执行时间掩盖,从而能够提高预取质量。等到组 0 的数据和预取数据返回后,所有的线程束都可以计算。

2. 利用局部性提高片上数据复用

虽然 GPGPU 强调线程并行性和计算的吞吐率,但利用数据的局部性对提升性能来讲也至关重要,因为当数据被加载到片上存储尤其是 L1 数据缓存后,如果能有效地重用这些数据提高缓存的命中率,既可以减少访存的延时,又可以减少重复的访存操作,相当于减少了长延时访存操作的次数,这也是 GPGPU 中增加了缓存部件的一个重要原因。

虽然缓存在通用场景下对数据重用很重要,但一般来讲,可编程多处理器内部的 L1 数据缓存容量往往都很小,只有几十到几百 KB 规模。考虑到一个可编程多处理器中巨大的线程数目,每个线程能够分配到的 L1 数据缓存容量往往只有几个字节。根据缓存的 3C 模型,这显然会带来严重的缓存冲突问题。为了能够利用缓存降低访存延时,一种方法就是通过降低同时活跃的线程块或线程束数目来提高每个线程块或线程束所分配到的缓存容量,进而提高 L1 缓存的命中率,获取 GPGPU 整体运行效率的提升。这种技术也称为"限流"

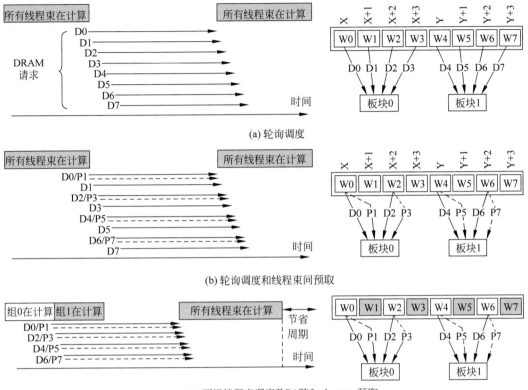

(a) 轮询调度

(b) 轮询调度和线程束间预取

(c) 两级线程束调度及PA跨fetch group预取

图 3-27　轮询调度和预取

(throttling)技术。对于缓存敏感的内核函数来说,限流技术通过提高 L1 数据缓存的命中率,可能会带来良好的性能提升,同时还可以与线程束调度很好地结合。

　　针对本节开始提到的两种典型的数据局部性,有研究对缓存敏感型应用的访存行为进行了统计分析,发现线程束内局部性现象比线程束间局部性更为普遍,因此可以充分利用线程束内局部性改善缓存敏感型应用的性能。传统的 GTO 策略虽然一定程度上利用了线程束内的局部性,但它缺少访存情况的主动反馈,无法指导调度器根据实际的访存情况进行策略的调整。文献[18]针对这一问题提出了一种缓存感知的调度策略(Cache-Conscious Wavefront Scheduling,CCWS)。CCWS 通过限制可编程多处理器中可以发射访存指令的活跃线程束数量,保证 L1 缓存中的数据得到更为充分有效地复用,提高访存命中率。

　　CCWS 是一种带有反馈机制的、可动态调整的线程束调度方案,其核心设计思想是,如果线程束发生缓存局部性缺失,则为它提供更多的缓存资源,以降低可能复用的数据被替换出缓存的可能性。为此,该方法设计了一套评分系统用以量化局部性丢失的情况。图 3-28 显示了这个评分系统在运行时实施线程束限流的一种可能状态:在初始 T0 时刻,线程束 W0～W3 的局部性分值(Lost-Locality Score,LLS)相同,因此具有平等的优先级。T0 至 T1 时刻,W2 执行中发生了局部性丢失,则为其赋予一个更高的分值,并将分值最高的 W2

置于栈底优先考虑。另外,虚线表示允许发射访存指令的累积分数上限。可以看到,此时分值更低的 W3 被"顶"出了上界,因而不能发射访存指令,从而该 L1 数据缓存所支持的线程束数量就从 4 个减少为 3 个,让 W2 获得了更充裕的缓存资源,达到了限流的作用。

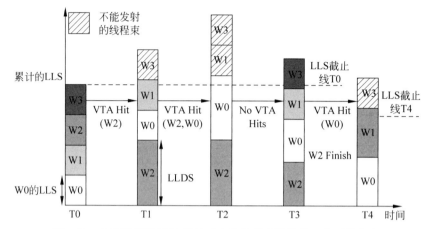

图 3-28　局部性评分系统运行时实施线程束限流的一种可能状态

为了实现 CCWS 的调度策略,该文献设计了线程束内局部性丢失检测器(Lost Intra-Wavefront Locality Detector,LLD)和局部性评分系统(Locality Scoring System,LSS)两个主要的部件。LLD 用于检测丢失局部性的线程束。它本质上是一个仅存储缓存标签(tag)的受害者缓存(victim cache):每个线程束都拥有一个受害者标签列(Victim Tag Array,VTA),当 L1 缓存中某一缓存行被逐出时,将该行的标签写入对应线程束的 VTA 中。若此后这个线程束发射的访存指令在 L1 缓存中再次发生缺失,又恰好被 VTA 所"捕获",即表明访问的数据已被逐出 L1 缓存,该线程束发生了一次局部性丢失。如果能够为该线程束提供更多的独占 L1 缓存资源,则可能避免上述情形的发生,从而寻找到丢失局部性的线程束,为 CCWS 调度提供优化的对象。LSS 属于 LLD 的"下游"模块,它接收 LLD 发现的局部性丢失线程束并将其反馈到线程束的评分上。该模块通过累计分值和边界阈值的大小关系来实现限流。如图 3-28 所示的例子,当接收到来自 LLD 的判断信号后,将对应线程束的分数提高到 LLDS(Lost-Locality Detected Score),例如将 W2 的分值置为 LLDS。此后若该线程束在短期内不再发生局部性丢失,则每个周期降低分数,直到减为初始分值为止。当然,若在恢复过程中又发生了一次局部性丢失,则其分数将被重新置为 LLDS。为了限制流多处理器内可以发射访存指令的线程束数量,还需要设置一个"上限",称为累计分数截止线(cumulative LLS cutoff),它可以将超过上限的线程束过滤掉,即屏蔽这些线程束的访存机会,为丢失局部性的线程束提供更多的独占访问机会。由于 W2 增加的分值将 W3 推出了累积分数截止线,W3 的"Can Issue"(可发射)位被清空为 0,因而 W3 被暂时屏蔽不可以发射访存指令。在 CCWS 中,各种参数的设计对于性能有着直接的影响。对于这些参数的量化设计细节,可以参见文献中的详细论述。

CCWS 调度策略通过对线程数据的合理限流达到增加 L1 缓存容量的目的,有效地提升了 L1 数据缓存的命中率,从另一个角度提高了访存指令的执行效率。但也可以看到,CCWS 的方法需要较多的存储资源来记录 LLD 和 LSS 的各种信息,硬件结构也相对复杂,而且仅考虑了 L1 数据缓存的局部性问题,这在实际设计中需要仔细权衡。

3. 线程束进度分化与调度平衡

在理想情况下,GPGPU 中不同线程束的执行路径完全相同,执行时间也类似。但有些时候,线程束的执行进度也会表现出较大的差别。例如,在遭遇同步栅栏或线程分支时,不同的线程束执行出现分化。由于 GPGPU 依照线程块为粒度分配处理器资源(如寄存器文件、调度表项等),如果一个线程块中不同线程束之间执行进度差异很大,先执行完成的线程束就会一直等待后完成的线程束而长期占用处理器资源。这不仅会导致资源闲置,还会造成可用资源不足、并行度降低等问题。因此,在线程束执行进度差异较大时,平衡不同线程束的执行进度对于改善 GPGPU 的性能来说也是一个重要的因素。

1)多调度器协同策略

前面介绍的调度策略都是针对一个线程束调度器的情况。当可编程多处理器中有多个调度器时,如果缺乏相互协同也可能会导致执行过程不够高效。图 3-29(a)展示了一个单调度器的情形,记为 SC0。当一个线程块 TB0 被分配到可编程多处理器上时,其内部线程束需要到达同步栅栏点(Sync1 和 Sync2)后继续执行。其中,1st hit 表示 TB0 的第一个线程束到达同步点,clear 表示 TB0 的最后一个线程束到达同步点即可"清除",这时 TB0 所有线程束可以继续执行。图 3-29(b)则展示了双调度器(SC0 和 SC1)的情形,此时 TB0 的线程束可能会被分配到两个调度器上且两边调度顺序并不相同。在调度器 SC0 上,一个线程束首次到达同步点 1,记为 1st hit Sync1,而后 SC1 上的线程束也遇到了同步点 1,记为 local 1st hit Sync1。SC0 和 SC1 分别执行 TB0 剩余的线程束并在其中一个调度器完成执行后等待,直到另一个调度器清除同步点 1 为止。由于两个调度器之间彼此独立,1st hit 和 clear 之间的时间间隔可能会很长,这可能导致流水线停顿。更糟糕的是,由于 SC1 并不知道 SC0 调度了 TB0 的线程束,SC1 将自由地调度其他线程块,使得 SC0 上 TB0 的等待时间更长。为便于分析,这里将从 1st hit 到 clear 等待的总时长划分为 2 个阶段:p1 和 p2,local 1st hit 作为两段时间的分割点。通过对不同调度策略下 p1 和 p2 时长的统计发现平均情况下 p1 占据总时长的比例高达 85%~90%。

根据以上分析不难发现,p1 和 p2 两个阶段是相互独立的,二者不存在相关性。对于 p1,它反映的是线程块间调度的开销,其主要原因是调度器之间缺乏协作,即当线程块 TB_x 的某个线程束在调度器上首次运行到同步点时,其他调度器无法感知也无法及时将 TB_x 提前执行。针对这个问题,文献[19]提出为每个线程束调度器设计一个优先级队列,不同线程块的线程束按照优先级从高到低的顺序排列,其中同一线程块内的线程束优先级相等。当 TB_x 中的某个线程束首次执行到同步点时,将其优先级降至最低并移到队列尾部,同时提高所有调度器中 TB_x 的线程束优先级,在不抢占执行的情况下将 TB_x 的线程束移动到各队列的首部,这样可以更快地被调度执行以达到减小 p1 的目的。对于 p2,迟滞当前线程块

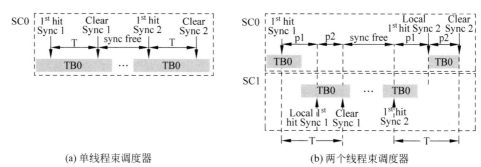

(a) 单线程束调度器　　　　　　　　(b) 两个线程束调度器

图 3-29　调度器处理同步栅栏时产生空闲的例子

清除同步点的主要原因在于阻塞的线程束恢复后没能及时得到调度。为此,调度器应保持 TB_x 的优先级不变。一旦线程束恢复到准备状态,则立即恢复对 TB_x 的调度。

图 3-30 展示了多线程束调度器协同的优势,其中图 3-30(a)为 GTO 策略下调度器未协同的情形,当 SC0 上 TB2 首次遇到同步点 Sync 时,SC1 中 TB2 的线程束仍位于 TB0 和 TB1 的线程束后面,同时 SC1 上 TB2 的线程束并不连续,使得 p1 和 p2 都比较长。如图 3-30(b)所示,采取了多线程束调度器协同策略后,SC1 中 TB2 的线程束被提前到 TB0 之后执行(因为此时 TB0 的线程束尚未执行完毕),这大大缩短了 p1。此外 TB2 的所有线程束都被提前,使得原本不连续的线程束彼此相邻,p2 也被明显缩短,改善程序的执行性能。

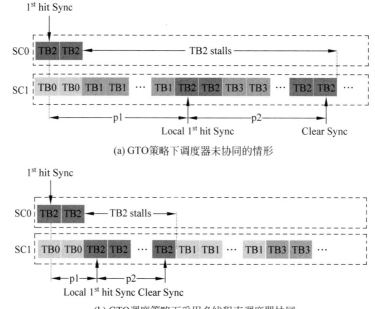

(a) GTO策略下调度器未协同的情形

(b) GTO调度策略下采用多线程束调度器协同

图 3-30　多线程束调度器协同对程序执行性能的影响

2）线程束动态均衡调度策略

实际上，线程执行进度的分化在一个调度器下也会出现。一个进度分化的原因在于单一线程块内的线程束由于存储系统访问的不确定性，即便采用轮询调度，不同线程束的执行进度也可能存在较大差异。另外一个进度分化的重要原因就是在线程同步栅栏处或在分支线程重聚的位置，执行快的线程束先到达，等待执行慢的线程束。在此期间先到达的线程束并不会释放其占有的硬件资源（如寄存器文件），导致大量资源被闲置浪费。而且当越来越多的线程束到达栅栏或重聚点而不得不等待时，活跃线程束的数量也变得越来越少而不足以掩藏长延时操作，导致流水线的吞吐量明显降低。因此，需要一种动态协调线程束执行进度的方法，缩小最快和最慢线程束之间的执行差距。

文献[20]提出了一种基于运行时动态感知线程束进度的调度策略——关键性感知的线程束协调加速（Coordinated criticality-Aware Warp Acceleration，CAWA）。其中，线程束的"关键性"（criticality）反映的就是线程束执行时间的长短，执行时间最长（即执行最慢）的一个线程束被称为关键线程束（critical warp），因为这个线程束往往决定着当前整个线程块的执行时间。一个简单的方法就是给予关键线程束更高的调度优先级，分配更多的硬件和时间资源给它，最大限度满足其执行需求。

首先，为了在运行时判定一个线程束是否关键，文中提出了一种称为关键度预测的度量方法来为每个线程束维护一个关键性度量值（criticality counter）。影响线程束关键性的因素主要来自两方面：线程分支导致的工作负载差异和共享资源竞争引入的停顿。对于前者，当指令执行遇到分支时，不同分支路径内指令数量多数情况下是不相等的，可以直观地用指令数目作为判据之一。哪个路径的指令多，其对关键度的影响越大。对于后者，即访问共享资源发生竞争造成线程束空闲等待，也增加了其跃升为关键线程束的可能。综合以上两方面影响因素，可以得到对线程束关键性的度量。

基于对线程束关键度的判别，该文献提出了一种基于 GTO 的关键性感知线程束调度策略，称为 greedy Criticality-Aware Warp Scheduling（gCAWS）。在 GTO 策略中，调度器会尽可能选择同一个线程束执行，其他就绪的线程束需要等待，这种策略没有考虑线程束的关键性问题。gCAWS 策略改进了调度选取线程束的机制，每次选择关键度最高的一个线程束执行，即给予关键线程束以更高的调度优先级。当关键度最高的线程束有多个时，按照 GTO 策略选择生命周期最长的线程束执行。在执行阶段，不断更新关键度的值，以便发现新的更为关键的线程束进行调度。可以看到，gCAWS 在调度上同时满足了关键线程束和生命周期最长线程束的急迫需求，有利于在线程束执行分化时的调度平衡。

3.5　记分牌

在 GPGPU 指令流水线中，为了防止由于数据相关而导致的流水线执行错误，GPGPU需要在指令发射阶段检查待发射的指令是否与正在执行但尚未写回寄存器的指令之间存在数据相关。一般会采用记分牌或类似技术避免指令间由于数据相关带来的竞争和冒险。本节将重点讨论记分牌技术及它在 GPGPU 架构下的设计方法。

3.5.1 数据相关性

在流水线执行中,指令之间的数据相关会对指令级并行产生直接影响。例如,当程序中两条相近的指令访问相同的寄存器时,指令的流水化会改变相关操作数的访问顺序,可能会导致流水化执行得到不正确的结果。为保证程序正确执行,存在数据相关的指令必须按照程序顺序来执行。在通用处理器中,寄存器数据可能存在三种类型的相关:写后读、写后写和读后写,都可能会导致冒险。

(1) 写后读(Read After Write,RAW),也称真数据相关(true dependence)。按照程序顺序,某个特定寄存器的写指令后面为该寄存器的读指令。若读指令先于写指令执行,则读指令只能访问到未被写指令更新的寄存器旧值,从而产生错误的执行结果。因此,为保证读指令可以获取正确的值,必须保持程序顺序,即先写后读。

(2) 写后写(Write After Write,WAW),也称名称相关(name dependence)。按照程序顺序,写指令 1 后为写指令 2,并且都会更新同一个目的寄存器。若写指令 2 先于写指令 1 执行,则最后保留在目的寄存器中的是写指令 1 的结果,这与程序顺序执行的语义不符。为了避免这一问题,可以要求指令按照程序顺序执行,即先执行写指令 1,后执行写指令 2。

(3) 读后写(Write After Read,WAR),也称反相关(anti-dependence)。按照程序顺序,对某个特定寄存器的读指令后面为该寄存器的写指令。若写指令先于读指令执行,则读指令将获取到更新后的寄存器值,产生错误的执行结果。为了避免这一问题,可以要求指令按照程序顺序执行,即先执行读指令,读取后执行写指令。

实际上,存在 WAW 相关和 WAR 相关的两条指令之间并没有真正的数据传递,而是由于采用了相同的寄存器编号,将两条不相关的指令人为地联系到一起。因此,除保守地维持指令原来的顺序之外,还可以通过寄存器重命名(register renaming)技术消除 WAW 和 WAR 相关。代码 3-3 展示了寄存器重命名的代码示例。可以看到,add.s32 使 r8 和 sub.s32 使用 r8 存在 WAR 相关,可以将 sub.s32 指令中的 r8 重命名为 t;ld.global.s32 使用 r6 和 mul.s32 使 r6 存在 WAW 相关,可以将 ld 指令中的目标寄存器重命名为 s。通过分配不同的寄存器,就可以消除流水执行中可能发生的 WAW 和 WAR 相关,也使得指令的动态调度成为可能。

代码 3-3　采用寄存器重命名技术消除 WAW 和 WAR 相关的示例

1	// 采用寄存器重命名技术之前		1	// 采用寄存器重命名技术之后	
2	div.s32	%r0,%r2,%r4	2	div.s32	%r0,%r2,%r4
3	add.s32	%r16,%r4,%r8	3	add.s32	%r16,%r4,%r8
4	ld.global.s32	%r6,array[r1]	4	ld.global.s32	s,array[r1]
5	sub.s32	%r8,%r10,%r14	5	sub.s32	t,%r10,%r14
6	mul.s32	%r6,%r10,%r12	6	mul.s32	%r6,%r10,%r12

在流水线的硬件结构中,指令调度阶段需要增加专门的硬件来检测和处理数据相关性问题,以避免流水线执行错误。一般来讲,CPU设计中经典的记分牌和Tomasulo算法可以实现这一目标。经典的记分牌技术通过标记指令状态、功能单元状态和寄存器结果状态,控制数据寄存器与功能单元之间的数据传送,实现了乱序流水线下指令相关性的检测和消除,保证了程序执行的正确性,同时提高了程序的执行性能。Tomasulo算法也支持乱序流水线调度,其核心思想与积分牌类似,并引入了保留站(reservation station)结构,实现对寄存器的动态重命名,消除了WAW和WAR冒险。同时它引入公共数据总线(common data bus),允许操作数可用时立即存储在保留站中触发指令执行,而不用等待寄存器写回,从而将写后读相关的损失降至最低。关于记分牌和Tomasulo算法可以参考文献[3]中的介绍。

然而不管是记分牌还是Tomasulo算法,其复杂度和硬件开销都相对较高。一方面,在GPGPU架构中,由于寄存器和功能单元的数量众多,记录它们运行时状态信息的硬件开销也将显著增加。除此之外,大量连线的成本也不容忽视。另一方面,对于传统的CPU设计来说,由于数据相关性导致的流水线停顿会显著影响指令的发射效率,大幅降低指令级并行性会对性能带来不利的影响。对于GPGPU架构来说,其指令并行度本身就很高,大量不同的线程束可以提供无相关性的指令供调度器选择。即便某个线程束由于数据相关而导致发射停顿,利用线程束调度器还可以从其他的线程束中找到合适的指令填充流水线,降低数据相关对流水线性能的影响。因此,对于GPGPU架构来说,利用乱序执行进行指令调度提高指令级并行性并非必要,也不需要复杂的记分牌和Tomasulo设计,但GPGPU流水线仍然需要数据相关性的检测和处理。

3.5.2 GPGPU中的记分牌

为了提高SIMT运算单元的硬件效率,GPGPU一般会采用顺序执行的方式,避免乱序流水线带来的指令管理开销。但GPGPU指令的执行仍然可能需要多个周期才能完成,而且不同指令存在不等长执行周期的情况。因此,为了让同一线程束的后续指令在发射时减少等待时间而尽早发射,仍然要保证前后指令之间不存在数据相关,从而提高指令的发射和执行效率。假设采用经典的五级顺序流水线设计,3种数据相关性冒险如图3-31所示。在GPGPU架构中,重点是要避免发生RAW和WAW冒险。对于WAR冒险,在顺序流水线下一般不会发生,因为后续指令的寄存器写回一般不太可能会超前于前序指令对同一寄存器的读取。

记分牌的机制可以避免由数据相关导致的冒险情况发生。相比于乱序执行流水线中的记分牌,顺序执行中的记分牌设计会相对简单。在GPGPU顺序执行下,一个简单的记分牌方案可以设计如下:记分牌为每个线程束寄存器分配1个比特用于记录相应寄存器的写完成状态。如果正在执行的线程束指令将要写回的目标寄存器为R_x,则在记分牌中将寄存器对应的标识置为1,表示该指令尚未写回完成。在此之前,如果同一线程束中的后续指令不存在数据相关,则可以尽早进入流水线执行。否则,如果同一线程束存在后续指令需要读取或修改R_x,由于设置了标识位,后续指令将会受到限制而处于非就绪状态,不能被调度或发

(a) 顺序流水线下的写后读（RAW）冒险（假设指令
i的目标寄存器和指令j的源寄存器为相同寄存器）

(b) 顺序流水线下的写后写（WAW）冒险（假设指令
i的目标寄存器和指令j的目标寄存器相同）

(c) 顺序流水线中不太可能发生读后写(WAR)冒险

图 3-31　顺序流水线下的 3 种数据相关性冒险

射，从而避免了 RAW 和 WAW 相关性冒险。直到前序指令写回 R_x 完成，寄存器 R_x 对应的标识会被重置为 0，后续存在数据相关的指令才可以被调度进入执行单元。在该线程束指令流水线因数据相关而被停顿过程中，其他线程束的指令仍然可以被调度执行，因为不同线程束的寄存器 R_x 实际上物理位置并不相同（参见 4.2 节寄存器文件的结构）。

这一记分牌设计方案虽然简单，但主要存在两方面的问题。

（1）GPGPU 中存在大量的寄存器，如果为每个寄存器都分配 1 比特标识，记分牌将占用大量的空间。假设每个可编程多处理器最多支持 64 个线程束，每个线程束分配最多 128 个寄存器，那么每个可编程多处理器需要 8K 比特的记分牌存储空间。

（2）所有待发射的线程束指令在调度时需要一直查询记分牌，直到所依赖的指令执行完毕，更新寄存器对应的标识位后，后续指令才能发射。假设每个可编程多处理器最高支持 64 个线程束，每个线程束指令最多需要访问 4 个操作数，那么每个周期要同时检查所有 64 个线程束指令的数据相关性，记分牌需要 256 个端口读取状态提供给线程束调度器。这种设计会带来巨大的硬件开销，显然是不现实的。

3.5.3　扩展讨论：记分牌设计优化

前面提到的这种简单记分牌设计方案在 GPGPU 架构下的硬件开销很高。本节将针对适合 GPGPU 架构的记分牌设计进行讨论，介绍几种优化硬件开销的设计思路。

1. 基于寄存器编号索引的记分牌设计

NVIDIA 的专利中提到了一种新的基于硬件的记分牌实现方法和处理过程。如图 3-32(a) 所示，首先配备一块记分牌的存储空间，并将这块空间划分成若干区域。考虑到记分牌主要是对指令缓冲(I-Buffer)中已解码的指令进行相关性检查才可能发射，因此可以将记分牌存储空间划分为与指令缓冲中指令数目相同的区域。每个区域中包含若干条目，每个条目包含两个属性：寄存器 RID(Register ID)和尺寸指示器。寄存器 RID 记录了该区域所对应的线程束目前正在执行的若干指令中，将要写回的目的寄存器编号。如果指令中将要写回的寄存器为一个序列,尺寸指示器则负责记录该寄存器序列的长度,而 RID 只需要记录这个序列中的第一个寄存器 RID。例如,假设某个线程束运行了一个纹理读取指令,并且结果将会写入 r0、r1、r2、r3 4 个寄存器中。这时,记分牌中该线程束对应区域中一个条目的 RID 将被设为 r0,尺寸设置为 4。采用这种记录方式的好处是,如果目的寄存器是连续分配和使用的,可以避免采用多个条目来记录,减少了记分牌存储空间的使用量,而这可以通过编译器中的寄存器分配算法来最大化这一可能性。

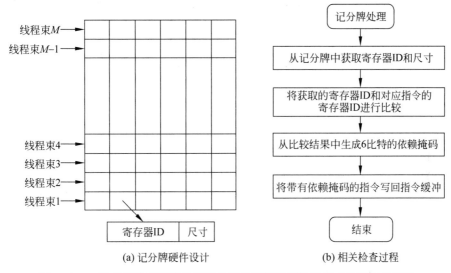

图 3-32　一种基于寄存器编号索引的记分牌硬件设计及相关性检查的过程

每个区域条目的数量也不是越多越好。通常,如果记分牌存储空间中的条目数量过多,就可能造成存储资源的浪费,导致类似简单记分牌的设计冗余。如果条目个数不足,那么能够同时处理的相关性冲突的寄存器数量就会减少,造成编译器寄存器分配的困难。条目个数不足也可能会导致为了保证没有相关性违例,后续指令在运行时需要等待前面指令来清空记分牌的某个条目才能发射,产生不必要的发射停顿。在上述 NVIDIA 的专利中,每个区域设定最多可以存储 6 个条目,而在文献[22]的研究中也发现,3～4 个条目基本可以满足大多数应用在实际运行中的需求。

图 3-32(b)显示了这一记分牌算法进行寄存器依赖性检查的过程。假设在某个时刻,有许多指令正在执行,则会有多个目的寄存器在记分牌存储空间中留有记录。为了发射下一条指令,它需要将该指令的源寄存器或目的寄存器 RID 及尺寸信息与记分牌记录的信息对比,如果相同则存在 RAW 和 WAW 冲突的风险,依赖性掩码的对应位会置为 1。得到的依赖性掩码会连同指令写入指令缓冲中,直到依赖性掩码全部清 0 才能发射该条指令,避免发生数据冲突。当执行单元完成某条指令后,对应的目的源寄存器 RID 信息也会在记分牌中消除,从而释放出所有具有相关性的指令。

相比之前基本的记分牌设计需要为每个寄存器分配 1 比特的标志位,这种基于 RID 编码比对的记分牌设计避免了提到的两个问题。假设每个线程束最多拥有 128 个寄存器,那么需要 7 比特记录 RID。假设尺寸指示器最多支持 4 个连续寄存器写回,那么仅需要 2 比特。记分牌每个区域假设有 6 个条目,这样记分牌的一个区域只要$(7+2) \times 6 = 54$ 个比特。每个可编程多处理器内部记分牌占用空间与指令缓冲的深度有关,因此这个方案需要的记分牌存储空间会小于之前的记分牌方案,也可以提高访问的并行度。如果每个线程束拥有更多的寄存器,那么这种方案将会更加节省开销。

实际上,这种记分牌编码方式主要通过寄存器编码的方式替代了原来的独热码(onehot)方式来识别寄存器,同时限制未完成写回的寄存器数量(如 6 个),从而减少了记分牌存储空间的开销。

2. 基于读写屏障的软件记分牌设计

在上述基于寄存器编号索引的硬件记分牌中,当一条新的指令准备发射时,需要搜索记分牌存储空间里对应线程束区域中的所有项目,以便根据寄存器编号确定寄存器之间是否存在相关性。事实上,这个过程还可以通过软硬件结合的方式进一步优化。研究人员对 NVIDIA 的 GPGPU 分析发现,其架构可以采用这样的软件记分牌设计:首先设计一定数量的读写屏障,借助编译器分析,显式地将存在相关性的寄存器绑定到某个读写屏障上;在运行时,目的寄存器的写操作可以直接设定绑定的读写屏障,而源寄存器的读操作需要读取绑定的读写屏障来获知该寄存器的写操作是否完成。由于这些信息由编译器提供,可以节省硬件开销,并降低搜索的代价,从而快速定位到绑定的读写屏障。

代码 3-4 给出了 NVIDIA Turing 架构下数据归约内核函数的一段 SASS 代码,可以帮助理解这种基于读写屏障的软件记分牌工作方式。根据 2.5 节所述,Volta 和 Turing 架构下每条指令的长度为 4 个字,即 128 比特。其中,64 个比特为本条指令的机器码,还有 64 个比特为控制码。编译器在 SASS 指令中通过控制码直接控制硬件的读写屏障,以解决数据冲突。本节基于文献[23]和文献[24]对控制码的分析和研究来解释这一过程。

代码 3-4 利用读写屏障实现记分牌功能的代码及其控制码

1	0X00000110	-- :-:-:Y :1	IMAD. IADD R5, R0, 0x1, R7
2	0X00000120	-- :-:-:Y :5	BAR. SYNC 0x0
3	0X00000130	-- :-:-:Y :1	ISETP. GE. U32. AND P0, PT, R5, c[0x0][0x160], PT
4	0X00000140	-- :-:-:Y :3	BSSY B0, 0x210
5	0X00000150	-- :-:-:- :4	ISETP. GE. U32. AND. EX P0,PT,RZ,c[0x0][0x164],PT,P0
6	0X00000160	-- :-:-:Y :2	ISETP. GE. U32. OR P0, PT, R8, R7, P0
7	0X00000170	-- :-:-:- :4	SHF. R. U32. HI R7, RZ, 0x1, R7
8	0X00000180	-- :-:-:- :6	ISETP. NE. AND P1, PT, R7, RZ, PT
9	0X00000190	01:-:-:Y :6	@P0 BRA 0x200
10	0X000001a0	-- :-:-:Y :1	LEA R4, P0, R5, c[0x0][0x180], 0x2
11	0X000001b0	-- :-:2:Y :3	LDG. E. SYS R6, [R2]

12	0X000001c0	-- :-:-:- :8	LEA. HI. X R5, R5, c[0x0][0x184], RZ, 0x2, P0
13	0X000001d0	-- :-:2:Y:2	LDG. E. SYS R5, [R4]
14	0X000001e0	04:-:-:- :8	IMAD. IADD R9, R6, 0x1, R5
15	0X000001f0	-- :0:-:Y:2	STG. E. SYS [R2], R9
16	0X00000200	-- :-:-:Y:5	BSYNC B0
17	0X00000210	-- :-:-:Y:5	@P1 BRA 0x110

代码 3-4 左边一列代表了每条指令的地址,中间一列为 64 位的控制码,最右边是 SASS 指令的汇编形式。中间的控制代码又可以分割为 5 个字段：Wmsk:Rd:Wr:Y:S。

(1) S 称为停顿计数(stall counts)。在该版本 SASS 中占用了 4 位,表示 0~15 个时钟周期的停顿计数。停顿计数的主要目的是指导调度器多长时间才能调度下一条指令。对于许多指令,流水线深度为 6 个时钟周期。也就是说一般情况下,如果一条指令需要使用上一条指令的运算结果,需要在两条指令之间插入 5 条指令,否则就需要停顿 5 个时钟周期以避免 RAW 冲突。

(2) Y：称为让步标识(yield hint flag),占用 1 位,主要用于指导调度器进行指令发射。如果这个标志位置为 1,意味着调度器会更加倾向发射其他线程束的指令。如果调度器已经准备好了其他线程束的指令,线程束指令间的切换在 GPGPU 中是不需要代价的。

(3) Wr：称为写依赖屏障(write dependency barriers),占用 3 位,以编号形式代表 6 个屏障,用于解决 RAW 和 WAW 数据冒险。由于很多指令可能没办法预知延迟周期的数目,比如共享存储器和全局存储器操作的延迟数目就不固定,那么仅使用停顿计数可能无法保证一定能够消除指令间的数据冲突。因此,通过将该指令的目的寄存器绑定到某个写屏障并设置其状态,可以保护这个待写回的寄存器不会被提前读取,直到该寄存器写回完成才会解除绑定关系,将寄存器移出屏障,后续指令才能再次访问该寄存器的值,从而避免 RAW 和 WAW 数据冲突。例如,第 11 行及第 13 行的 LDG 指令,分别将 R6 和 R5 寄存器绑定到 2 号写屏障中,后续指令通过 Wmsk 字段标识查询到 2 号屏障的状态就可以决定是否能够读取 R6 和 R5 的值。

(4) Rd：称为读依赖屏障(read dependency barriers),占用 3 位,以编号形式代表 6 个屏障,用于解决 WAR 数据冒险。与写屏障类似,控制码会将对应指令需要读取的寄存器绑定到某个读屏障中。在没有读取完成该寄存器的值之前,不允许其他指令对其进行修改,从而避免 WAR 数据冲突。例如,第 15 行的 STG 指令将寄存器 R9 绑定到 0 号读屏障中,后续向 R9 中写入数据的指令需要查询 0 号屏障就能知道读取 R9 的操作是否已经完成。值得注意的是,读依赖屏障实际上与写依赖屏障共享 6 个屏障。

(5) Wmsk：称为等待屏障掩码(wait barrier mask),用于标明该指令需要查询哪个屏障。该掩码共有 6 位,每一位对应一个读写屏障。指令会等待处于置位状态的屏障,直到该屏障被清空,才能继续执行指令。例如,在第 14 行 IMAD 指令中,04(即 000100)对应了 2 号屏障(屏障号从零开始)。这行的控制码要求检测 2 号屏障是否被置位,即检测 R5 和 R6

寄存器中的值是否准备完毕才能继续执行指令,这样就避免了 RAW 数据冒险。

相比之前基于寄存器编号的硬件记分牌设计,这种软件记分牌设计节省了存储空间。原则上,每个线程束只要维护 6 个写屏障和读屏障就可以避免数据竞争和冒险。编译器通过将屏障编号编码到指令中,使得硬件记分牌只需要少量的解码逻辑就可以在运行时确定寄存器究竟在哪个屏障中。在运行时通过读取屏障状态,确定感兴趣的寄存器状态是否合适。相比于纯硬件实现的记分牌,这种方式避免了查询属于该线程束的所有条目。实际上,屏障的设立充当了寄存器编号的桥梁。由于屏障数目在内核函数中并不需要很多,因此这种方式能以较少的比特达到数据相关性检测的目的。

3.6　线程块分配与调度

在 GPGPU 编程模型中,线程块是一个重要的层次,有时也称为协作线程组(Cooperative Thread Array,CTA)。它是由一组线程或多个线程束构成的,是 CUDA 或 OpenCL 程序将任务分配给可编程多处理器(SM 或 CU)的基本任务单元。

3.6.1　线程块并行、分配与调度

线程块是由一个或多个线程束组成的,同一个线程块内部的线程束可以在块内进行同步操作。按照经典的 CUDA 和 OpenCL 编程模型,线程块之间应该是相互独立的,不应存在依赖关系[①]。因此,线程块可以自由地分配到任意一个可编程多处理器上,也可以在可编程多处理器上自由地被调度执行。线程块在编程模型上的独立性保证了它们的执行顺序不会影响到程序执行的结果。

为了能够执行线程块,GPGPU 架构首先应该关注的是线程块如何分配到各个可编程多处理器上。如图 3-2 所示,GPGPU 架构中的线程块调度器负责管理所有线程块的分配。当线程块调度器能够在某个可编程多处理器上分配一个线程块所需的所有资源时,它会创建一个线程块。这些资源包括线程空间和寄存器,还包括为其分配的共享存储器和同步栅栏等。这些资源的需求都由内核函数声明,线程块调度器会根据需求等待足够的资源,直到在某个可编程多处理器上可以分配这些资源运行一个线程块。然后每个线程块创建各自的线程束,等待可编程多处理器内部的线程束调度器开始调度执行。线程块调度器同时需要监控何时一个线程块的所有线程和线程束全部执行完毕退出,释放线程块共享资源和它的线程束资源,以便分配下一个线程块。

分配到可编程多处理器后,线程块的调度与线程束的调度之间存在密切的联系。线程束调度作为基本的调度粒度,会影响到一个可编程多处理器中线程束的执行情况,进而影响到线程块局部的执行。线程块的执行情况会反馈给全局的线程块调度器,进而影响线程块

[①]　如 2.4.2 节所述,CUDA 9.0 之后引入了协作组(cooperative groups),允许在线程之间重新定义新的同步协作关系。

全局的执行速度。线程块的调度与初始线程块的分配也密切相关,因为调度的对象就是分配到给定可编程多处理器的线程块,因此分配方式也会影响调度的质量。例如,可以通过建立线程束调度器和线程块调度器之间的交互,改进每个可编程多处理器中线程块的分配方式和最大可分配的数量等。

线程块的分配和调度以最大化 GPGPU 的处理性能为主要目标,因此与线程束调度在策略上有很多相同之处。但总体来讲,两者支持的计算粒度不同,访存操作的考虑也有所不同。例如,线程束调度重点考虑的是可编程多处理器内部 L1 数据缓存的空间局部性。由于线程块中线程数目更高,空间局部性尺度更大,因此还会考虑 DRAM 的空间局部性。

3.6.2 基本的线程块分配与调度策略

线程块的分配和调度是 GPGPU 硬件多线程执行的前提。线程块的分配决定了哪些线程块会被安排到哪些可编程多处理器上执行,而线程块的调度决定了已分配的线程块按照什么顺序执行。两者关系密切,对于 GPGPU 的性能有着直接的影响。

1. 线程块的分配策略

在线程块分配方面,GPGPU 通常采用轮询作为基本策略。首先,线程块调度器将按照轮询方式为每个可编程多处理器分配至少一个线程块,若第一轮分配结束后可编程多处理器上仍有空闲未分配的资源(包括寄存器、共享存储器、线程块分配槽等),则进行第二轮分配,同理,若第二轮分配后仍有资源剩余,可以开始下一轮资源分配,直到所有可编程多处理器上的资源饱和为止。对于尚未分配的线程块,需要等待已分配的线程块执行完毕并将占有的资源释放后,才可以分配到可编程多处理器上执行。由于 GPGPU 执行的上下文信息比较丰富,为了方便管理并简化硬件,GPGPU 一般不允许任务的抢占和迁移,即当一个线程块分配给一个可编程多处理器之后,在其完成之前不会被其他任务抢占或迁移到其他可编程多处理器上执行。

图 3-33 描述了一个基于轮询的线程块分配示例。假设一个 GPGPU 中有 3 个可编程多处理器,分别为 SM0、SM1 和 SM2,每个 SM 允许最多同时执行 2 个线程块。一个内核函数声明了 12 个线程块 TB0～TB11。根据轮询的原则,TB0～TB2 被分配到 SM0～SM2。由于每个 SM 可以同时执行 2 个线程块,TB3～TB5 也被分配到 SM0～SM2 中。此时,SM 的硬件资源已经被完全占用,剩下的线程块暂时无法分配到 SM 中执行,必须等待有线程块执行完毕释放硬件资源,才能继续分配。一段时间后,SM2 中 TB5 率先执行完毕释放硬件资源,TB6 被分配到 SM2 中执行。之后 SM0 中 TB3 执行完毕,TB7 被分配到 SM0 中执行。最终线程块执行的

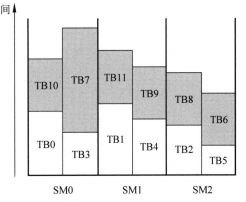

图 3-33 基于轮询的线程块分配示例

流程如图 3-33 所示。可以看到,初始一轮的线程块分配顺序还比较有规律,但第二轮的线程块分配完全是按照执行进度来安排的。

在 NVIDIA 的 GPGPU 中,线程块的分配由千兆线程引擎(giga thread engine)来管理,大体遵循轮询策略,但并不完全是朴素的轮询。例如,有研究对 M2050 GPGPU 上的线程块分配情况进行了实验分析。运行一段简单的向量加法的内核函数,通过内嵌汇编语句获得可编程多处理器的编号并输出。M2050 具有 14 个 SM,每个 SM 最多分配 6 个线程块。运行这段代码获得的分配结果如图 3-34 所示。大多数线程块按照轮询的方式分配到了相邻的 SM 上,但又并非朴素的轮询。出现这种情况的原因可能是在早期架构中,两个 SM 组成了一个纹理处理簇(Texture Processor Cluster,TPC)。实际 GPGPU 中线程块的分配可能还需要考虑 TPC,从而和轮询策略有些许不同。即便如此,大部分研究仍然以轮询策略作为线程块分配的基本策略,并基于此进行不同角度的研究和优化。

代码 3-5   线程块分配和调度顺序的测试代码

```
1    __global__ void
     vectorAdd(const float * A, const float * B, float * C, int numElements)
2    {
3        unsigned int ret;
         //将执行该线程块的 SM ID 写入变量 ret 中
4        asm("mov. u32 %0, %smid;" : "=r"(ret));
5        if (threadIdx. x == 0)
6            printf("BlockID:%d, SMID:%d\n", blockIdx. x, ret);
7        int i = blockDim. x * blockIdx. x + threadIdx. x;
8        if (i < numElements){
9            C[i] = A[i] + B[i];
10       }
11   }
```

不同的SM													
	0	1	2	3	4	5	6	7					
	8	9	10	11	12	13	14	15	16	17	18	19	20	21
分配	22	23	24	25	26	27	28	29	30	31	32	33	34	35
的线	39	40	41	42	43	44	45	46	36	37	38	47	48	49
程块									50	51	52	53	54	55
	56	57	58	59	60	61	62	63	64	65	66	67	68	69
	70	71	72	73	74	75	76	77	78	79	80	81	82	83

图 3-34   NVIDIA M2050 上的线程块分配情况

基于轮询的线程块分配策略简单易行,而且保证了 GPGPU 中不同可编程多处理器之间的负载均衡,尽可能公平地利用每个可编程多处理器的资源。然而,轮询的分配策略也存在一定问题,比如可能会破坏线程块之间的空间局部性。一般情况下,相邻线程块所要访问的数据地址由于与其线程 ID 等参数线性相关,很大可能会存储在全局存储器中连续的地址空间上,因此 ID 相近的线程块所需要的数据在 DRAM 或缓存中也相近。如果将它们分配在同一个可编程多处理器上,就可以访问 DRAM 中的同一行或缓存的同一行,利用空间局部性减少访存次数或提高访存效率。轮询的分配策略反而会将它们分配到不同的可编程多处理器上,导致相邻数据的请求会从不同的可编程多处理器中发起。如果随着执行时间的推进,线程块的执行进度有明显的差别,可能会降低访存合并的可能性,对性能造成不利的影响。

2. 线程块的调度策略

线程块的调度与线程束的调度策略有很高的关联性。两者对 GPGPU 的执行性能都有着重要的影响,所关注的问题也类似,只是调度的粒度有所不同。因此可以看到两者所采用的策略有很多相似之处,比如轮询调度策略,GTO 调度策略对于线程块的调度也同样适用。很多线程束调度的改进设计思想也可以应用在线程块调度问题上,或将两者联系起来作为一个整体来考虑。例如,通过建立线程束调度器和线程块调度器之间的交互,调度器更好地协调多个可编程多处理器之间的线程执行。

线程块的调度与线程块的分配策略也密切相关,分配方式也会影响到调度的质量。例如,每个可编程多处理器中线程块最大可分配的数量就与调度策略和执行性能相关。轮询的分配策略虽然具有公平性,但按照可编程多处理器允许的最高并行度将尽可能多的线程块分配执行,并不一定会提升应用的性能。很多研究统计表明,随着可编程多处理器中运行的线程块数目的增加,一些应用的性能只会缓慢提升甚至下降。

图 3-35 的例子对这个问题给出了直观的解释。假设有 4 个线程块 TB0～TB3 被分配到一个可编程多处理器上。图 3-35(a)中假设线程块和各自的线程束都按照 GTO 的方式

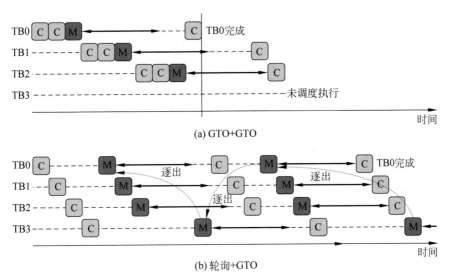

(a) GTO+GTO

(b) 轮询+GTO

图 3-35　线程块采用不同调度可能出现的问题

进行调度。那么当一个线程块,如 TB0 执行遭遇停顿,此时会去调度其他线程块如 TB1、TB2 或 TB3 执行。由于线程块的计算执行相对较长,假设在 TB3 被调度之前,TB0 的长延时操作就已经完成,那么遵循 GTO 策略的调度器会倾向于重新执行 TB0,使得 TB3 不会得到调度。此时将 TB3 分配到这个可编程多处理器上其实对性能是没有帮助的,反而可能会由于分配了过多的线程块而导致资源紧张,因此可能会发生随着线程块数目的增加性能反而下降的情况。如果改变线程块的调度策略为轮询策略也同样存在问题,如图 3-35(b)就显示了这样一种情况,假设 TB3 和 TB0 读取的数据都存放在同一缓存行中,就会导致 TB3 和 TB0 在数据缓存上存在竞争。此时线程块的轮询调度会调度 TB3 执行,使得 TB0 刚刚访问返回的数据受到影响,因冲突缺失导致缓存抖动问题,增加了缓存缺失率和访问开销,也会导致随着线程块数量的增加性能反而下降的情况。因此独立的调度策略设计并不能解决这个问题,需要与线程块分配策略协同优化。例如,类似于线程束节流的方法,通过减少可编程多处理器中线程块的数量,也可以缓解这个问题。

3.6.3 扩展讨论:线程块分配与调度策略优化

线程块的分配和调度策略与 GPGPU 性能关系密切。本小节将针对简单的线程块分配和调度算法所暴露出的问题介绍几种设计优化的思路。这些优化的出发点主要是围绕 SIMT 线程地址所展现出的连续特性,进而在缓存和 DRAM 的局部性上寻求更优化的访存操作及在线程块分配进行限流等方面提高 GPGPU 资源利用率。

1. 感知空间局部性的调度策略

1) 感知 L1 缓存局部性的块级线程块调度

基本的轮询调度策略将连续的线程块分配到不同可编程多处理器上,可能导致线程块之间的数据局部性遭到破坏。针对这个问题,文献[26]提出了块级线程块调度(Block CTA Scheduling,BCS)和连续线程块感知(Sequential CTA-Aware,SCA)的线程束调度相配合的策略。前者意在将若干连续的线程块分配到同一个可编程多处理器上以充分利用线程块间的数据局部性,后者在线程束调度时兼顾线程块的调度,保持缓存的空间局部性。

为便于理解,假设内核函数中线程块按照二维结构配置,即每个线程块中包含 16×16 个线程,每个线程访问 1 个字(4 字节)的数据,因此线程块中一行访问的数据量为 $16 \times 4 = 64$ 字节。一般情况下,L1 数据缓存行容量为 128 字节,由此可以得出相邻两个线程块的行数据可以共享一个缓存行,即线程块之间会存在空间局部性。但相邻的线程块由于会被轮询策略分配到不同的可编程多处理器上,破坏了这一空间局部性。即便将相邻的线程块分配到同一个可编程多处理器上,这一空间局部性也很难保证,原因在于分配到一个可编程多处理器上的两个连续线程块不一定具有相同的执行进度,二者执行结束的时间也各不相同。当其中一个线程块执行完成并释放资源后,简单地再调度一个新的线程块"补位"可能会导致后续线程块调度"错位",也无法保证线程块间数据局部性得到有效利用。为此不得不采用一种"延迟"的调度策略,即等待连续的两个线程块都执行完毕后才调度新的线程块进入可编程多处理器。这便是块级线程块调度 BCS 策略的初衷。

与之对应,线程束的调度也应该考虑这种数据的空间局部性,有意识地调度连续线程块中的线程束以最大限度提高缓存行复用的可能,这便是连续线程块调度 SCA 策略设计的初衷。它结合了轮询和 GTO 调度:在连续两个线程块之间和一个线程块内部采用轮询策略进行调度,保证了数据的空间局部性。而在线程束执行过程中,采用 GTO 策略贪心地执行选中的线程束,直到其中一个线程束因长延时操作而停滞,才切换调度下一组线程束继续执行,后者保证了线程束原有的时间局部性得到有效利用。

2) 感知 DRAM 板块的线程块协同调度

基本的轮询调度策略还可能增加 DRAM 板块访问冲突的风险。以矩阵数据的存储为例。假定采用行主序的方式存储矩阵数据,那么连续的数据会被存储在 DRAM 连续的地址。为提高访问的并行性,不同行可能会被存放在 DRAM 的不同板块中。如图 3-36(a)所示,假设 DRAM 配置有 4 个板块,矩阵第 1 行会存储在板块 1 中,第 2 行存储在板块 2 中,以此类推,第 5 行会再次存储在板块 1 中。当矩阵规模比较大时,编程人员往往会对矩阵进行分块处理,如图 3-36(b)所示。根据不同的分块规则,即便是矩阵同一行的数据,也很可能会被分配到不同的线程块中进行处理。当连续的线程块被分配到不同的可编程多处理器上并行访问时,它们可能会同时访问相同板块中不同位置的数据,由此引发板块冲突造成访存延迟增大、效率降低等问题。

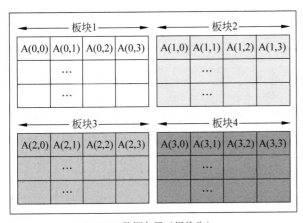
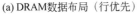
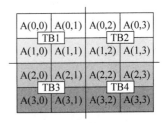

(a) DRAM数据布局（行优先）　　　　　　　(b) 矩阵与线程块数据布局

图 3-36　可能的 DRAM 数据布局和线程块数据布局

图 3-37(a)直观地说明了上述问题。其中连续的线程块 TB1 和 TB2 被分配到不同的可编程多处理器(SM1 和 SM2)上,二者可以并行执行。当发生访存操作时,理想情况下它们可以访问到某一板块中同一行的数据,以充分利用 DRAM 行缓冲区获得较高的命中率。为了证明这种现象的普遍性,文献[16]对 38 种典型的 GPGPU 应用,包括 SAD(Sum of Abs. Differences)、JPEG(JPEG Decoding)、SC(Stream Cluster)和 FFT(Fast Fourier Transform)等应用的访存行为进行了统计,发现相同 DRAM 行被连续线程块访问的频率为 64%,其中一些应用则更为突出,如 JPEG 解码中这一频率达到了 99%。但在实际执行

中,线程块执行的进度很可能发生失配,导致当 TB1 和 TB2 访问 DRAM 时就可能产生板块冲突的现象且造成行缓冲区无法发挥作用。值得注意的是,板块 3 和板块 4 始终处于空闲状态,连续线程块的访存并没有充分利用全局存储器的板块。

为了提高 DRAM 访问的并行度,应尽量防止板块冲突和读写资源闲置。以图 3-37(b)所示的情形为例,如果 SM1 和 SM2 分别选择不连续的 TB1 和 TB4 来执行,由于二者访问的数据存放在不同的板块内(TB1 的数据存储在板块 1 和 2 中,TB4 的数据存储在板块 3 和 4 中),访存操作可以充分利用 DRAM 提供的 4 个板块提高读写的板块级并行度。

尽管这样的策略提高了 DRAM 访问并行度,但也破坏了线程块间的空间局部性,牺牲了数据复用的可能。为了弥补这一损失,还可以将那些已经被加载到 DRAM 行缓存区中却未被访问到的数据预取读入 L2 缓存中,以备后续的连续线程块读取使用。以图 3-37(c)所示的情形为例,在响应 TB1 和 TB4 发出的访存请求时,将 DRAM 激活行中的数据预取到 L2 缓存中。假设 TB2 和 TB3 的数据分别与 TB1 和 TB4 存放在 DRAM 的相同行中,那么 TB2 和 TB3 发出的访存请求完全可以被 L2 缓存捕获,而无须进一步访问下一级存储器,如图 3-37(d)所示。

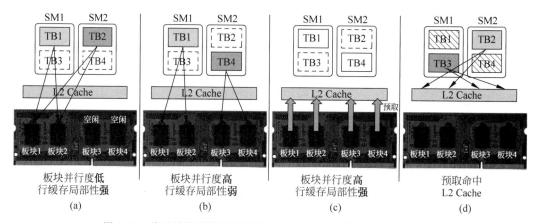

图 3-37　线程块轮询调度可能造成的 DRAM 板块冲突及解决方案

2. 感知时间局部性的抢占调度策略

轮询调度策略在 L1 数据缓存命中率和复用率方面也存在一定问题。GPGPU 中 L1 数据缓存的容量往往只有几十或几百 KB,远远无法满足大量线程块并行执行所产生的数据缓存需求,容易导致缓存冲突、抖动和缺失现象。

图 3-38(a)的例子展示了这样的情况:一个可编程多处理器上运行了 4 个线程块 TB1、TB3、TB5、TB7。按照轮询策略,调度器先选择 TB1 中的线程束调度执行,当其中线程束因长延时操作而陆续阻塞后,调度器调度 TB3 继续执行。若执行到 TB5 时,TB1 所需的数据刚好返回,此时 TB1 再度进入就绪状态。如果按照严格的轮询策略,TB1 需要等待 TB7 执行完成后才能再次得到调度。考虑到 L1 数据缓存容量十分有限,TB1 之前加载到缓存的数据很可能被后续执行的线程块替换掉。这些数据可能还没有得到有效复用,由此需要引

入反复的访存操作造成执行效率下降。

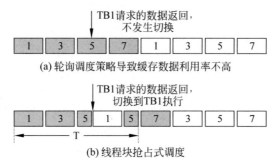

(a) 轮询调度策略导致缓存数据利用率不高

(b) 线程块抢占式调度

图 3-38　线程块轮询调度与抢占式调度

为此,文献[16]提出了一种解决方案:允许再次进入就绪状态的线程块抢占正在执行的线程块,即只要有一组线程块转为就绪状态,便赋予其最高优先级并立即开始执行,执行完成后再调度下一组线程块继续执行。以图 3-38(b)所示的情形为例:一旦 TB1 转为就绪状态,便抢占正在执行的 TB5,直到 TB1 中所有线程束完成后才将执行的优先权交还给TB5。通过统计时间间隔 T 内执行的线程块数量,系统可以发现只有 3 个线程块被调度执行,少于轮询调度策略在相同时间内执行的线程块数量。这意味着更少的线程块可以更加充分地利用 L1 数据缓存,降低了未复用数据被提前替换的风险。该文献对 38 种应用进行了仿真实验,在抢占策略下 L1 数据缓存的命中率平均提高 18%,个别应用如 PVC(Page View Count)、IIX(Inverted Index)的命中率提升均达到 90% 以上,对于这些访存密集型应用显著降低了缓存冲突发生的概率。

3. 限制线程块数量的怠惰分配和调度策略

保持较高的线程并行度有利于提高对长延时操作的容忍度,因此调度器倾向于给可编程多处理器分配更多的线程块。但前面的例子已经表明,当可编程多处理器所分配的线程块越来越多时,整个性能可能会呈现出“先上升、再平缓、后下降”的趋势,其原因主要包括资源竞争和缓存抖动等。因此,并不是分配的线程块越多越好,需要一种更加合理的线程块分配和调度策略,保证向可编程多处理器分配的线程块数量不但满足高资源利用率的需求,而且也能避免资源竞争所引发的负面影响。

3.6.2 节介绍的抢占式调度实际上是通过优先级的转换减少可编程多处理器上活跃的线程块数量。而文献[26]提出了怠惰线程块调度(Lazy CTA Scheduling,LCS)策略,动态地调整每个可编程多处理器上最多可承载的线程块数量达到类似的目标。LCS 策略主要包括以下三个步骤。

(1) 监视(monitor)。首先按照 GTO 策略对分配到可编程多处理器上的线程块进行调度,并全过程地监视第一个执行的线程块,在其完成所有指令的执行并退出时,记录每个线程块所发射的指令数量。

(2) 节流(throttle)。监视阶段结束后调度器会获得每个可编程多处理器内每个线程块发射指令的数量。计算所有线程块执行指令的数量除以执行最多指令的线程块所发射的指令数量,得到每个可编程多处理器更为合理的线程块数量上限。

(3) 怠惰执行(lazy execution)。对于一个内核函数,当每个可编程多处理器中第一个线程块退出后,根据计算阈值限制每个可编程多处理器上最多可分配的线程块数量。由于同一个内核函数可能存在相同的计算特征,出于简化硬件设计的考虑,实际使用中可以只计算一个可编程多处理器的阈值并将其推广到所有可编程多处理器上。而对于不同的内核函数,由于彼此的计算特征存在差异,当新内核函数的线程块被分配到可编程多处理器上时,阈值需要重新计算。

进入怠惰执行阶段后,该文献还提出调度器对 1D 负载和 2D 负载实施不同的调度策略。其中,1D 负载指内核函数中线程块的组织形式为一维,而 2D 负载指内核函数中线程块的组织形式为二维。对于前者,对线程块和线程束分别采用轮询和 GTO 的策略进行调度。对于后者,基于前文介绍的块级线程块调度 BCS 与连续线程块感知 SCA。BCS 能够在线程块调度层面利用线程块间数据局部性,而 SCA 策略则在线程块内部的线程束之间利用数据局部性。实际上,怠惰调度方法的核心思想是通过怠惰线程块数量的计算保证资源的充分配给,在此基础上再利用线程块和线程束两级调度对空间局部性的感知来提升访存密集型应用的执行效率。

4. 利用线程块重聚类感知局部性的软件调度策略

GPGPU 中线程块调度策略的研究普遍以挖掘线程块间的局部性为主要目的。前面介绍的策略都是通过调度器硬件直接改变线程块及线程束执行的顺序来感知和优化局部性,而文献[27]则从另一个角度,提出利用软件手段通过线程块的聚类(clustering)或重构(shaping)来改善局部性。

该文献通过分析认为,线程块之间存在数据可复用的原因可以分为以下 5 种类型。

(1) 算法相关。即由特定算法引入的线程块间数据复用,例如 k-means 聚类算法、矩阵乘法及离散余弦变换等。

(2) 缓存行相关。这一类数据复用由缓存设计引入,类似于空间局部性。例如,当一个线程请求一个整型数据(4B)发生缓存缺失时,将会从存储器读取一整行缓存行(如 128B)数据送入 L1 数据缓存中。当存在其他线程块的线程访问其余 31 个整型数据时,L1 缓存即可完全"捕获"而无须访问下一级存储器。这类复用常发生于存在未合并的访存请求或访问数据没有对齐缓存行边界的情况。

(3) 数据相关。这一类局部性来源于不规则数据结构,如图、树、哈希表、链表等在存储器中的组织方式和访存规则。由于数据的不规则性属于数据本身的特性,而数据的来源是多样的,因此这类数据复用具有偶然性。典型的数据相关应用包括广度优先搜索、直方图和 B+树操作等。

(4) 写相关。这类应用可能存在线程块间的数据复用,然而若某个不相关的线程块修改了可能被复用的缓存行数据,旧的缓存行将被替代成新的缓存行,从而无法实现数据的复用。这种情况一般发生于一个内核函数读写相同一段数据,且访问距离小于一个缓存行的长度时,由此会导致可复用数据被逐出的现象。

(5) 流。流应用的访存请求通常是经过合并和对齐的,然而其数据复用却仅存在于线程块内部(如通过共享存储器实现)。这类应用几乎没有线程块间的局部性。

根据数据复用的难易程度和概率,诸如算法相关(程序决定)和缓存行相关(架构决定)的应用可以在执行前判断出来,这两类应用的局部性是"可利用(exploitable)"的;而数据相关(数据决定)、写相关(存在局部性但难以被利用)和流(几乎没有局部性)的复用性并不显著,只能在运行时决定是否"可利用"或"不可利用"。

为了使线程块间的数据复用在 L1 缓存上发挥到最大限度,针对不同的数据复用类型应该采用不同的方法。图 3-39 展示了该文献提出的线程块调度框架,其中最左侧的 O 表示原内核函数,最右侧的 N 表示重聚类或重构出来的新的内核函数。

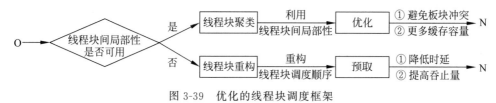

图 3-39　优化的线程块调度框架

(1) 对于"可利用"的局部性,利用聚类的方法发掘线程块间的局部性,让新内核函数 N 尽可能避免缓存冲突,获得更高的缓存容量。聚类的目的就是找到一个从 O 到 N 的映射。一种简单的策略就是假定 N 中线程块数量与 O 中线程块数量相等(即 $|N|=|O|$,为 1 对 1 映射)的条件下,对 O 中的每一个线程块 u 重定向到 N 中的线程块 v。换句话说,将线程块 u 经过一系列变换操作转换到新内核函数 N 的线程块 v,用新生成的坐标 bx 和 by 分别代替原来线程块索引 blockIdx.x 和 blockIdx.y,从而实现重聚类下线程块到硬件的映射。

(2) 对于"不可利用"的局部性,采用重构模式为线程块重新规定一种特定的执行顺序,然后配合数据预取,实现降低访问延时、提高吞吐率,改进这些"不可利用"程序的执行性能。该文献提出一种软件线程块调度策略实现方法,实现从 O 到 N 的映射。

总之,通过聚类或重构形成的新内核函数保持了原有内核函数的功能,由于进行了面向线程块调度和数据复用的多种优化,这些内核函数具备了更好的数据复用的可能性。

参 考 文 献

[1]　Nvidia. Guide D. Cuda C programming guide[Z]. (2017-06-01)[2021-08-12]. https://eva. fing. edu. uy/pluginfile. php/174141/mod_resource/content/1/CUDA_C_Programming_Guide. pdf.

[2]　Tor M Aamodt, Wilson W L Fung, I Singh, et al. GPGPU-Sim　3. x manual[Z]. [2021-08-12]. https://gpgpu-sim. org/manual/index. php/Main_Page.

[3]　Hennessy J L, Patterson D A. Computer architecture: a quantitative approach[M]. 5th ed. 北京: 机械工业出版社,2012.

[4]　Rogers T G, Johnson D R, O'Connor M, et al. A variable warp size architecture[C]. Proceedings of the

42nd Annual International Symposium on Computer Architecture(ISCA). IEEE,2015：489-501.

[5] ElTantawy A,Aamodt T M. MIMD synchronization on SIMT architectures[C]. 2016 49th Annual IEEE/ACM International Symposium on Microarchitecture(MICRO). IEEE,2016：1-14.

[6] Aamodt T M,Fung W W L, Rogers T G. General-purpose graphics processor architectures[J]. Synthesis Lectures on Computer Architecture,2018,13(2)：1-140.

[7] Diamos G F,Johnson R C,Grover V,et al. Execution of divergent threads using a convergence barrier：U. S. Patent 10,067,768[P]. (2018-09-04)[2021-08-12]. https：//www. freepatentsonline. com/y2016/0019066. html.

[8] Fung W W L,Sham I,Yuan G,et al. Dynamic warp formation and scheduling for efficient GPU control flow[C]. 40th Annual IEEE/ACM International Symposium on Microarchitecture(MICRO). IEEE,2007：407-420.

[9] Fung W W L,Aamodt T M. Thread block compaction for efficient SIMT control flow[C]. 2011 IEEE 17th International Symposium on High Performance Computer Architecture(HPCA). IEEE,2011：25-36.

[10] Narasiman V,Shebanow M,Lee C J,et al. Improving GPU performance via large warps and two-level warp scheduling[C]. Proceedings of the 44th Annual IEEE/ACM International Symposium on Microarchitecture(MICRO). 2011：308-317.

[11] Rhu M, Erez M. CAPRI：Prediction of compaction-adequacy for handling control-divergence in GPGPU architectures[C]. Proceedings of 39th Annual International Symposium on Computer Architecture (ISCA). IEEE 2012：61-71.

[12] Brunie N,Collange S,Diamos G. Simultaneous branch and warp interweaving for sustained GPU performance[C]. 2012 39th Annual International Symposium on Computer Architecture (ISCA). IEEE,2012：49-60.

[13] NVIDIA. RTX on the NVIDIA Turing GPU[Z]. [2021-08-12] https：//old. hotchips. org/hc31/HC31_2. 12_NVIDIA_final. pdf.

[14] NVIDIA. VOLTA：PROGRAMMABILITY AND PERFORMANCE[Z].[2021-08-12].https：//old. hotchips. org/wp-content/uploads/hc _ archives/hc29/HC29. 21-Monday-Pub/HC29. 21. 10-GPU-Gaming-Pub/HC29. 21. 132-Volta-Choquette-NVIDIA-Final3. pdf.

[15] NVIDIA. NVIDIA Nsight Visual Studio Edition 4. 1 User Guide[Z]. [2021-08-12]. https：//docs. nvidia. com/nsight-visual-studio-edition/4.1/Nsight_Visual_Studio_Edition_User_Guide. htm.

[16] Jog A,Kayiran O,Chidambaram Nachiappan N, et al. OWL：cooperative thread array aware scheduling techniques for improving GPGPU performance[J]. ACM SIGPLAN Notices,2013,48(4)：395-406.

[17] Jog A,Kayiran O,Mishra A K, et al. Orchestrated scheduling and prefetching for GPGPUs[C]. Proceedings of the 40th Annual International Symposium on Computer Architecture(ISCA). 2013：332-343.

[18] Rogers T G,O'Connor M, Aamodt T M. Cache-conscious wavefront scheduling[C]. 2012 45th Annual IEEE/ACM International Symposium on Microarchitecture(MICRO). IEEE,2012：72-83.

[19] Liu J,Yang J,Melhem R. SAWS：Synchronization aware GPGPU warp scheduling for multiple independent warp schedulers[C]. 2015 48th Annual IEEE/ACM International Symposium on Microarchitecture(MICRO). IEEE,2015：383-394.

[20] Lee S Y,Arunkumar A,Wu C J. CAWA：Coordinated warp scheduling and cache prioritization for

critical warp acceleration of GPGPU workloads[C]. 2015 ACM/IEEE 42nd Annual International Symposium on Computer Architecture(ISCA). IEEE,2015: 515-527.

[21] Coon B W,Mills P C,Oberman S F,et al. Tracking register usage during multithreaded processing using a scoreboard having separate memory regions and storing sequential register size indicators: U. S. Patent 7,434,032[P]. (2008-10-07)[2021-08-12]. https://www. freepatentsonline. com/7434032. html.

[22] Lashgar A,Salehi E,Baniasadi A. Understanding outstanding memory request handling resources in gpgpus[C]. Proceedings of 6th International Symposium on Highly Efficient Accelerators and Reconfigurable Technologies(HEART),IEEE,2015: 15-21.

[23] Nervana. Control Codes[Z]. [2021-08-12]. https://github. com/NervanaSystems/maxas/wiki/Control-Codes.

[24] Paweł Dziepak. On GPUs,ranges,latency,and superoptimisers[Z]. [2021-08-12]. https://paweldziepak. dev/2019/09/01/on-gpus-ranges-latency-and-superoptimisers/.

[25] Jia Z,Maggioni M,Staiger B, et al. Dissecting the NVIDIA volta GPU architecture via microbenchmarking[J]. arXiv preprint arXiv:1804. 06826,2018.

[26] Lee M,Song S,Moon J,et al. Improving GPGPU resource utilization through alternative thread block scheduling[C]. 2014 IEEE 20th International Symposium on High Performance Computer Architecture (HPCA). IEEE,2014: 260-271.

[27] Li A,Song S L,Liu W, et al. Locality-aware CTA clustering for modern GPUs[C]. 22nd International Conference on Architectural Support for Programming Languages and Operating Systems(ASPLOS). IEEE,2017: 297-311.

第 4 章

GPGPU 存储架构

如同在 CPU 中一样,存储系统对 GPGPU 的性能也有着重要的影响。GPGPU 普遍采用大规模线程并行,因而对存储系统的带宽要求远高于 CPU。例如,Intel i9-10980XE CPU 的峰值带宽为 94GB/s,而同期发布的 NVIDIA A100 GPU 的峰值带宽是前者的 16.5 倍,达到约 1.5TB/s。为了满足这样的需求,GPGPU 的存储系统往往采用更多分立、更大位宽、更高吞吐的专用存储器件,如 GDDR5/6 和 HBM1/2(High Bandwidth Memory)。同时,为了减少对全局存储器的访问,GPGPU 的编程模型中还抽象出多种存储空间来支持通用计算中多样的访存需求,保证 GPGPU 大规模线程的计算能力得以充分发挥。

本章将重点关注 GPGPU 存储架构的设计,尤其是片上存储资源的设计及其提供的多样访问方式和特性,使得线程能够差异化地利用它们达到最优的性能。

4.1 GPGPU 存储系统概述

现代处理器的存储系统大多采用层次化的结构。本节将从 CPU 存储层次入手,通过对比介绍 GPGPU 存储层次的特点。

4.1.1 CPU 的层次化存储

为了能够更好地理解 GPGPU 存储系统,首先简要回顾 CPU 中层次化存储系统的设计。熟悉这部分内容的读者可以跳过本节。

在基于冯·诺依曼体系结构设计的处理器中,程序的执行可以理解为控制器从主存储器中读取指令和操作数,由运算器也就是算术逻辑单元(ALU)不断对操作数进行计算的过程。现代处理器普遍采用精简指令集。在精简指令集计算机(Reduced Instruction Set Computer,RISC)中,运算器所需的操作数都需要从寄存器文件(Register File,RF)中获得,原因是只有寄存器才能提供与算术逻辑单元电路相匹配的读写速度。但寄存器的硬件开销很高,一个寄存器文件只能配备几十到数百个寄存器,所以运行时需要在寄存器文件和主存储器之间反复地进行操作数的加载(load)和存储(store)操作,保证运算所需的操作数都能在寄存器中。由于主存储器的访问速度比寄存器文件慢几个数量级,访存操作往往会严重影响处理器的性能。

　　针对这一问题,引入了高速缓存(cache)结构,将主存储器中经常被访问的数据保留在片上供快速访问。高速缓存能够发挥其作用的原因在于,程序在执行过程中对数据的访问往往具有明显的时间和空间局部性,只要能够把常用的数据合理地保留在高速缓存中,就可以提高数据访问的速度,并减少对主存储器访问的次数。由于高速缓存往往采用读写速度更快的静态随机访问存储器(Static Random Access Memory,SRAM)来实现,且在物理距离上与运算器相近,所以高速缓存进行数据访问的时间开销相比于主存储器更低。然而,静态随机访问存储器集成密度低,其功耗较主存储器却大得多,使得高速缓存的容量仍远低于主存储器。依据高速缓存与运算器之间的距离,还可以将高速缓存细分为一级(L1)缓存、二级(L2)缓存等。一般而言,层次越低的缓存容量越大,但访问时间和性能代价也更高。

　　原始的操作数和代码存储在由磁盘或固态硬盘构成的外部存储器中,这类存储器容量大但访问速度很慢,构成了层次化存储系统中的最后一个层次。再次利用数据访问中呈现出时间和空间局部性特点,将数据和代码中常用的部分合理放置在主存储器中,可以降低对外部存储器的访问,获得更快的读写速度。目前主存储器大多由 DRAM 构成,其访问速度远比外部存储器快,但容量相对小一些。

　　综上所述,CPU 存储系统中广泛采用的层次化存储结构如图 4-1 所示,该结构为典型的"正三角"金字塔结构。不同存储介质有着不同的存储特性:顶部的存储介质离运算器近,速度快,但电路开销大,所以数量少,容量小;而底部的存储介质离运算器远,速度慢,但电路开销低,所以具有更大的容量。层次化的结构、合理的数据布局管理,为编程人员制造出存储系统容量又大速度又快的"假象",并在实际应用中成功地起到了加速数据访问的效果。

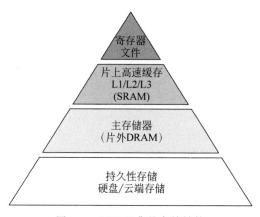

图 4-1　CPU 经典的存储结构

　　随着集成电路制程工艺的进步,现代 CPU 处理器普遍将运算器、控制器、寄存器文件、缓存等部件集成封装在一块芯片内。其中寄存器和多级高速缓存构成了片上存储系统,而以 DRAM 为主要介质的主存储器放置在芯片外部,构成了外部存储系统。它们往往通过高速芯片组和总线与处理器相连,与片上存储进行数据交互。更低速的存储设备则通过低速芯片组和 I/O 总线与高速芯片组相连,进而与处理器相连,实现数据交互。

4.1.2 GPGPU 的存储层次

与 CPU 存储系统结构类似,GPGPU 的存储系统也采用了层次化的结构设计,通过充分利用数据的局部性来降低片外存储器的访问开销。但为了满足 GPGPU 核心的 SIMT 大规模线程并行,GPGPU 遵循吞吐率优先的原则,因此其存储系统也与 CPU 有着明显区别。二者的差异主要体现在存储器容量、结构组成和访问管理上。

根据 2.3.1 节的介绍,CUDA 和 OpenCL 的编程模型将 GPGPU 的存储大致分为寄存器文件、L1 数据缓存/共享存储器、L2 缓存和全局存储器等。虽然各个层次与 CPU 中对应层次所采用的器件类型大体相同,但 GPGPU 中存储层次的设计与 CPU 却明显不同。从图 4-2(a)中可以看到,GPGPU 每个可编程多处理器中寄存器文件的容量显著高于 L1 缓存和共享存储器,呈现出与 CPU 截然相反的"倒三角"结构,这种"倒三角"结构是 GPGPU 存储系统的一个显著特点。图 4-2(b)具体展示了 NVIDIA 几代 GPGPU 中的寄存器文件、L1 缓存/共享存储器和 L2 数据缓存的容量对比。可以看到,寄存器文件占片上存储的比例很高。例如,在 Pascal 架构中,超过 60% 的片上存储容量都来源于寄存器文件,而且这种趋势并没有改变。虽然在 A100 GPGPU 中大幅增加了 L2 缓存的容量,但寄存器文件的占比仍然很高。

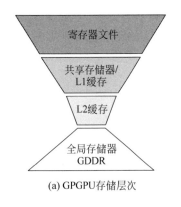

(a) GPGPU存储层次

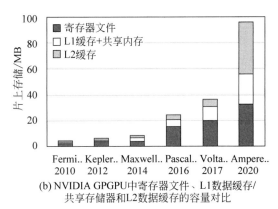

(b) NVIDIA GPGPU中寄存器文件、L1数据缓存/
共享存储器和L2数据缓存的容量对比

图 4-2 GPGPU 层次化存储概览

GPGPU 的寄存器文件采用如此大容量的设计,主要是为了满足线程束的零开销切换。3.4 节介绍了线程/线程束的调度,由于每个流多处理器能够同时支持的线程束数量很多,为了支持线程束的灵活切换以掩藏如缓存缺失等长延时操作,需要将活跃线程束的上下文信息,尤其是寄存器的内容都保存在寄存器文件中。如果寄存器资源减少,当线程的寄存器需求超过寄存器文件的物理容量时,则需要在全局存储器中分配一些局部存储空间给这些额外的寄存器使用,这种现象被称为"寄存器溢出"。寄存器溢出操作往往会导致性能下降,因此从性能方面考虑,GPGPU 不得不采取大容量的寄存器文件设计。当然在实际使用中人们发现,如此大的寄存器容量并不总是能够得到充分利用,会有许多空闲寄存器存在。本章的后续内容也将对这个问题进行深入探讨。

大容量寄存器文件设计带来的一个负面影响,就是可编程多处理器中 L1 数据缓存/共享存储器的容量被挤压,导致 L1 数据缓存不得不减少容量,很多时候就无法像 CPU 的大容量缓存一样对工作数据集起到充分的缓存作用。例如 NVIDIA V100 中每个流多处理器最多可以使用 128KB 的 L1 数据缓存容量。考虑到 L1 数据缓存会被可编程多处理器内的 2048 个线程共用,每个线程理论上只能分配到 64B,即 16B 节的空间。这对于缓存需求较高的通用计算,可能会带来严重的缓存容量缺失和冲突缺失等问题,导致性能大幅下降。本章后续内容也将对这个问题进行探讨。

GPGPU 片上存储所呈现的"倒三角"结构在 L1 和 L2 数据缓存之间也同样存在。大量的可编程多处理器共享一个 L2 缓存,使得 L1 数据缓存的总容量超过 L2 缓存。例如,在 V100 架构中,80 个可编程多处理器的 L1 数据缓存共计可达 10MB,其总容量远大于 L2 缓存的 6MB 容量,呈现出"倒三角"结构。这意味着 GPGPU 的 L2 缓存也不能像 CPU 中的大容量 L2 缓存那样,为每个可编程多处理器保留其工作集数据。这意味着 GPGPU 的缓存需要更为精细化的管理。虽然 A100 中的 L2 缓存大幅增加了容量,但考虑到大量可并行的线程,平均下来每个线程的缓存容量仍然十分有限。

除了容量上的差别,GPGPU 的访存操作呈现出高度并行化的特点。由于 GPGPU 以线程束为粒度执行,因此对每一个线程束的数据访问操作都会尽可能利用空间并行性来合并请求或广播所需要的数据,从而提高访问的效率。例如,L1 数据缓存和全局存储器的访问都有各自的地址合并访问规则,这往往需要硬件上配备专门的访问合并单元来支持线程访问请求的在线合并。

GPGPU 的访存行为还体现出更为精细的片上存储管理特点。GPGPU 可以选择共享存储器、L1 数据缓存、纹理缓存、常量缓存等不同的存储空间来存储数据,还可以在保证总容量不变的情况下灵活地调节共享存储器和 L1 数据缓存的大小。很多 GPGPU 还可以指定数据在 L1 数据缓存中的缓存策略。这些都让编程人员可以根据不同应用的特点实施更加精细化的存储管理。

随着每代 GPGPU 硬件的迭代,存储系统的架构也不断演变,因此很难给出一个具体的硬件结构描述,但大都符合 CUDA 和 OpenCL 编程模型中多种存储空间的抽象。本章从宏观上归纳了 GPGPU 存储系统的一些共有特点,从各部件本身的行为逻辑来理解 GPGPU 存储系统的工作模式。

4.2　寄存器文件

GPGPU 寄存器文件的大容量使得它与 CPU 的通用寄存器文件设计有所不同。本节将着重介绍 GPGPU 寄存器文件的组织和实现方式、SIMT 执行时操作数的存取方式及如何利用操作数收集器(operand collector)提高操作数的访问效率。

4.2.1 并行多板块结构

为了获取更高的寄存器存储密度,大容量的 GPGPU 寄存器文件多采用 SRAM 实现。由于 GPGPU 的主频往往只有 1GHz~2GHz,并没有桌面 CPU 那么高,因此 SRAM 的工作频率也可以满足要求。

除了容量的需求,GPGPU 的寄存器文件还需要高并行度和高访问带宽以满足线程束对操作数并行访问的需求。假设某个线程束正在执行一条融合乘加指令(Fused-Multiply-Add,FMA),32 个线程各自需要读取 3 个 32 比特的源寄存器,并将结果写入 1 个 32 比特的目标寄存器。为了能够保证一个周期完成读取和写回,要求寄存器文件每个周期至少提供 96 个 32 比特的读操作和 32 个 32 比特的写操作能力。然而,SRAM 的面积随着读写端口数目的增加而快速增大,巨大的面积使得 GPGPU 寄存器文件难以采用激进的多端口设计。为了减小 GPGPU 寄存器文件的面积并维持较高的操作数访问带宽,GPGPU 的寄存器文件往往会采用包含有多个板块(bank)的单端口 SRAM 来模拟多端口的访问。

图 4-3 展示了一个多板块组织的寄存器文件基本结构,其中数据存储部分由 4 个单端口的逻辑板块组成。由于寄存器操作数访问具有较高的随机性,这些逻辑板块采用一个对等的交叉开关(crossbar)与 RR/EX(register read/execution)流水线寄存器相连,将读出的源操作数传递给 SIMT 执行单元。同时,执行单元的计算结果将被写回到其中的一个板块。板块前端的访问仲裁器控制如何对各个板块进行访问及交叉开关如何将结果路由到合适的 RR/EX 流水线寄存器中。实际上,由于寄存器文件的总容量非常大,每个逻辑板块会被进一步拆分成更小的物理板块,以满足硬件电路对时序和功耗的约束。

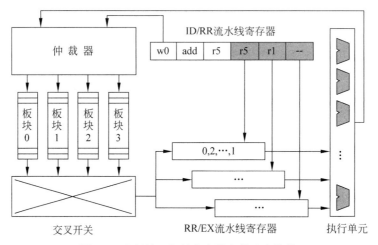

图 4-3 多板块组织的寄存器文件基本结构

那么,每个线程的寄存器是如何分布在多个板块中的呢? 在 NVIDIA 的 GPGPU 中,32 个相邻的线程按照顺序构成一个线程束,在没有发生线程分支的情况下,这 32 个线程的行为是一致的。因此,寄存器文件将 32 个线程的标量寄存器打包成线程束寄存器(warped register)进行统一读取和写入,每个线程束寄存器的数据位宽是 32 比特×32 个线程=1024 比特。假设每个线程束最多配备 8 个线程束寄存器($r0,r1,r2,\cdots,r7$),一种直接的分配方法就是将这 8 个寄存器依次分布到不同的逻辑板块中,不同的线程束采用相同的方式分配各自的寄存器,如图 4-4 所示。例如,线程束 w0 的 r0 寄存器被分配在板块 0 的第一个位置,w0 的 r1 寄存器被分配在板块 1 的第一个位置,依此类推。如果线程束需要的寄存器数目多于逻辑板块的个数,则循环分布。如 w0 的 r4 寄存器就安排在板块 0 的第二个位置。同理,w1 的 8 个寄存器也从板块 0 开始分布,占用每个板块中两行条目。

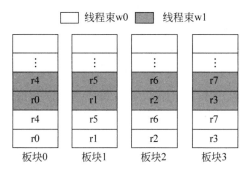

图 4-4 寄存器在多板块中的一种直观分布

在了解了寄存器文件的基本结构和寄存器分布方式后,这里以"add %r5,%r5,%r1"这样一条简单的 PTX 指令为例,分析寄存器的访问过程。例如,线程束 w0 执行到这条指令,它的 32 个线程读取和写入的具体过程如下。

(1) 将译码指令存入图 4-3 所示的 ID/RR(Instruction Decode/Register Read)流水线寄存器中。除译码指令外,该流水线寄存器还会记录当前指令的线程束 WID。WID 并非由指令译码得到,而是由可编程多处理器的线程束调度器给出。根据寄存器的分布规则,只有结合 WID 和具体的寄存器编号 RID 才能在寄存器文件的逻辑板块中定位一个寄存器条目。

(2) 仲裁器通过 ID/RR 流水线寄存器中的特定字段,获知该条指令所有源操作数的寄存器编号。按照给定的寄存器分布方式,线程束 w0 的 r5 和 r1 寄存器分别位于板块 2 的第二个位置和板块 1 的第一个位置。仲裁器将发送相应位置的读请求并打开对应的板块读取各自寄存器的值。

(3) 从打开的板块中读取 w0 的 r5、r1 寄存器值后,通过交叉开关将数据传送到合适的 RR/EX 流水线寄存器。图 4-3 中标识的三个 RR/EX 流水线寄存器代表一条指令最多有 3 个源操作数。在本例中,r5 被存入第一行的 RR/EX 流水线寄存器中。

(4) 所有源操作数都准备好后将指令送入 SIMT 单元执行。

（5）加法执行完成后寄存器写回。在仲裁器的控制下，32 个线程的执行结果统一写回到 w0 的 r5 寄存器中，即存放在板块 1 的第二个位置。

4.2.2　板块冲突和操作数收集器

寄存器文件虽然利用了多板块的结构提高了 GPGPU 寄存器的并行访问能力，但由于指令中寄存器的请求往往呈现随机性，不均匀的请求如果访问到同一板块，会导致单端口的逻辑板块很容易发生板块冲突（bank conflict）。发生冲突的板块此时只能串行访问，依次读出所需要数据，导致板块利用率下降，降低寄存器访问的效率。

图 4-5 通过一个具体的例子说明了这种情况。假设有两条指令 i1 和 i2，其中指令 i1 是一条乘加指令，其源寄存器是 r5、r4 和 r6，分别位于逻辑板块 1、0 和 2（图 4-5 中用"_"后面的数字表示）。指令 i2 是一条加法指令，其源寄存器均位于板块 1 的 r5 和 r1。图 4-5 中右上表格展示了各线程束指令发射的顺序。例如，周期 0 时线程束 w0 发出指令 i1，周期 1 时w1 发出指令 i2。但由于存在板块冲突，w2 要推迟 1 个周期直到周期 3 才能发出指令 i2，同理，w3 的指令 i2 也因板块冲突被推迟到第 6 个周期发射。图 4-5 底部展示了板块冲突的具体情况，周期 1 时，指令 i1 的三个源操作数寄存器 r4、r5、r6 分别位于不同的板块，因此 w0能够在当前周期同时取得这三个操作数。周期 2 时，由于 w1 中指令 i2 所需的两个源操作数寄存器 r5、r1 均位于板块 1 内，单端口板块只允许二者之一进行访问。假设 r1 先被访问，则 r5 的访问只能被推迟到周期 3 进行。此时，w0 的指令 i1 执行对 r2 的写回操作，由于与指令 i2 的读取操作不存在板块冲突，故两个操作可以同时进行。周期 4 时，w2 的指令 i2同样因为板块冲突而只能读取一个操作数，假设为 r1。周期 5 时，w2 指令 i2 的读取操作与w1 指令 i2 的写回操作在板块 1 上存在冲突，假设板块写操作的优先级高于读操作，那么w1 完成写回后才允许 w2 在下一个周期读取另一个操作数。以此类推，4 个线程束指令总共需要 9 个周期才能完成对操作数的读取，远远超过了理想情况的 4 个周期。主要原因就是频繁的寄存器板块冲突导致寄存器访问停顿。

		周期	线程束	指令
i1: mad r2_2, r5_1, r4_0, r6_2		0	w0	i1: mad r2_2, r5_1, r4_0, r6_2
i2: add x5_1, r5_1, r1_1		1	w1	i2: add r5_1, r5_1, r1_1
		3	w2	i2: add r5_1, r5_1, r1_1
		6	w3	i2: add r5_1, r5_1, r1_1

周期		1	2	3	4	5	6	7	8	9	10	11
板块	0	w0 i1:r4										
	1	w0 i1:r5	w1 i2:r1	w1 i2:r5	w2 i2:r1	w1 i2:r5	w2 i2:r5	w3 i2:r1	w2 i2:r5	w3 i2:r5		w3 i2:r5
	2	w0 i1:r6										
	3			w0 i1:r2								
操作		w0读操作数	w0执行w1读操作数	w0写回w1读操作数	w1执行w2读操作数	w1写回	w2读操作数	w2执行w3读操作数	w2写回	w3读操作数	w3执行	w3写回

图 4-5　寄存器文件的板块冲突示例

1. 操作数收集器

针对板块冲突导致的寄存器文件访问效率降低的问题，可以通过允许尽可能多的指令同时访问操作数,利用多板块的并行性提高来访问效率。这样即使板块冲突仍然存在,受益于寄存器访问的随机性,也可以重叠多条指令的访问时间,提高寄存器文件的吞吐量。基于这个思路,研究人员提出了操作数收集器的概念。图 4-6 展示了包含操作数收集器的寄存器文件结构,与图 4-3 所示的寄存器文件基本结构相比,关键变化在于流水线寄存器被操作数收集器取代。此时,每条指令进入寄存器读取阶段后都会被分配一个操作数收集单元。操作数收集器中包含多个收集单元,允许多条指令同时访问寄存器文件。这样即便存在板块冲突,由于多条指令包含了多个源操作数寄存器的访问请求,仍然可以充分利用寄存器文件多板块的结构特点,为寄存器访问提供板块级并行性,这样可以显著增加寄存器读写的吞吐率,提高寄存器的访问效率。

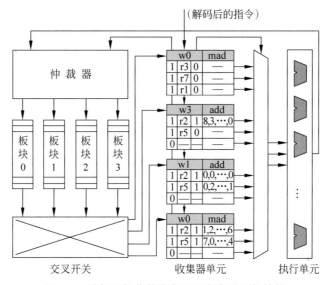

图 4-6　增加了操作数收集器的寄存器文件结构

操作数收集器往往包含多个收集单元,以便提高寄存器并行访问的可能性。每个收集单元包含一条线程束指令所需的所有源操作数的缓冲空间。如图 4-6 所示的寄存器文件中有 4 个收集单元。因为每条指令至多可以包含 3 个源操作数寄存器,所以每个单元设置有 3 个条目。每个操作数条目又包含以下 4 个字段。

(1)1 个有效位,表示指令中是否包含该操作数的请求。并非每条指令都有 3 个源操作数,因此可以利用有效位来标识这一信息。

(2)1 个寄存器 RID,如果有效位有效,那么寄存器 RID 就是该源操作数所在的寄存器编号。

(3)1 个就绪位,表明寄存器是否已经被读取,即后续操作数数据字段是否有效。

(4)操作数数据字段,每个操作数数据字段可以保存一个线程束寄存器,即 32 比特 × 32 个线程=1024 比特=128 字节的数据。

另外,每个收集单元还包括一个线程束 WID,用于指示该指令属于哪个线程束,与寄存器 RID 一起产生板块的访问地址。

这里以一条指令的执行过程为例分析操作数收集器的工作原理。当接收到一条解码指令并且有空闲的收集单元可用时,会将该收集单元分配给当前指令,并且设置好线程束 WID 及操作数条目内的寄存器 RID 和有效位。与此同时,源操作数寄存器读请求在仲裁器中排队等待。仲裁器包含了每个板块的读请求队列,队列中的请求保留到访问数据返回为止。寄存器文件中有 4 个单端口逻辑板块,允许仲裁器同时将至多 4 个非冲突的访问发送到各个板块中。当寄存器文件完成对操作数的读取并将数据存入收集单元的对应条目时,便可以修改就绪位为 1。最后,当一个收集单元中所有的操作数都准备就绪后,通知调度器将指令和数据发送给 SIMT 执行单元并释放其占用的收集器资源。

2. 寄存器的板块交错分布

一方面,操作数收集器本质上增加了访问需求,提高了寄存器并行访问的可能性;另一方面,利用 GPGPU 中线程束调度的特点可以有效地减少甚至避免板块访问的冲突。回顾 3.4 节,线程束调度的基本策略是轮询,这意味着只要线程束就绪,调度器就会尽可能选择不同线程束中相同 PC 的指令相继发射。这些相继发射的指令只有线程束 WID 不同,而寄存器 RID 却是相同的,因此可以通过改变线程束寄存器在板块内的分布规则来降低相继发射的指令间可能存在的板块冲突的风险。

如图 4-7 展示了寄存器随多板块交错分布的方式。相比原先将不同线程束相同编号的寄存器分配在同一板块的方式,新的寄存器分配方式将不同线程束同一编号的寄存器交错分布在各个板块中。如线程束 w0 的寄存器 r0 被分配在板块 0 中,而 w1 的寄存器 r0 分配在板块 1 中,这样如果 w0 和 w1 相继发射,它们仍然可以并行地从板块 0 和板块 1 中读取各自的寄存器 r0,消除了在访问相同编号寄存器时存在的板块冲突问题。这种将寄存器交错分配到不同板块的新规则有助于减少不同线程束指令间产生的板块冲突。当然,它并不能解决单一线程束指令在访问寄存器时发生的板块冲突。对于这种情形,可以要求编译器在进行寄存器分配时,尽可能避免同一线程束的指令使用相同板块的寄存器,也就是在程序执行前规避板块冲突的可能。

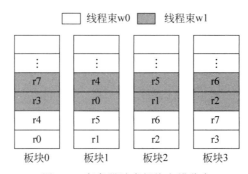

图 4-7 寄存器随多板块交错分布

结合操作数收集器和寄存器板块交错分布规则,并在消除单个线程束内寄存器板块冲突的情况下,再分析一下图 4-5 的例子。如图 4-8 所示,首先编译器通过将 i2 的 r5 寄存器重分配,消除同一个线程束内寄存器板块冲突的可能性。线程束 w0 的指令 i1 于周期 0 发出,线程束 w1~w3 的指令 i2 分别于周期 1~3 发出。注意到 i2 加法指令(w1:i2、w2:i2、w3:i2)的源操作数寄存器 r1 和目标寄存器 r5 总是处于同一板块内。不同于图 4-4 所示的寄存器布局,这里不同线程束寄存器访问不同的板块,有助于减少一个线程束寄存器写回时与其他线程束读取之间的板块冲突。比如在周期 4 时,w1 对寄存器 r5 的写回与 w3 对寄存器 r1 的读取及 w3 对寄存器 r2 的读取是并行的,而在图 4-4 所示的寄存器分布中,并行访问寄存器 r1 和 r5 会产生板块冲突。4 个线程束指令需要 4 个周期完成对操作数的读取,大幅提高了寄存器访问的效率。

周期	线程束	指令
0	w0	i1: mad r2_2, r5_1, r4_0, r6_2
1	w1	i2: add r5_2, r2_3, r1_2
2	w2	i2: add r5_3, r2_0, r1_3
3	w3	i2: add r5_0, r2_1, r1_0

```
i1: mad  r2, r5, r4, r6
i2: add  x5, r2, r1
```

周期		1	2	3	4	5	6
板块	0	w0 i1:r4		w2 i2:r2	w3 i2:r1		w3 i2:r5
	1	w0 i1:r5			w3 i2:r2		
	2	w0 i1:r6	w1 i2:r1	w0 i1:r2	w1 i2:r5		
	3		w1 i2:r2	w2 i2:r1		w2 i2:r5	
操作		w0读操作数	w0执行 w1读操作数	w1执行 w0写回 w2读操作数	w2执行 w1写回 w3读操作数	w3执行 w2写回	w3写回

图 4-8　利用操作数收集器和寄存器分布优化板块冲突现象

4.2.3　操作数并行访问时的相关性冒险

虽然操作数收集器改善了访问寄存器文件的并行性,但也可能由于数据相关性带来新的冒险。这是由于操作数收集器目前只考虑了数据访问的并行性,虽然不同指令会按顺序进入操作数收集器,但对寄存器的访问和指令的执行没有任何顺序的约束,因此可能违背相关性导致流水线冒险。例如,操作数收集器中某时刻恰好有同一线程束的两条指令,其中前一条指令读取的寄存器刚好是后一条指令将要写入的寄存器。一般来讲,第一条指令会先于第二条指令完成对寄存器的读取,所以不会因为 WAR 相关导致冒险。但假设第一条指令在访问源操作数寄存器时连续遭遇板块冲突,直到第二条指令完成执行并将结果写回时,第一条指令才读取了所需的寄存器,那么它读取的将是后一条指令已经更新过的值,此时发生了 WAR 冒险,导致功能不正确。对于另外两种数据相关性,即 RAW 和 WAW 相关则不会在操作数访问阶段发生,因为记分牌会在前一条指令完成对寄存器的写回操作后,才允许有数据相关性的后一条指令发射到流水线上执行。

针对操作数并行访问时产生的 WAR 冒险,可以有多种方案来避免。第一种保守的方案可以要求每个线程束每次最多执行一条指令,只有在当前指令完成写回后才能发射下一条指令。这种方式比较符合线程束轮询的调度策略,在某些情况下可能造成较高的性能损失。另一种方案可以要求每个线程束每次仅允许一条指令在操作数收集器中收集数据。由于前后两条相关指令在除操作数收集外的其他阶段还是可以并行的,减少了方案一中下一条指令的等待时间,因此对性能的影响相对较小。为了追求更低的性能损失,可以更准确地跟踪寄存器的读取和写回操作,直到前一条读取完成才允许后续指令的发射或写回,例如采用读写屏障的控制,或采用一些其他形式的跟踪机制,以更大的开销换取性能。

4.2.4 扩展讨论:寄存器文件的优化设计

GPGPU 存储层次的"倒三角"结构是实现高线程并行度的一个关键的设计:每个可编程多处理器中拥有大容量的寄存器文件,可以容纳大量的活跃线程。当线程进入长延时操作时,可以迅速切换线程束来掩盖延时。然而,大容量寄存器文件面临着诸多设计挑战。例如,根据文献[17] 所给出的数据,GPGPU 中寄存器文件的功耗占比有时会与全局存储器的功耗占比相近。那么如何降低功耗、优化访问延迟、平衡带宽,这些问题对于寄存器文件的设计和 GPGPU 的性能来说都至关重要。

1. 增加前置寄存器文件缓存的设计

大容量的寄存器文件带来了较高的寄存器访问功耗。通过对视频、图像、仿真和高性能计算等应用中寄存器读写次数和间隔时间的分析发现,高达 40% 的寄存器数据只被读取一次(流式访问),而且这些数据往往会在产生后的 3 条指令范围内被读取,如图 4-9 所示。这些数据的生命期很短且复用次数很低,所以将它们写入大容量的寄存器文件中再读取出来会浪费较高的能量。因此,人们再次试图利用数据的局部性原理,通过增加缓存结构来降低寄存器读写的功耗。为此,文献[18] 提出前置一个小容量的寄存器文件缓存(Register File Cache,RFC)来捕捉这些短生命周期的数据,从而过滤掉大部分对原有的主寄存器文件(Main Register File,MRF)的访问。

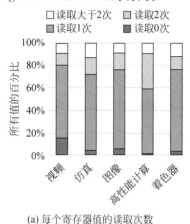

(a) 每个寄存器值的读取次数

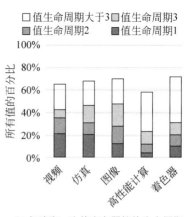

(b) 仅读取一次的寄存器值的生命周期

图 4-9　五种典型应用中 GPGPU 寄存器的读取次数和生命周期的统计

RFC 的工作原理如下：待写回的目的寄存器首先会被写入 RFC 中，等待后续寄存器的读取操作。根据前面的实验分析，大部分目的寄存器会在较短的时间内仅有 1 次后续的读操作，因此可以通过 RFC 满足这部分读操作请求。只要是缓存机制就会有访问缺失的情况，RFC 的下一级存储就是 MRF，因此未命中的源操作数还是会从 MRF 中读取，并完成 RFC 条目的替换。默认情况下，RFC 中替换出的寄存器值都需要写回到 MRF 上。为了减少一些不必要的写回操作，该文献提出采用编译时产生的静态寄存器活性信息（static liveness information）来辅助 RFC 的写回操作。在 RFC 中，已经完成最后一次读取的寄存器将被标记为死寄存器（dead register），在发生替换操作时无须将其写回 MRF 中。

为进一步减小 RFC 的大小，该文献提出了两级线程调度器，将线程划分为活跃线程和挂起线程。例如，每个可编程多处理器上仅有 4~8 个线程束被设为活跃线程束。在 RFC 的设计中，只有活跃线程才拥有 RFC 资源，并且通过两级调度器尽可能反复调度，以提高 RFC 的周转速率，减少 RFC 的更新开销。若一个活跃的线程束遇到长延迟操作，比如全局存储器加载或纹理读取，其将从活跃状态挂起，且该线程束在 RFC 中所分配的条目也会被刷新。之后两级调度器会从挂起线程束中选择一个已经准备就绪的线程束，使其变为活跃状态。

图 4-10 展示了一个可编程多处理器修改前后微架构的对比示意图。RFC 通过为寄存器文件增加局部性缓存带来了多方面的好处。例如，通过减少对 MRF 的访问来减少能耗。对各种图形和计算工作负载的实验表明，通过为每个线程束配备仅 6 个条目的 RFC 就可以分别减少 50% 和 59% 的 MRF 读和写操作。由于 RFC 在物理上比 MRF 更接近执行单元，

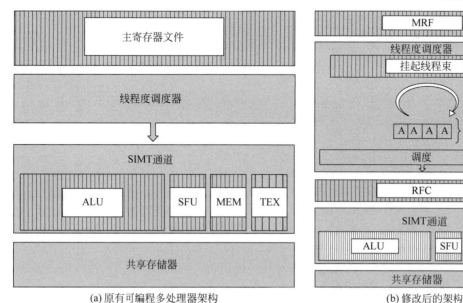

(a) 原有可编程多处理器架构　　　　　　(b) 修改后的架构

图 4-10 基于 RFC 的可编程多处理器微架构设计对比

所以可以减少操作数传递的能耗。另外，RFC 还可以减少对 MRF 带宽的要求，减少 MRF 板块冲突的可能性，从而对性能也有积极的影响。

2. 基于嵌入式动态存储器的寄存器文件设计

传统的寄存器文件是基于 SRAM 设计的。在 GPGPU 架构中，大容量的 SRAM 寄存器文件使得面积成本和能耗成为瓶颈。那么是否有更经济的存储单元来解决这一问题呢？文献[19]提出了利用嵌入式动态随机访问存储器(embedded-DRAM，eDRAM)作为中寄存器文件单元器件的另一选择。如图 4-11 所示，相比于一般的 SRAM 单元至少需要 6 个晶体管且存在较高的静态功耗，eDRAM 提供了更高的存储密度和更低的静态功耗。同时 GPGPU 的工作频率一般只有 1GHz 左右，并没有 CPU 那样高，因此 eDRAM 的速度基本可以满足需求。容量大、速度要求不高的特点，使得基于 eDRAM 的寄存器文件设计在 GPGPU 架构中更具有吸引力。

如图 4-11(b)所示，eDRAM 采用栅极电容来存储数据，与 DRAM 类似，面临有限的数据保留时间(retention time)问题。一般来说，采用 eDRAM 的存储单元其数据保留时间为几微秒，远低于一个 DRAM 板块标准的 64ms 数据保留时间。因此，为了保持存储单元的数据完整性，eDRAM 需要更为频繁的周期性刷新操作。一种直接的解决方案就是采用计数器记录 eDRAM 寄存器文件的保留时间，在保留时间到来之前完成所有寄存器的刷新。然而在刷新期间整个寄存器文件将被锁定，不能进行寄存器访问直到刷新完成。这种刷新方式会占用正常的运行周期，大大降低性能。另外，温度和工艺变化也会对保留时间产生不利影响，使这种均一化的刷新方法需要按照最差情况进行工作。所以，刷新操作成为 eDRAM 作为片上存储设计的主要障碍。

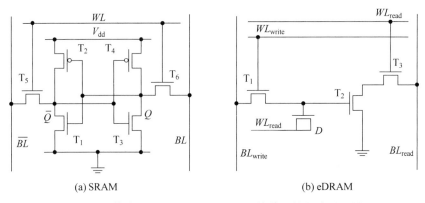

(a) SRAM   (b) eDRAM

图 4-11   传统的 SRAM 和 eDRAM 比特单元的电路原理图

该文献提出可以利用寄存器文件多并行板块结构这一特性，采用智能刷新策略来隐藏刷新开销。寄存器文件往往采用多板块结构来模拟多端口，并通过寄存器排布将对多个访问分布到不同的板块中。这种方式虽然有效，但由于板块冲突问题，多板块不能完全模拟多端口寄存器文件。比如一条指令中的两个源操作数均位于同一板块中，将会造成一个周期的指令停顿,称为板块气泡(bank bubble)。在这一气泡周期中,其他的板块可能是空闲的,为刷新提供了时机。另外调度器不能发射或指令中寄存器访问未满载时,气泡也可能发生。基于这一观察,该文献提出了一种细粒度刷新策略。如图 4-12 所示,每个寄存器与一个刷新计数器相关联。当检测到一个气泡时,刷新生成器随机选择该板块中的一个计数低于预设阈值的寄存器条目进行刷新。不同板块的寄存器条目可以同时刷新,但同一板块中多个满足条件的寄存器条目只能选择其中一个进行刷新,并重置该计数器。若较长时间内没有气泡且存在即将到期的计数器值,会强制对整个板块进行刷新,以保证数据的完整性。

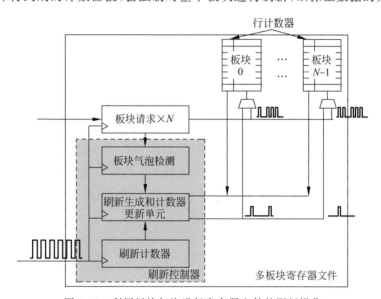

图 4-12　利用板块气泡进行寄存器文件的刷新操作

考虑到用 eDRAM 替换 SRAM 所减少的面积,增加这些计数器并不会增加总的寄存器文件面积,可以利用写操作对寄存器的天然刷新,减少盲目刷新的次数。因此,该文献所提出的刷新方法并不会给寄存器文件带来太大的影响,达到与 SRAM 寄存器文件相当的性能,并提供更低的总能耗和总面积。同时,该方法还可以拓展到其他片上存储设计,例如文献[20]就将该方法拓展到 L1 缓存和共享存储器设计并取得了类似的效果。更为重要的是,该文献首次提出利用新型存储器件来改良 GPGPU 寄存器文件的设计,打破了一直以来采用 SRAM 进行片上存储设计的固有思路。基于这一创新,后续涌现了大量类似的研究,利用不同的存储器件,如 STT-RAM、racetrack memory、Carbon Nanotube Field-Effect Transistor(CNFET)或混合结构来改良寄存器文件或其他大容量片上存储的设计。

3. 利用数据压缩的寄存器文件设计

在存储系统中,采用数据压缩技术可以降低数据传输时的带宽需求和能量消耗。能否将压缩技术应用于 GPGPU 的寄存器文件呢？文献[24]探索了一种基于线程束的寄存器压缩方案来减小整个寄存器文件的能耗。

一系列实验结果表明,相邻线程寄存器数值之间存在很强的"值相似"特性,即一个线程束内所有线程所读写操作数的值差别较小。尤其当线程束执行非分支代码时,这种值相似性就更为突出。GPGPU 中这种相似性源于以下两个因素。

(1) GPGPU 程序中许多局部变量都是通过线程 ID 生成的,而一个线程束中连续线程的线程 ID 仅相差 1,因此用于存放数组访问地址的寄存器具有很强的值相似性。

(2) 运行时输入数据的动态范围可能很小,会带来值相似性。

代码 4-1 显示了路径查找(pathfinder)内核函数的代码片段,说明了这种现象存在的原因。其中一些局部变量在所有线程中非常相似甚至相同。如第 6 行的 bx 是固定的线程块 ID,而 tx 是线程 ID。还有一些局部变量主要是用常量来计算的,如第 7 行上的 small_block_cols 使用 BLOCKSIZE 和 HALO 常量值计算,iteration 是每次调用 pathfinder_kernel 时固定的输入参数值。pathfinder 的输入数组,即第 15~17 行的 prev[]和第 21 行的 wall[],都具有非常窄的动态范围(0~9)。因此,存储诸如 left、up、right、short 等变量的寄存器表现出很强的值相似性。经统计,在若干 GPGPU 基准测试中没有分支的执行阶段,平均 79% 的线程束表现出很强的值相似性,一个线程束中所有 32 个线程同一寄存器值之间的差值可以用两字节表示。而在分支执行的情况下,这种值相似性就会减弱很多。

代码 4-1　内核函数 Pathfinder 的代码片段

```
1       # define IN_RANGE(x, min, max) ((x)>=(min) && (x)<=(max))

2

3       __global__ void pathfinder_kernel(int iteration, …)

4       {

5           ……

6           int tx = threadIdx.x; int bx = blockIdx.x;

7           int small_block_cols = BLOCKSIZE−iteration * HALO * 2;

8           int blkX = small_block_cols * bx−border;

9           int xidx = blkX+tx;

10          ……

11          for (int i=0; i<iteration; i++) {

12              computed = false;

13              if (IN_RANGE(tx, i+1, bLOCKSIZE−i−2) && isValid) {

14                  computed = true;

15                  int left = prev[W];

16                  int up = prev[tx];

17                  int right = prev[E];

18                  int shortest = MIN(left, up);

19                  shortest = MIN(shortest, right);

20                  int index = cols * (startStep+i) + xidx;
```

```
21              result[tx] = shortest + wall[index];
22              ......
23          }
24      }
25  ......
26  }
```

利用这种值相似性,该文献提出一种低开销且实现高效的 Base-Delta-Immediate(BDI)
压缩方案来实现线程束寄存器的压缩和解压缩设计。BDI 压缩方案理论上十分简单,每次
选择线程束中一个线程寄存器值作为基值(base),计算其他线程寄存器相对于这个基值的
差值(delta),这个小的差值就可以使用更少的比特来表示,从而达到压缩目的。文中根据
数据统计,提出三种压缩策略:<4,0>、<4,1>、<4,2>。第一个参数表示存储基值所用字
节数,第二个参数表示存储差值所用字节数。因此,每个线程束需要一个 2 比特的压缩指示
来表明指定的线程束寄存器采用的是哪种压缩选择或并未被压缩。

基于 BDI 压缩的寄存器文件整体结构如图 4-13 所示。当执行单元向寄存器文件写回
数据时,压缩单元被激活执行压缩;当操作数收集器请求寄存器文件时,解压单元被激活。
在<4,0>、<4,1>或<4,2>三种压缩选择下,本来需要 128B 存储的线程束寄存器数值,现
在仅分别需要 4、36 或 68B 来存储。因此通过压缩寄存器值,每次对线程束寄存器的访问
都会激活更少的板块,将导致动态功耗的降低。因为使用较少的板块来存储寄存器内容,所
以可以通过对未使用的板块进行门控来减少泄漏功耗。实验结果表明,采用该压缩方案的
寄存器文件在性能损失至多 0.1% 的情况下,平均可以节省 25% 的寄存器文件访问能耗。

4. 编译信息辅助的小型化寄存器文件设计

为进一步降低大型寄存器文件所带来的巨大功耗和面积开销,文献[25] 提出小型化的
寄存器文件设计方案,简称 Regless。为达到这一目标,它充分利用编译器提供的辅助信息,
使运行时寄存器文件只需要维护一段代码中所必需的少量寄存器,即可大幅度地缩减物理
寄存器容量进而优化功耗和面积。

该文献将 GPGPU 程序中所使用的寄存器分为两类:中间寄存器和长时间寄存器。内
核函数编译后的指令中存在着大量的中间寄存器。例如,在对某个表达式进行计算时,中间
结果所用的寄存器就是一次性寄存器,而另一些中间寄存器则是与程序控制相关的,例如程
序中循环时所用的寄存器,在循环完成后这个寄存器就不再被引用。与之对应,作为数值输
入的寄存器与存放结果的寄存器往往会作为长时间寄存器。这样的寄存器所占用的物理资
源不能直接被其他寄存器覆写。其实这两种寄存器的定义与前面的分析类似。

由于存在着大量的中间寄存器,GPGPU 程序中一段时间内活跃使用的寄存器数量便
只是整个寄存器用量中有限的一部分。因此,该文献提出维持一块小容量的 OSU 单元
(operand staging unit)代替大容量的寄存器文件。通过对 GPGPU 程序进行合理的划分,
使得跨程序执行区域的寄存器数量尽量少,区域内所需要的寄存器会被及时地送至 OSU

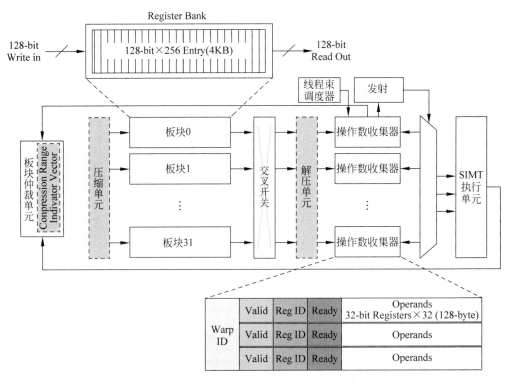

图 4-13　基于 BDI 压缩的寄存器文件整体结构

中。多数的寄存器其实仅在一个区域内有效,当该区域执行完毕后,原先存储该寄存器的空间可以被直接用来存储其他寄存器。为此,该文献提出了自己的编译器,给出了其分段算法与编译器生成的提示信息内容,帮助硬件对寄存器完成实际的复用与管理。

Regless 设计只维持一小部分逻辑寄存器的分配,存在寄存器换入换出的过程。例如,当线程束由某个代码区域 1 执行到区域 2 时,区域 1 中所有的"跨区域"寄存器会被标记为"evict"寄存器,被换出至下一级存储才能被重复使用。区域 2 所需要的寄存器会由区域 2 通过"preload"标记将这部分寄存器提前置入物理寄存器中。针对区域内的一次性寄存器,可直接写入使用。如果某个寄存器在区域 1 执行完成后不再被后续的所有区域引用,它会被编译器注释"erase"信息,指示这个寄存器不用再被保留。为了使得换入换出时带宽更低,Regless 还引入了数据压缩单元。

对比 Regless 和文献[18],可以认为 Regless 所提出的设计是由编译信息辅助的 RFC,或是寄存器文件的共享存储器,因为共享存储器就是由编程人员显式管理的缓存。合理的区域划分、编译信息标注和预取等技术,可以确保运行时各个区域所需要的寄存器总是保留在 OSU 中,从而省去寄存器文件。相对复杂的数据管理,在不损失性能的同时,可以达到降低功耗和面积开销的设计目标。

4.3　可编程多处理器内的存储系统

由 2.5.1 节对 PTX 指令的介绍可知,PTX 指令采用精简指令集设计,在 GPGPU 访问寄存器之前,需要将数据从存储器读取到寄存器中,该操作需要一条加载指令来实现。当运算完成后,最终的结果将被写回到全局存储器中,该操作通常由一条存储指令来完成。这些指令通过 GPGPU 的存储系统完成。

本节将围绕这些指令的数据通路,按照从核心到外围的顺序展开,介绍 GPGPU 从内部寄存器到外部存储器之间的整条数据通路是如何工作的。

4.3.1　数据通路概述

虽然 GPGPU 的每个可编程多处理器中都配备了大容量寄存器文件,通过线程束的零开销切换来掩藏访存长延时,但是在通用计算背景下,GPGPU 仍然需要借助高速缓存来进一步降低访存延时,减少对外部存储器的访问次数,因此高速缓存对 GPGPU 的处理性能也有着十分重要的影响。事实上,NVIDIA 从 Fermi 架构全面支持 CUDA 开始,高速缓存就被引入可编程多处理器的架构中,成为整个存储体系中重要的组成部分。

与此同时,GPGPU 架构的特点使得高速缓存的设计不同于传统 CPU。在 GPGPU 中,缓存根据其所处的层次分为可编程多处理器内局部的数据缓存,如 L1 数据缓存和可编程多处理器外共享的数据缓存,如 L2 缓存。L1 数据缓存的容量相对较小,但其访问速度很快;L2 缓存作为低一级的存储设备,为了"捕获"更多的访存请求,其容量较 L1 缓存大很多。L1 数据缓存的一个显著特点是它可以与共享存储器(CUDA 中称为 shared memory,OpenCL 中称为 local memory)共享一块存储区域。例如,在 NVIDIA V100 中,L1 数据缓存与共享存储器共享 128KB 缓存容量,可以通过专门的 API 函数,如 cudaFuncSetAttribute(),对给定的内核函数设置可以使用的共享存储器容量为 0、8、16、32、64 或 96KB,此时 L1 数据缓存的容量为 128KB 减去共享存储器大小的余量。此外,GPGPU 中还有纹理缓存(texture cache)和常量缓存(constant cache)。

共享存储器是可编程多处理器内部特有的一块存储空间。编程人员以 SIMT 模式进行编程时,线程针对自己所拥有的数据独立地进行运算。如果线程之间需要进行数据交互或协作,可以通过所有线程可见的全局存储器来完成,不过这会极大地降低指令吞吐率。因此,共享存储器首要解决的问题就是为线程块中所有线程提供一块公共的高速读写的区域,以便线程间进行数据交互或协作。这块存储区域由编程人员显式管理,以避免硬件的透明化操作。比如进行数据归约运算时,如果没有共享存储器,线程间数据交互只能借助全局存储器,会增加很多时间和性能上的开销。当加入共享存储器后,线程无须将数据写入全局存储器,只需要以较低的代价把数据写入共享存储器即可。共享存储器提供的高速访问能力还提高了线程间数据通信的带宽。当进行矩阵分块乘法运算时,线程间可以复用同一块数据,从而有效节省了带宽。从某种意义上来讲,共享存储器像是一种可编程的 L1 缓存或便签式存储器(scratchpad memory),为编程人员提供了一种可以控制数据何时寄存在可编程多处理器内的方法。由此看来,共享存储器和 L1 数据缓存在硬件上共享同一块存储空间是合理的。

从硬件架构角度分析,L1 数据缓存/共享存储器由多板块 SRAM 阵列构成,其中每个板块具有自己的读写端口,因此 L1 数据缓存可以方便地与共享存储器共用一块硬件结构。图 4-14 展示了 NVIDIA GPGPU 中 L1 数据缓存/共享存储器统一的结构和数据通路。图 4-14 中部件❺为二者共用的 SRAM 阵列,根据控制逻辑进行配置,可以实现一部分是数据缓存,另一部分是共享存储器的访问方式。在文献[9]的研究中,SRAM 阵列由 32 个板块构成,每个板块的数据位宽为 32 比特,支持一读一写操作。此外,各板块内配备了地址译码器,允许 32 个板块独立地进行访问。对 Fermi、Kepler、Maxwell 等架构的 GPGPU 进行分析和研究表明,L1 数据缓存多为 4 路组相联结构。现代 GPGPU 中 L1 数据缓存设计与CPU 基本类似,其基本结构和术语在文献[10] 中有详细的介绍,这里不再赘述。

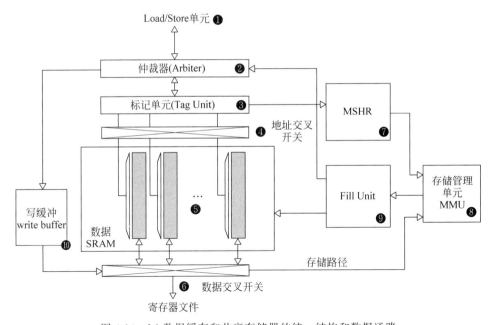

图 4-14　L1 数据缓存和共享存储器的统一结构和数据通路

4.3.2　共享存储器访问

为便于理解共享存储器的工作原理,本节将以共享存储器读取指令 LDS Rdst,[addr]为例,分析共享存储器的工作过程。在该指令中,32 个线程根据各自的地址从共享存储器加载数据到相应的线程寄存器中,其中[addr]是每个线程要访问的共享存储器地址。

1. 地址合并规则

图 4-15 展示了数据是如何存储在共享存储器中的。一组包含 128 个整型(4B/整型)数

据的向量依次存储在 32 个板块中,这意味着同一行内相邻板块间的地址是连续的,符合共享存储器的设计初衷。通常情况下,相邻线程一次读写的数据在空间上也是临近的,地址在板块间的这种分布方式允许一个线程束的 32 个线程一次读写所需的全部数据,充分利用了32 个板块提供的访问并行度。

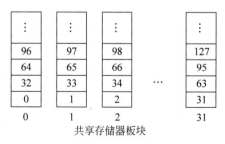

共享存储器板块

图 4-15 一组包含 128 个整型数据的向量在共享存储器中的分布

在共享存储器地址分布的基础上,考虑到"LDS Rdst,[addr]"指令中每个线程的[addr]都是独立计算的,那么 32 个线程在访问 32 个板块时就会产生 32 个地址。这些地址可能是规则的线性地址,也可能是无规则的随机地址,总结起来包括以下两种可能。

(1) 32 个线程的地址可能分散在 32 个板块上,也可能指向同一个板块的相同位置。

(2) 32 个线程的地址分别指向同一个板块的不同位置。

前者在访存中利用了不同板块的访问并行性,故称为无板块冲突访问;后者的请求都落在了同一个板块上,因此称为有冲突访问,具体情况如图 4-16 所示。

图 4-16 给出的三种情况分别是:图 4-16(a)线程束中 32 线程依次访问 32 个不同的板块;图 4-16(b)线程束中 32 个线程访问同一个板块的同一行;图 4-16(c)和(d)线程束中 32个线程访问的目的地址中,有若干线程访问了相同板块的不同行。显然,前两种是最理想的情况。因为对于图 4-16(a)意味着 32 个板块可以一次完成所有 32 个线程的访问;图 4-16(b)意味着通过广播操作可以一次性满足所有线程的访问;对于图 4-16(c)和(d),因为每个板块只有一个读写端口,落在相同板块不同位置的 k 个线程需要对该板块进行 k 次串行访问,显著增加了指令的访问延迟,产生了有冲突访问。

接下来,先介绍无冲突访问的过程,再介绍有冲突访问是如何处理的。

2. 无板块冲突的共享存储器读写

首先,无论是何种访存指令,都是从指令流水线的 Load/Store 单元❶开始的。共享存储器指令从发射到 Load/Store 单元❶开始执行,该指令实际上是一个线程束内 32 线程的访存指令集合,主要包含操作类型、操作数类型和 32 个线程指定的一系列地址等信息。

其次,Load/Store 单元会识别请求和地址信息。如果根据指令类型识别出它是共享存储器的访问请求后,Load/Store 单元会判断独立的线程地址之间是否会引起共享存储器的板块冲突。如果不会引起板块冲突,那么仲裁器会接受并处理这部分访存请求,并控制地址交叉开关的打开与关闭。如果引起板块冲突,则会触发额外的冲突处理机制。

然后,共享存储器的访问请求会绕过标记单元(tag unit)❸中的 tag 查找过程,因为共

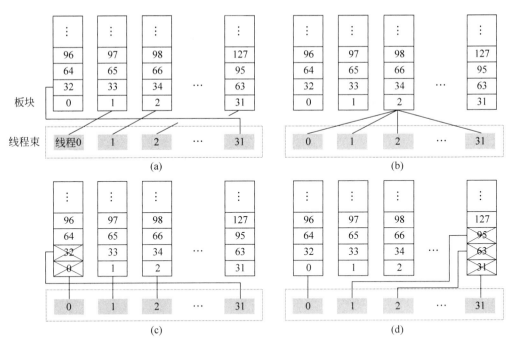

图 4-16　线程束的 32 个线程访问共享存储器时可能出现的情况

享存储器的地址实际上是直接映射的,而且是由编程人员显式控制的。与此同时,Load/
Store 单元会为寄存器文件调度一个写回操作,因为在不发生板块冲突的情况下,固定流水
线周期后 Load/Store 单元就会占用寄存器文件的写端口。

最后,SRAM 阵列❺会根据地址交叉开关❹传递过来的地址,打开被请求的板块来服
务给定地址的数据请求。由于每个板块都有各自独立的地址译码器,所以理论上 32 个板块
可以独立访问。如果是读请求,则对应板块返回请求的数据,经由数据交叉开关❻写回到每
个线程的目标寄存器中;而如果是写请求,共享存储器的写指令会将待写入的数据暂存在
写入缓冲区❿中。经过仲裁器的仲裁,控制相应数据通路将数据通过数据交叉开关❻写入
SRAM 阵列❺中。

3. 有板块冲突的共享存储器读写

对共享存储器的读写可能会产生板块冲突,因此 GPGPU 设计了基于重播(replay)机
制的共享存储器读写策略,具体机制如下。

当仲裁器识别到访存行为存在板块冲突时,仲裁器会对请求进行拆分,如图 4-16(c)所
示,拆分的结果是将线程请求分为两个部分:第一部分是不含板块冲突的请求子集,本例中
为前 31 个线程的请求;第二部分包括了其余的请求,本例中为最后一个线程的请求。第一
部分的请求可以按照无板块冲突过程正常完成,第二部分的请求,一种方式是退回指令流水
线要求稍后重新发射,类似于一种重播。需要重播的指令可以保存在流水线内的指令缓存
中。这样做的优点是复用了指令缓存,缺点在于占用了指令缓存,也可能还需要重新计算地

址等。另一种方式可以在 Load/Store 单元中设置一块小的缓存空间来暂存这些指令,没有占满就可以接管这些发生冲突的请求进行重播。如图 4-16(d)所示,对共享存储器的访问请求会在某个板块产生两个以上的同时访问请求,即第二部分中的访存请求中仍然包含板块冲突,那么会再度利用重播机制进行处理。

由此看出,发生板块冲突时,共享存储器的访问操作会被串行化。有研究针对 NVIDIA 不同的 GPGPU 共享存储器的访问延时进行了测试分析。如图 4-17 所示,共享存储器的访问时间可能会随不同 GPGPU 架构而变化,但总体趋势是随着冲突情况的加剧而显著增加,影响 GPGPU 的性能。由于共享存储器是由编程人员显式管理的,所以要求编程人员充分了解共享存储器的访问特点和开销,并利用错位存放\读取等编程手段消除或缓解板块冲突对性能带来的不利影响。

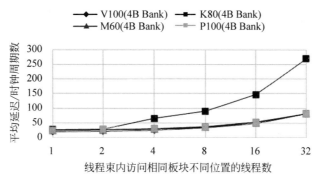

图 4-17 共享存储器访问延时随板块冲突情况的变化

4. 共享存储器的数据通路

虽然共享存储器为线程块内部线程提供了数据交换的便捷方式,但是共享存储器初始数据的加载通路在一些 GPGPU 架构中并不便捷。例如,在 NVIDIA 前几代 GPGPU 架构中,编程人员为了使用共享存储器,首先需要声明诸如 __shared__ A[]数组,接着将全局存储器的数据显式复制到 A 数组中,最后 CUDA 代码中的线程才可以访问 A。这个过程看似简单,但从数据通路上看则跨越了多个存储层次。从编译出的指令来看,还需要下面两条指令的配合才能完成 A 中数据的加载:

```
LDG Rx,[addr]        /* 从全局地址 addr 读取数据到寄存器 Rx 中 */
STS[addr],Rx         /* 从寄存器 Rx 读取数据写入共享存储器地址 addr 中 */
```

此过程需要利用寄存器 Rx 作为媒介才能完成。从硬件上看,这个过程更加漫长。如图 4-18 左侧所示,LDG 指令需要从全局存储器开始读取数据,经历 L2 缓存、L1 缓存等多个存储层次,最终写入寄存器中来完成 LDG 指令。接着,STS 指令从寄存器中读出刚才的数据,再写入共享存储器中。后续线程需要共享存储器进行计算时,再次从共享存储器读取到寄存器中,A 数组才可参与计算。这个过程共计跨越 4 个存储层级,中间需要多次读操作和写操作来完成共享存储器的加载。同时,由于共享存储器需要通过寄存器作为媒介,而高速缓存一般都会采用包含性的设计,部分数据可能还会留存在 L1 高速缓存中,浪费了宝贵的片上存储空间。在某些带宽和延时要求比较高的场景中,例如使用张量核心单元进行矩阵乘法运算时,会降低整体的吞吐效率。

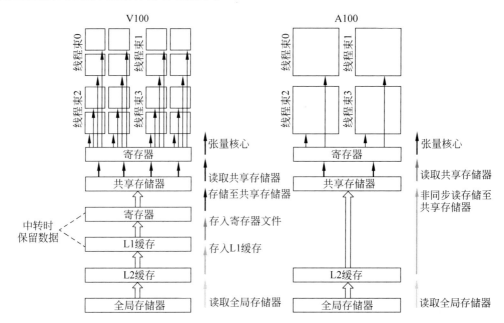

图 4-18　共享存储器的数据通路

NVIDIA 的 Ampere 架构对这一路径进行了优化,重新设计了全局存储器到共享存储器的通路。如图 4-18 右侧所示,采用新的共享存储器加载指令:

```
LDGSTS.E [dst][src]        /* 从全局地址 src 读取到共享存储器地址 dst 中 */
```

直接从全局存储器加载数据,只需要 1 条指令即可完成,不需要寄存器作为中介,跳过了 L1 缓存,大大节省了共享存储器的加载开销。当然,如同原有的共享存储器加载需要线程同步指令一样,新的共享存储器复制也需要专门对线程块中的线程进行显式的同步,直到所有的线程束都将数据加载到共享存储器之后再进行计算。

4.3.3　L1 高速缓存访问

本节将重点介绍可编程多处理器如何通过 L1 数据缓存完成对全局存储器的访问。

1. L1 数据缓存的读操作

在 GPGPU 的可编程多处理器中,L1 数据缓存行的大小通常被设定为 128 字节。这个大小刚好与共享存储器的访问宽度相匹配,即图 4-14 的 SRAM 阵列❺一行的宽度,为与共享存储器共用统一结构提供了便利。

分析读指令 LDG Rx,[addr]执行过程中对 L1 数据缓存的访问。首先,L1 数据缓存的访问从指令发射到 Load/Store 单元❶，Load/Store 单元对地址进行计算，把整个线程束的全局访存请求拆分成符合地址合并规则的一个或多个访存请求交给仲裁器。接着，仲裁器可能会接受这些请求进行处理，也可能因为处理资源不足而拒绝这些请求。例如，当 MSHR 单元❼没有足够的空间或缓存资源被占用时，Load/Store 单元会等待，直到仲裁器空闲下来处理这个请求。如果有足够的资源去处理该访存指令，仲裁器会在指令流水线中调度产生一个向寄存器文件的写回事件，表示在未来会占用寄存器文件的写端口。

同时，仲裁器会要求标记单元(tag unit)检查缓存是否命中。如果命中，则会将数据阵列中所需要的数据从所有板块中取出，稍后写回寄存器文件。如果未命中，仲裁器可以采用重播策略，告知 Load/Store 单元保留该指令。这种情况下，仲裁器会将访存请求写入 MSHR 单元，让 MSHR 进一步处理与下一级存储层次的交互。如果缓存空间不足，未命中的读请求需要进行替换操作。如果被替换数据为脏数据，还需要先将脏数据写回。这一过程与传统 CPU 缓存的读缺失操作类似，这里不再赘述。

GPGPU 中 MSHR 的功能与 CPU 类似，支持缺失期间命中(hit under miss)或缺失期间缺失(miss under miss)操作，实现了非阻塞缓存功能。在没有 MSHR 的流水线中，如果发生缓存缺失，Load/Store 单元向下一级存储发出数据请求，在下一级数据返回、写入缓存、置位等操作过程中流水线都会被阻塞，直到重播指令在其请求数据获得命中，流水线才能继续执行。MSHR 则提供了非阻塞式处理缓存缺失的处理机制和结构。它通过额外的硬件资源记录并追踪发生的缓存缺失信息，记录所请求的地址、字的位置、目的寄存器编号等。利用 MSHR 机制和结构还可以实现地址合并，减少对下一级存储层次的重复请求等。MSHR 优化了流水线中对缓存缺失的处理，获得访存操作的并行化。

经过 MSHR 处理后的外部访存请求被发送至存储管理单元(Memory Manage Unit, MMU)❽，进行虚实地址转换产生实地址，通过网络传递给对应的存储分区单元(memory partition unit)来完成数据读取并且返回。

数据从下一个存储层次返回可编程多处理器时仍然经过 MMU❽处理，根据 MSHR❼中预留的信息，如等待数据的指令、待写回的寄存器编号等，告知 Load/Store 单元重播刚才访问缺失的指令，同时返回的数据通过 Fill Unit❾回填到 SRAM 阵列❺中，完成缓存的更新操作，并锁定这一行不能被替换，直到它被读取，从而保证刚刚重播的指令一定会命中。

2. L1 数据缓存的写操作

L1 数据缓存的写操作，如 STS[addr]，Rx 指令，会比读操作更为复杂一些。区别主要有以下几点。

(1) 写指令首先将要写入全局存储器的数据放置在写入数据缓冲器❿中。

(2) 经由数据交叉开关❻将需要写入的数据写入 SRAM 阵列。

(3) 写指令会要求 L1 数据缓存能够处理非完全合并或部分屏蔽的写请求。这些请求是指 32 个线程的写请求中，只有部分线程会产生有效的写操作和地址，所以为保证正确性，对于非完全合并的写请求或当其中某些线程被屏蔽时，L1 数据缓存只能写入缓存行的一部分。

原则上,L1 数据缓存可以用来缓存全局存储器和局部存储器中可读可写的数据,但不同架构的写策略也有所不同。由于 GPGPU 中 L1 数据缓存一般不支持一致性,所以在写操作上会有一些特殊的设计。针对写命中而言,根据被缓存数据属于哪个存储空间会采用不同的写策略。例如,对于局部存储器的数据,可能是溢出的寄存器,也可能是线程的数组。由于都是线程私有的数据,写操作一般不会引起一致性问题,因此可以采用写回(write-back)策略,充分利用程序中的局部性减少对全局存储器的访问。对于全局存储器的数据,L1 数据缓存可以采用写逐出(write-evict)策略,将更新的数据写入共享 L2 缓存的同时将 L1 数据缓存中相应的缓存行置为无效(invalidation)。由于很多 GPGPU 程序采用了流处理的方式来计算,全局存储器的数据可能本身也不具备良好的局部性可以利用,所以这种写逐出的策略保证了数据一致性,让更新的数据在全局存储空间可见。针对写缺失而言,L1 数据缓存可以采用写不分配(write no-allocation)策略,与写逐出策略相搭配,在本来就不充裕的 L1 数据缓存中减少不必要缓存的数据。

另外,L1 数据缓存的写操作策略可以根据 GPGPU 整体架构设计的需求而设计成不同的策略。例如 NVIDIA 对不同计算能力的 GPGPU 架构,其 L1 数据缓存的设计也有所不同。这说明 GPGPU 存储层次的设计仍旧在不断演变,对 L1 数据缓存策略的选择也不是一成不变的。

3. L1 缓存的数据通路

前面的内容对 GPGPU 指令流水线中读写请求在 L1 数据缓存中的处理流程进行了阐述。但是 L1 数据缓存究竟能对哪些存储空间的数据进行缓存呢?这个问题很难一概而论,因为不同厂商、不同架构的 GPGPU 中片上存储的设计都会发生变化。例如,NVIDIA 的 CUDA 模型,一般认为其设备端存储空间可以抽象为如图 4-19 的形式,多个存储空间如全局、局部、常量和纹理的数据会保留在设备端存储器中,并且主机端可以访问除局部存储器之外的数据。可编程多处理器(SM)可以访问全局和局部存储器的数据,可能会通过 L1 数据缓存或共享存储器加载到寄存器中。同时,多个 SM 形成的簇可以包含常量及纹理缓存,来缓存常量存储器和纹理存储器中的数据。

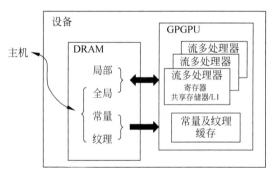

图 4-19　CUDA 设备端存储空间的抽象

不同设备端存储空间在不同计算能力架构下的缓存设定呈现出多种差异。表 4-1 列举了 CUDA 设备中不同存储空间对缓存策略的基本设定。例如,L1 缓存在较低计算能力的设备上被设计为不对全局存储器数据进行缓存。这种差异化的设计一方面是由于 GPGPU 架构需要兼顾图形图像、通用计算、人工智能等不同领域的计算,所以不得不将不同特性和功能的存储空间集成在一块芯片中,并区别对待。另一方面也说明 GPGPU 的架构仍然在快速演变,现有的架构尤其是存储空间的设计也仍在不断优化中。

表 4-1　CUDA 设备端不同存储空间对缓存策略的设定

存 储 空 间	片上/片外	是否缓存	访 问
寄存器	片上	\	可读可写
局部存储	片外	是*	可读可写
共享存储	片上	\	可读可写
全局存储	片外	**	可读可写
常量存储	片外	是	只读
纹理存储	片外	是	只读

　*：除计算能力 5.x 的设备外，默认缓存于 L1 和 L2 缓存；计算能力 5.x 的设备只缓存于 L2 缓存。

　**：在计算能力 6.0 与 7.x 的设备上默认缓存于 L1 和 L2 缓存；在更低计算能力的设备上默认缓存于 L2 缓存，但有些情况下允许通过编译选项选择缓存于 L1 中。

　　总体而言，L1 缓存的设计可能会遵循这样的原则：尽可能地缓存那些不会导致存储一致性问题的数据，即

　　(1) L1 缓存可以缓存所有只读数据，包括纹理数据、常量数据、只读的全局存储器数据，对应纹理缓存、常量缓存和 L1 数据缓存等 L1 缓存资源；

　　(2) L1 缓存可以缓存不影响一致性的数据，一般只包括每个线程独有的局部存储器数据。

　　可以注意到，无论在哪一代 GPGPU 产品或者架构中，常量和纹理缓存都是作为单独的缓存资源存在的。为表示其层次，会称它们为 L1 常量缓存、L1 纹理缓存与 L1 数据缓存。不同于 L1 缓存的多样性和复杂性，L2 对这些数据全部进行缓存。

　　另外，GPGPU 的缓存还支持细粒度的管理，通过 load 和 store 指令，可以对每一个全局存储器的访问指定其缓存与否。例如，NVIDIA 从 SM3.5 后开放了对可读可写全局存储器的 L1 缓存选项，通过内联 PTX 汇编与 NVCC 编译选项的结合，可以控制 GPGPU 对所需要的全局存储器访问进行缓存。

4.3.4　纹理缓存

　　在面向通用计算的 GPGPU 架构中，纹理存储器并不是一个常用的资源，因为它原本是服务于 GPU 渲染时纹理存储器的存储空间。纹理存储器中存储了物体纹理的 2D 图像，具有良好的空间局部性，其空间局部性的模式也相对固定。针对这样的特性，GPU 为了节省渲染时纹理读取的带宽，在可编程多处理器内部也设计了纹理缓存，称作 L1 纹理缓存（L1 texture cache）。

　　纹理缓存的结构大体如图 4-20 所示。根据应用目的的不同，纹理缓存与 L1 数据缓存有较大区别。纹理缓存内部有专门的地址计算单元，需要对空间坐标点进行计算转换、解压缩及数据格式转换，因为纹理数据本身的数据特性，其压缩比可以非常高，在传输纹理时通常会经过压缩，或者纹理本身就是经过压缩的，需要在可编程多处理器内在线解压。此外，纹理数据可能会有数据格式的转换，所以格式转换单元也是需要的。

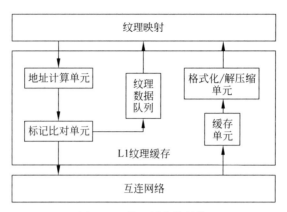

图 4-20　纹理缓存的结构

此外,CUDA 编程模型提供了利用纹理存储器和缓存进行操作的接口,通用计算可以利用纹理存储器和缓存进行优化。例如,由于纹理存储器通常比常量存储器要大,所以可以利用纹理存储器实现图像处理和查找表等操作。

4.3.5　扩展讨论:片上存储系统的优化设计

1. 高速缓存的优化设计

无论是在 CPU 还是 GPGPU 中,片上高速缓存都对性能有着直接的影响,提高缓存命中率,降低缺失代价一直都是缓存设计的目标。传统 CPU 高速缓存的 3C 模型对于 GPGPU 的缓存设计依然有着指导意义。对于 GPGPU 内并行执行的大量线程而言,可编程多处理器内的 L1 缓存可能出现更为严重的竞争冲突反而降低运行性能。

针对这一问题,除了在第 3 章提到的限流技术之外,文献[26] 还提出利用缓存旁路(cache bypassing)的方式来管理 GPGPU 的 L1 缓存。事实上,这一技术在 CPU 上也存在。如图 4-21(a)所示,由于 CPU 中的 L1 缓存通常具有较高的命中率,存储请求会在 L1 缓存中先进行查找,只是对最后一级缓存(LLC)进行旁路,通常在数据分配阶段进行。GPGPU 上的 L1 缓存由于竞争严重,其命中率普遍较低,在 GPGPU 的 L1 缓存上实施旁路就是一个很好的选择。如图 4-21(b)所示,存储请求可以选择绕过 L1 缓存,返回的数据也将直接转发到寄存器或运算单元中而无须经过 L1 缓存。另外,较高的缺失率还会带来的诸如 MSHR 等资源拥塞而带来的流水线停顿。通过将一些存储器请求直接转发到 L2 缓存,缓存旁路也可能有助于减少资源拥塞。

事实上,NVIDIA 在 Fermi 及后续架构上已经支持了缓存旁路的数据通路实现,通过在指令中引入缓存行为的标记位专门用来指示该条指令作用的缓存层级。例如,在 PTX2.0 及以上指令集中,读写存储器的指令可以指定缓存操作的标记,如 ca 指示在所有层级上(L1、L2)进行缓存,cg 指示在全局层级上进行缓存(L2),cv 指示不在任何层级上进行缓存。基于这个思路,文献[27]提出在全局存储器加载指令中新增标记位来进行更细致的指示。

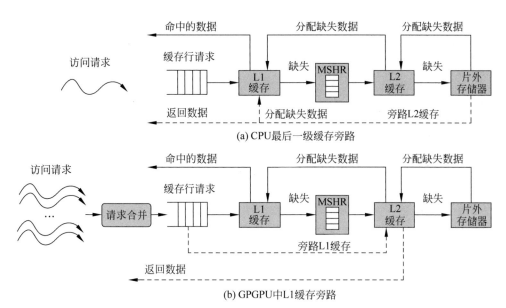

图 4-21 缓存旁路原理

具体控制方式如表 4-2 所示,通过对 PTX 指令 ld. global 新增全局加载标记(Global Load Tag)和块标记(Block Tag)来实现对每个线程块的每条 load 指令分别进行缓存旁路的控制。首先判断其 Global Load Tag 位,若为 ca 则意味着该指令在所有线程块下都无条件地需要缓存;若为 cg 则意味着该指令在所有线程块下都无条件地进行旁路;若为 cm 则意味着该指令需要根据各个线程块的情况动态地确定是否需要旁路,即根据线程块的标记位来动态决定。

表 4-2 新增两个标记位的控制方式

全局加载标记	块 标 记	缓存或旁路
ca	ba	缓存
	bg	缓存
cg	ba	旁路
	bg	旁路
cm	ba	缓存
	bg	旁路

在解决了数据通路的基础上,如何对每一条 load 指令做出是否需要旁路的决定则是另一个重要的问题。该文献提出的方法整体上包含两个步骤:①编译时构建 load 指令控制图,进一步对程序进行代码分析,根据结果静态地确定是否开启缓存旁路;②程序运行时进行动态判断,决定是否再对某些线程块进行缓存旁路。这两个新引入的标记位也正对应了这两个步骤,即通过编译时分析与程序动态分析得到每条 ld. global 指令的 Global Load Tag 位,再根据程序运行时的统计动态地分配具体的 Block Tag 给某些线程块内的

ld. global 指令。最终这些标记将决定每个 ld. global 指令是否开启缓存旁路。

2. 共享存储器的优化设计

共享存储器的板块冲突可能对性能有着显著的影响,在使用共享存储器时应当尽量避免可能出现的板块冲突。虽然一些静态的编程手法可以消除一些板块冲突问题,但对于在运行时才能发现的板块冲突,是否有办法降低其对性能的影响呢?

一般地,在架构设计中如果不能消除某个问题,可以试图通过掩藏来降低问题带来的影响。文献[28]提出了一种方法,试图掩藏共享存储器中板块冲突对流水线带来的影响。图 4-22(a)首先给出了一个共享存储器发生板块冲突的典型例子。假设 W_i 指令在 MEM0 阶段(t_{i+3} 周期)访问共享存储器并发生板块冲突,导致下一条指令无法进入 MEM0 步骤而使整个流水线停滞。当然,并不是每条 GPGPU 指令都会有访存阶段,可以将共享存储器访存阶段分拆成两个独立的通路,即访存的 MEM 通路和无访存的 NOMEM 通路。考虑图 4-22(b)中的例子,假设 W_i 和 W_{i+1} 分别是访存指令和无访存指令,W_i 引起一次板块冲突,导致 MEM0 阶段产生 1 个周期气泡,而 W_{i+1} 通过 NOMEM 通路并没有受到 W_i 的影响,它们仍然可能会在写回阶段产生冲突。此时,流水线不得不插入一个空周期以解决两个指令同时写回的问题,使得它与图 4-22(a)中的情况在性能上没有显著区别。说明简单地将访存阶段拆分成两个独立通路是不足以改善板块冲突带来的性能损失。

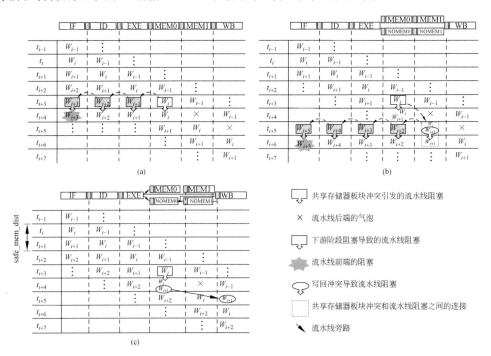

图 4-22　GPGPU 指令流水线遭遇共享存储器中的板块冲突的例子及两种解决方法

基于图 4-22(b)的思想该文献提出,对于非访存指令来说,如果能够直接将其写回而不经历 NOMEM 阶段,能够避免流水线因板块冲突而产生的停顿,具体如图 4-22(c)所示。假

定 W_i 和 W_{i+1} 是一条访存指令和一条非访存指令，W_i 指令由于板块冲突在 MEM0 停顿在 t_{i+4}，这时 W_{i+1} 正常完成了执行阶段，进入 NOMEM0 阶段。在 t_{i+5} 周期，W_i 正常进入 MEM1 阶段，而 W_{i+1} 经过旁路直接进入写回，先于 W_i 完成指令提交结束指令。结果是，W_i 指令虽然引起了流水线停顿，但在这个例子中被 W_{i+1} 的抢先提交给隐藏住了。进一步分析可以看到，板块冲突的掩藏如果能够奏效需要两个先决条件。

（1）指令的乱序提交不会有正确性的问题。

（2）板块冲突指令及后续指令（如 W_i 和 W_{i+1}）分属不同类型指令。例如，如果一条访存指令发生 2 路板块冲突，则需要一条不访存指令实施对两条访存指令的安全隔离；如果发生 32 路板块冲突，则需要 31 条不访存指令实施隔离。

一般来讲，考虑到 GPGPU 通常采用轮询调度及其变种，相邻指令往往来自不同线程束，因此第 1 个条件中乱序提交一般不会造成问题。但相邻指令也可能来自相同的线程束，乱序提交的正确性保证则需要额外的支持。所以可以基于轮询调度策略，通过动态地记录每条前序共享存储器访问指令的安全距离，指导指令发射调度单元去有选择地调度非访存指令来隐藏板块冲突。相应的策略和硬件设计可以参见该文献的详细介绍。

4.4　可编程多处理器外的存储系统

GPGPU 的 SIMT 计算模型要求可编程多处理器外的存储系统是高度并行的，能够实现大规模并行线程执行时的访问带宽需求。为了达到这一目标，可编程多处理器间共享的存储系统被设计成多个存储分区（memory partition unit）的形式。本节将以 NVIDIA GPGPU 架构为例，从这个存储分区单元开始对可编程多处理器间的存储系统进行介绍。

4.4.1　存储分区单元

图 4-23 为 GPGPU 中一个存储分区单元的组成框图。其中，每个存储分区单元都包含一个独立的 L2 缓存（作为整个 L2 缓存空间的一部分）。与之连接的是帧缓存（Frame Buffer，FB）和光栅化单元（Raster Operation Unit，ROP）。它们的主要功能如下。

（1）L2 缓存。缓冲图形流水线中的数据和通用计算中的数据。从前面的介绍可以看到，L2 缓存对 L1 缓存中的各种缓存都统一进行缓存。

（2）帧缓存。对全局存储器访问请求进行重排序，以减少访问次数和开销，达到类似存储访问调度器的作用。

（3）光栅化单元。主要在图形流水线中发挥作用，它对纹理数据的压缩提供支持，完成图像渲染中的步骤等。同时，ROP 单元也能完成 CUDA 程序中的原子操作命令等。

为提供 GPGPU 中多个计算内核所需的大量存储带宽，存储分区单元一侧会通过一个片上互连网络连接到各个可编程多处理器，在另外一侧，每个存储分区还配备一个或多个独立的 GDDR 设备，作为整个全局存储空间的一部分，为每个分区独自所有。为达到最好的负载平衡并接近多分区的理论性能，地址是细粒度交织的，均匀地分布在所有的存储器分区

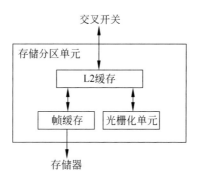

图 4-23   存储分区单元的组成

中。典型的分区交织步幅是一个由几百字节组成的块。例如,为了分散访存请求,可以采用
6 个存储分区单元,通过 256B 的步幅实现地址交织。合理地设计存储器分区的数量可以平
衡处理器和存储请求的数量。

4.4.2   L2 缓存

GPGPU 中的 L1 数据缓存是可编程多处理器私有的,而 L2 数据缓存是可编程多处理
器共享的。它一边通过片上互连网络连接所有可编程多处理器单元,另一边通过 FB 连接
全局存储,因此也称为 GPGPU 的最后一级缓存(Last Level Cache,LLC)。

为了提高 GPGPU 存储系统的整体吞吐量,L2 缓存的设计采用了多种优化方法。例
如,根据 NVIDIA 发表的专利,每个存储分区单元内的 L2 缓存由两个片(slice)组成。每个
片包含单独的标签 tag 单元和数据的 SRAM 阵列,依序处理传入的存取请求。为了与外部
GDDR5 的最小传输单位,即 32B 长度相匹配,每个片内的缓存行都由四组 32 字节长度组
成,这同时也匹配了 L1 缓存行的长度。

L2 缓存对读请求的处理方式与传统缓存的处理方式类似,对写请求的处理方式则采取
了一些与 L1 类似的优化策略。例如,向外部的写请求通常是完全合并的(整个缓存行的四
个 32B 区域都被覆写)。处理这样的合并写入请求时,即便这段数据在 L2 缓存中不存在
(写缺失),GPGPU 也不会从全局存储器中读取数据,即采用写不分配的策略。对于非合并
的写请求,可以有两种直观的解决方案。比如,可以利用字节级的有效位指示具体的写入处
理,或完全旁路绕过 L2 缓存直接写回外部存储器。

4.4.3   帧缓存单元

存储分区单元中的帧缓存单元事实上起到了存储访问调度器的作用,目的是减少
DRAM 的行切换操作,降低读取流数据时的延时。结合 L2 缓存的结构,一种简单的设计方
式就是为 L2 缓存中的每一个片配备一个调度单元,来处理 L2 缓存发出的读请求和写请
求。例如,针对读操作,为了充分利用行缓冲中的数据,应尽可能地将读操作合并来读取
DRAM 中同一个板块的同一行。为此,调度器里存放了两个表。第一个表叫作"读请求排

序表"(read request sorter)，它利用一个组相联的结构将所有请求 DRAM 中某个板块同一行的读请求合并映射至一个读取指针上。第二个表叫作"读请求存储表"(read request store)，存放第一个表中的指针和每个指针所对应的一系列的读操作请求。事实上，该结构类似于 MSHR 的读操作合并功能，目的都是尽可能读取 DRAM 的同一行数据，减少耗时的行反复开启操作，提高访问的效率。

4.4.4　全局存储器

1. 图形存储器件

为兼顾存储容量与存储带宽，GPGPU 采用了特殊的动态随机存取存储器，即图形存储器 GDDR 作为全局存储器。GDDR 是一种特殊类型的 DRAM，以 SDRAM 设计为基础。例如，较早的 GDDR 以 DDR2 为基础，GDDR5 以 DDR3 为基础。为满足 GPGPU 的高带宽和高并行度 GDDR 进行了定制，主要有以下不同。

(1) GDDR 块的接口更宽，为 32 位，而 DDR 的设计多为 4、8 或 16 位。

(2) GDDR 数据管脚的时钟频率更高。为了减少信号在传输中的各种完整性问题并提高传输速率，GDDDR 通常直接焊接在电路板上与 GPU 直接相连，而传统的 DDR 通过 DIMM 插槽进行扩展。

以上特性使得 GDDR 每块 DRAM 的带宽更高，从而更好地服务于 GPGPU 的访问需求。但 GDDR 本质上仍然是一种 DRAM，它保留了传统 DRAM 的缺点，包括预充电和激活操作的长延迟，以及因此带来的行切换延迟。因为 DRAM 将单个比特存储在一个小存储电容中，为了完成读取操作，连接单个存储电容的位线(bitlines)及其自身的电容必须首先预充电(precharge)到 0 和电源电压之间的中间电压。所以，在激活(activation)操作期间，电容通过打开的访问晶体管连接到位线，位线的电压根据存储电容中的电流流出或流入而轻微拉高或下降。位线上的灵敏放大器将这种轻微的变化放大，直至标准电平的逻辑 0 或 1 被读取到。当从这些电容器中读取值时，会按照行为单位，将一行数据读取到行缓冲区的结构中，并刷新存储的值，而预充电和激活操作也会导致延迟，在此期间都不能对 DRAM 阵列进行访问。为减轻这些开销，DRAM 中包含多个板块，每个板块都拥有自己的行缓冲区。即使拥有多个板块的并行访问，在访问数据时也不能完全隐藏行切换时的延迟。

GPGPU 的存储系统必须考虑 DRAM 独有的结构和特性。例如，激活 DRAM 的一行常常需要数十个时钟周期。一旦激活，由于行缓冲区结构的存在，所以保持同一行的连续访问(不同的列地址)的延时就很小。DRAM 的这一特点对于 GPGPU 大量并行的数据请求来说是一个机遇也是挑战，因为很多应用中大量线程访问数据的静态地址具有一定的连续性，但在实际运行时，由于线程块的独立性，可编程多处理器内独立执行的线程块和多个可编程多处理器可能并没有同步在一起执行，所以会发出各自的请求。从存储系统的视角来看，可能会看到这些大量无关的请求交织在一起，与 DRAM 高效的访问模式是不匹配的。

现代 GPGPU 借助更复杂的存储访问调度，例如通过重新排序存储访问请求，以减少数据在行缓冲区和 DRAM 阵列之间反复移动的次数。存储控制器会为发送到不同 DRAM

存储区的请求建立不同的访问通道或队列,如同前面介绍的 FB 帧缓存单元。这个队列会等待对某个 DRAM 行的访问聚集了足够多的请求,再激活该行并一次性地传输所有需要的数据,而避免零星的访问对同一行的反复开启。这种聚集的方法虽然利用了局部性原理,提高了访问的效率,却需要花费额外的时间等待同一行其他请求的到来,导致了更长的访问延时。设计中常会控制一个等待的限度,防止有些请求等待的时间过长,导致处理单元由于延迟不能得到数据而空闲。

另外,多存储分区将存储空间划分成独立并行的不同分区,借助地址交织等技术来提高访问的并行度,同样对全局存储的访问效率起到积极的提升效果。

2. 全局存储器的访问方式

考虑到全局存储器件的结构和访问特点,GPGPU 架构也做了专门的考虑,从请求合并和地址对齐等角度给出了全局存储器的访问规则,提升访问效率。

所谓请求合并,是将一个线程束多个线程访存请求中属于同一个"地址片段"的请求尽可能合并,发给全局存储器,并充分利用全局存储器访问的粒度,减少全局访问的次数。此请求合并的原理与共享存储器的冲突判断原理类似。但全局存储器的地址合并要求地址在 DRAM 中是连续的,方便一次 DRAM 读写就可以完成。因为共享存储器中每个板块有自己独立的地址译码器,所以共享存储器的请求合并只要求线程的请求分属于不同的板块,并不要求不同板块所访问的位置是统一的。

所谓地址对齐,是要求访问请求从存储空间中的特定地址开始才能获得连续访问,而不是随意任何地址都能获得最高的访问效率。虽然现代处理器存储空间是按照字节划分的,理论上对任何数据类型的访问都可以从任何字节地址开始,但在特定的硬件平台上会要求数据尽可能从特定地址开始访问,来获得更高的访问效率。例如,ARM 处理器会要求访问按字(即 4B)对齐。

GPGPU 架构中增加了专门的硬件部件,称为合并单元,来对 32 个线程发出的全局存储器的请求进行合并操作。合并后的请求通常会更少,但并没有强制要求地址对齐。对齐的请求只需要 1 次访问就可将所需要的数据取出,而非对齐的请求访存效率会视具体情况而变化。图 4-24 给出了两种情况,左侧是线性的全局地址空间示意图,右侧是不同情况下产生的访问请求数量和起始地址。首先假设 32 个线程各自产生的请求可以合并成一个 128B 的请求,图 4-24(a)展示了这 32 个线程地址对齐访问产生的实际请求,图 4-24(b)展示了这些地址非对齐时产生的实际请求,其中各自又分为经 L1 缓存后(cached,灰色)和未缓存(uncached,黑色)两种情况。

(1) 对齐且 cached 请求,指合并后的访问请求可以被 L1 缓存。L1 缓存的访问宽度与线程束访问宽度相匹配是 128B。只要地址按照 128 对齐,可以产生 1 次 128B 的请求,如图 4-24(a)中 1 段灰色长线条所示。uncached 请求指没有在 L1 层级缓存。由于所有数据都会在 L2 缓存且 L2 按照 32B 划分,所以 32 个线程合并后会产生 4 个不同的请求,每个请求 32B,并分别从地址 128、160、192 和 224 开始,如图 4-24(a)中 4 段黑色短线条所示。此时访存效率都达到了 100%。

（2）非对齐的请求假设从地址 129 开始。对于 cached 请求，由于访问粒度是 128B，那么就会产生 2 次 128B 的请求，分别从地址 128 和 256 开始，地址 128 和 257～383 都是不需要的数据，如图 4-24（b）中 2 段灰色线条所示。此时的访存效率只有 128/256＝50%。对 uncached 请求，由于访问粒度是 32B，会产生 5 个 32B 的请求，分别从地址 128、160、192、224 和 256 开始，如图 4-24（b）中 5 段黑色线条所示。虽然地址 128 和 257～287 是不需要的数据，但此时的访问效率提升为 128/160＝80%。得益于更小的粒度，所以浪费的带宽也更少一些。

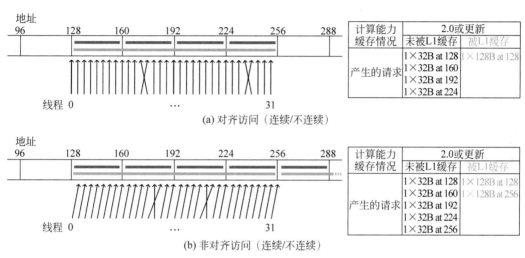

图 4-24　全局存储器访问的请求合并和地址对齐示例

4.5　存储架构的优化设计

由于 GPGPU 大规模的并行线程需要大量的数据，因此存储系统对 GPGPU 性能有着十分重要的影响。本章前面对 GPGPU 存储系统进行了介绍，接下来将进一步通过更加前沿的视角量化地分析和审视 GPGPU 存储系统，从中发现设计优化的可能。

4.5.1　片上存储资源融合

GPGPU 片上存储与 CPU 显著不同，呈现明显的"倒三角"结构，这为 GPGPU 片上存储设计的优化带来了新的思路与可能性。GPGPU 中每个可编程多处理器片上存储主要包括寄存器文件、共享存储器/L1 数据缓存。按照以往的设计，三者在逻辑上是相互独立的部件，在物理上寄存器会与后两者享有独立的物理存储空间，同时三者的容量一般也是在硬件设计时就已经确定了。由于 GPGPU 的线程并行度会由多种因素共同决定，这种确定化的设计在面对多种多样的 GPGPU 程序时很容易造成资源浪费的现象。为此，很多研究基于 GPGPU 片上存储特有的倒三角结构，提出利用不同存储资源之间的互补性进行全新片上存储结构的融合设计思想。这些方法大多利用原有的寄存器文件、共享存储器和 L1 缓存的存储资源作为载体,通过不同的更为细粒度的管理策略,试图在面对资源需求灵活多变的GPGPU 程序时能够充分地利用各种存储资源,达到更高的性能目标。

1. 寄存器文件、共享存储器和 L1 缓存的静态融合设计

针对可编程多处理器内的片上存储资源,文献[29] 提出了一种合并的设计方案。虽然该研究针对的是当时 NVIDIA GPGPU 片上存储架构,但是其思想和方法对于当代的GPGPU 架构仍然具有借鉴意义。

该文献首先分析了不同 CUDA 程序对片上存储的需求,发现不同程序对寄存器文件和共享存储器的需求差别很大。一方面,对于特定的内核函数来说,如果是寄存器受限型(register limited),会浪费共享存储器的容量,如果是共享存储器受限型(shared memory limited),会浪费寄存器文件的容量。另一方面,L1 数据缓存的容量明显不足。模拟仿真显示,当调节线程块大小和寄存器、共享存储器的容量时,内核函数的性能会发生明显的变动。这意味着按照最大并行度所分配的资源并不能够满足特定内核函数的需求。针对这一问题,该文献提出将寄存器文件、共享存储器和 L1 数据缓存进行合并。这种合并是静态的,即在每次内核函数加载之前由编程人员或编译器决定寄存器文件和共享存储器的空间分配方式。编译器计算最少的寄存器数量和共享存储器使用量,剩余的空间则统一分配给 L1缓存。由于寄存器文件和共享存储器两者的分配总会有剩余,所以这种方式相当于无形中扩大了 L1 缓存的容量,同时在运行时保证活跃的线程束数量,以控制寄存器不发生溢出。

为了实现这一静态融合结构,该文献对每个可编程多处理器的片上存储结构进行了改造。静态融合结构的设计如图 4-25 所示。图 4-25(a)首先给出了一个原有结构的简单抽象。对于每个可编程多处理器,除了计算资源,还主要包括主寄存器文件(MRF)、操作数寄存器文件(Operand Register File / Last Register File,ORF/LRF)、共享存储器/L1 数据缓存等。其中,ORF/LRF 是为了减少对 MRF 读写次数和带宽压力而设计的寄存器缓存结构,类似于 4.2.4 节的 RFC。假定每个可编程多处理器提供 256KB 的 MRF 容量,原本划分为 8 个 Cluster,每个 Cluster 包含 4 个板块,每个板块可以满足 4 个寄存器同时访问。因此,每个板块是 16 字节,每 4 个字节分配给不同线程下的同名寄存器。寄存器交错排列,从而提高寄存器访问的并行度,最大程度减少寄存器板块冲突。每个可编程多处理器还包含64KB 的 L1 数据缓存和共享存储器,两者均由 32 个板块组成,每个板块支持每周期 4B 的访问,这一基本结构与 4.2 节的介绍相符。

静态合并后,每个可编程多处理器片上存储可以达到 320KB 的总容量。在不改变总存储容量的情况下,仍然采用 8 个 Cluster 的划分方式。每个 Cluster 中含有一块合并的存储区单元(unified memory unit),仍由 4 个板块构成,每个板块提供 16B 的访问宽度。每个周期通过 4 选 1 的多路选择器给出一个板块的数据,所以 8 个 Cluster 提供与原先等同的128B 的访问带宽。这 8 个 Cluster 通过原有的交叉网络实现存储区单元与 ALU 单元的连接。对于共享存储器和 L1 缓存,由于已经与寄存器文件统一合并,所以也被均匀地分配到

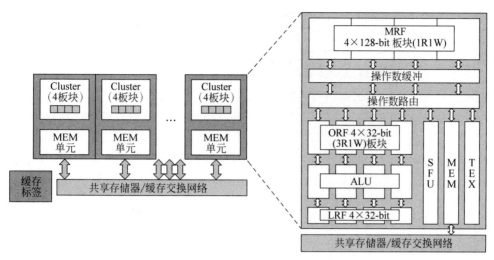

(a) NVIDIA中可编程多处理器SM结构的简单抽象

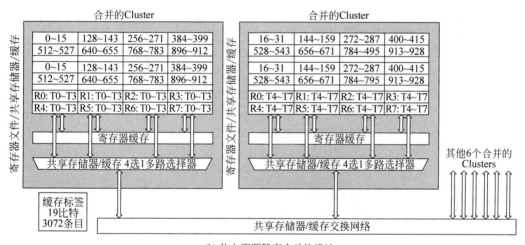

(b) 片上资源静态合并的设计

图 4-25　静态融合结构的设计

8 个 Cluster 中。因此,每次读写时需要用到 8 个 Cluster 中各自同一个板块可满足原先 128B 的访问带宽需求。融合后的结构和地址映射关系如图 4-25(b)所示。

在每次内核函数运行之前,这种合并的设计可以通过合理分配寄存器文件和共享存储器的大小,实现更为合理的线程并行度,从而间接提高 L1 缓存的容量,最终对性能的提升产生积极作用。物理上采用融合的存储器单元结构,会增加寄存器访问和共享存储器访问冲突的可能性。合并后存储器单元容量比原来的存储单元更大,也会带来访问功耗的增加。考虑到 SM 中还有 ORF/LRF 的层次,理论上只有少部分的数据需要从 MRF 中读取,因此实际对合并存储区单元的访问冲突并不会显著增加。此外,由于合并设计,共享存储器要符合寄存器文件的结构,由原来的 32 个 32 比特的板块变成 8 个 128 比特的板块,实际上降低了板块并行度,增加了板块冲突的风险。但如果能够很好地利用线程间访问合并,共享存储器板块冲突的情况可能未必会增加。从改变最终性能收益看,总体上性能的提升还是值得的。

2. 寄存器文件和 L1 缓存的动态融合设计

文献[29] 所采用的合并架构通过提升片上存储空间的利用率提升性能,采用的是静态划分的方式,只能在每个内核函数开始执行之前进行调整。但它对“倒三角”结构中的主要资源,即寄存器文件的粗放管理方式并没有改善,并会在运行时产生大量的寄存器资源浪费,有时甚至会非常严重。根据文献[30] 的统计分析,GPGPU 的寄存器在运行时除使用中的活跃寄存器外,还会产生静态空洞和动态空洞,其中静态空洞指内核函数中未被分配的寄存器,类似于文献[29] 中可以被划分出去的部分,而动态空洞指虽然寄存器中含有数据,其实已经在寄存器所定义的生命周期之外,等待覆写而不会被再次访问的数据。如图 4-26 所示,根据文献[29]的统计,两种寄存器空洞所浪费的总容量很有可能超过原有 L1 缓存的总容量。如果能将这部分资源有效利用,将大幅增加 L1 缓存的有效容量,从而可提升性能。

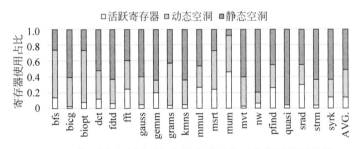

图 4-26　典型测试案例下寄存器文件运行时的使用情况统计

针对这一问题,文献[30] 进一步提出了一种在运行时对寄存器文件和 L1 缓存进行动态融合的结构,通过对寄存器生命周期更为细致的管理实现了对寄存器空洞的及时回收和利用,弥补 L1 缓存容量的不足,以更好地适应不同程序在不同时刻的存储需求。然而,如何识别寄存器空洞,并在运行时能够灵活地分配寄存器和缓存资源实现共享,则是实现动态融合设计的难点。为此,该文献巧妙地提出了一种将寄存器空间与 L1 缓存空间相融合的结构,并采用索引方式统一管理寄存器的访问,解决了空洞识别和回收利用的难题,用简单的结构实现了这样的动态存储融合,其微结构设计如图 4-27 所示。

直观上,片上存储的 SRAM 阵列仍然采用 8 个 Cluster,每个 Cluster 中含有 4 个板块,每个板块 128B 的结构,这与前面介绍的寄存器文件结构设计是兼容的。每个 Cluster 中的 4 个板块以 4 路组相联的方式实施组织和管理,天然地实现了 L1 缓存组相联的数据管理策略。为了在这一物理结构上兼容寄存器的访问模式,该文献提出对寄存器进行重新映射,让寄存器的访问能够高效地在 4 个板块中定位。具体来讲,根据寄存器所在的线程束和寄存器编号构成运行时的一个全局地址,借助图 4-27 中 register address translation 单元对这一全局地址进行简单字段划分操作,从而定位寄存器在 SRAM 阵列中的具体位置,实现缓存

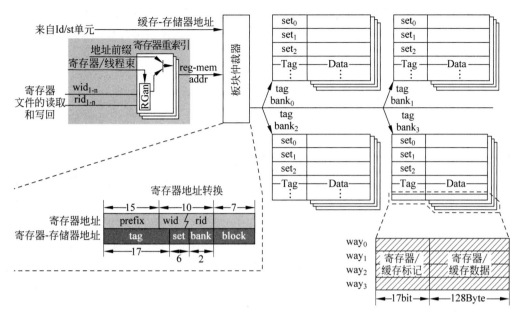

图 4-27　寄存器文件和 L1 缓存动态融合设计微结构

模拟的寄存器访问过程。这样的设计方式完全维持了原先的每个线程束对寄存器的带宽需求与读取方式,利于寄存器空洞的回收和再利用。

在上述微架构的支持下,该文献进一步提出如何利用编译器的信息来识别寄存器空洞,并在缓存发生替换时如何区分寄存器数据和缓存数据,保证寄存器数据不会被频繁溢出。事实上,通过编译器辅助分析寄存器的 def-use 链获得寄存器的活性信息(liveness),可以精确地完成寄存器分配(首次写入某个寄存器)和寄存器回收(最后一次读取某个寄存器)的动作,有效地避免了寄存器空洞的发生。通过在每条指令的源寄存器和目的寄存器上标注这一活性信息,可以将活性信息传递到硬件执行过程中,借助指令流水的过程实现寄存器全生命周期的管理。利用图 4-28 的有限状态机,可以在运行过程中区分每个条目究竟是寄存器还是缓存状态,并获知各个寄存器是否失活而需要释放其所占用的条目,以及脏数据是否需要写回,从而实现对寄存器和缓存多种状态的全生命周期统一管理,确保程序的正确执行和性能。

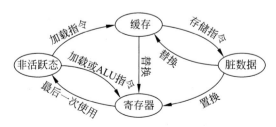

图 4-28　有限状态机识别寄存器和缓存数据

该文献所提出的动态融合结构实现了对寄存器和 L1 缓存的有效动态管理,间接地增加了 L1 缓存的容量,实现性能提升。由于寄存器空洞在 GPGPU 程序中普遍存在,该文献发现,甚至可以在完全省去 L1 缓存空间(64KB)的情况下,通过动态地利用寄存器空洞所提供的资源,获得比原有寄存器文件和 L1 缓存分立结构更高的性能,同时获得性能、功耗和面积的收益。更重要的是,该文献所揭示的寄存器空洞现象和软硬件协同的寄存器活性分析手段在后续研究中被广泛关注,成为寄存器资源利用、寄存器虚拟化等目标的重要手段之一。

3. 利用线程限流的寄存器文件增大 L1 缓存容量

GPGPU 中 L1 缓存容量不足是影响一些应用性能的重要因素之一。文献[30]的研究提出利用寄存器的空闲资源来弥补 L1 缓存容量不足的思路。为了获取更多的空闲寄存器资源,文献[31]进一步提出利用限流的方法制造出更多的空洞,提供更充足的 L1 缓存资源,以并行度换取局部性,获得性能的进一步提升。具体来讲,限流通过在运行时限制激活的线程数量来减少实际寄存器的用量,并将这些闲置的寄存器作为 L1 缓存的补充,让当前被激活的线程能够获得更为充足的缓存空间,减少局部性数据被反复替换的可能,换取性能提升。但限流的方式会降低线程并行度,与 GPGPU 的设计初衷有所背离。因此,需要在两者之间寻找到更合理的平衡,让局部性良好的数据得以保留在缓存中以减少访问延时,同时保留足够的线程并行度来掩藏长延时操作。

基于这样的目标,文献[31]在限流的基础上提出了一套方法来实现动态平衡,称为 Linebacker。它的工作流程可以由图 4-29 来概括(其中 P0 之前为局部性监测时间段)。

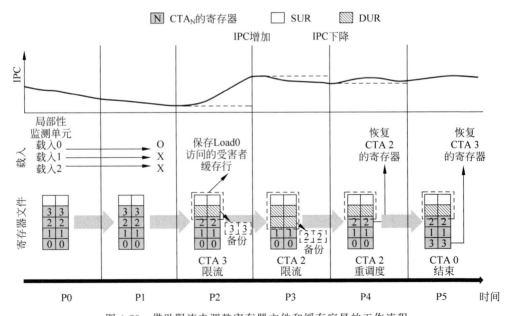

图 4-29　借助限流来调整寄存器文件和缓存容量的工作流程

首先,Linebacker 引入一个称为局部性监控器(locality monitoring)的部件,它会在内核函数执行初期运行,获取各个线程块内 load 指令的局部性信息,识别出具有更高数据局部性的线程块。当找到至少一个种子线程块时,Linebacker 会启动线程块限流来阻塞其他的线程块,并将该线程块原先所有的寄存器内容保存至全局存储器中冻结。这部分被腾出的寄存器就会被用作 L1 缓存的补充资源。Linebacker 会在每个时钟窗口开始时尝试进行线程块冻结,并采用一种直接检测的方法来平衡寄存器用量和 L1 缓存的容量,即当因线程块冻结使得 IPC 下降时,Linebacker 会在下个时钟窗口开始时激活一个先前冻结的线程块,恢复之前的运行方式,提高 IPC 水平。

为了支撑这样的工作模式,Linebacker 需要对指令发射、读取和 MEM 执行等阶段进行一系列的修改和增强。硬件的开销和支持能力是限制这种方法应用范围的一个比较重要的因素。与文献[30] 的研究相比,Linebacker 可以认为是利用限流技术主动地制造寄存器空洞来换取 L1 缓存空间的方法。具体的实现细节可以参考文献[31]中的内容。

4.5.2 技术对比与小结

对比本节提出的各种优化方法可以发现,片上存储在 GPGPU 进行通用处理中的重要性。多年来,大量的研究都是针对寄存器文件和以 L1 缓存为主的片上存储架构设计开展的。除了本节中提到的方法和设计,还有很多工作,如 Register Aware Prefetching、Register File Virtualization、COAF 等。

图 4-30 总结和对比了可编程多处理器内部片上存储设计原理。

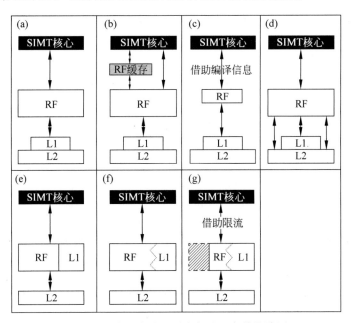

图 4-30 可编程多处理器内部片上存储设计原理

图 4-30(a)是最基本的方案,采用了寄存器文件和 L1 缓存的分立设计。

图 4-30(b)是 4.2.4 节介绍的前置寄存器文件缓存的方案。它主要面向寄存器文件的优化。根据数据的局部性特点,增加了 RFC 单元,重塑了可编程多处理器内部的片上存储层次,降低了大容量寄存器文件的读写开销。

图 4-30(c)是 4.2.4 节介绍的 Regless 的方案。它同样面向寄存器文件的优化。可以认为 Regless 是由编译信息辅助的 RFC 或者说是寄存器文件的共享存储器,它借助程序划分、编译辅助等手段主动识别寄存器活性,降低活跃寄存器容量。

图 4-30(d)是 4.3.5 节介绍的缓存旁路的方案。它面向 L1 缓存的优化,利用缓存旁路区分对待 L1 缓存中的数据,识别更为重要的局部性数据进行缓存,减轻 L1 缓存的冲突压力。

图 4-30(e)是 4.5.1 节介绍的寄存器文件、共享存储器、L1 缓存静态合并的方案。它面向 L1 缓存的优化,利用三者容量的静态互补性提出了一种统一化的设计,但对于不同资源各自的管理方式并没有优化。

图 4-30(f)是 4.5.1 节介绍的寄存器文件、L1 缓存动态融合的方案。它同样面向 L1 缓存的优化,提出了一种细粒度的片上资源管理策略,更为智能地实现了寄存器文件和 L1 缓存的动态融合。

图 4-30(g)是 4.5.1 节介绍的限流方案。它也面向 L1 缓存优化,在(f)基础上利用限流制造更多 L1 缓存可利用的空间,以线程并行度换取数据局部性获得性能收益。

此外,本节还介绍了利用新型存储器件来实现更大容量、更小面积和更高能效的寄存器文件及其他片上存储的设计方案,从数据压缩的角度提升给定存储资源的存储效率。这些方法之间相辅相成,可以相互补充和借鉴。

以上设计都通过片上存储资源的优化管理,改进了寄存器文件和 L1 缓存的架构设计,为未来 GPGPU 架构的片上存储设计提供了新的思路和参考。

参 考 文 献

[1]   Intel Corporation. Intel® Core™ i9-10980XE Extreme Edition Processor (24.75M Cache,3.00 GHz)[EB/OL]. (2019-10-02)[2021-08-12]. https://www. intel. com/content/www/us/en/products/sku/198017/intel-core-i910980xe-extreme-edition-processor-24-75m-cache-3-00-ghz/specifications. html.

[2]   Nvidia. NVIDIA Tegra X1 NVIDIA'S New Mobile Superchip[EB/OL]. (2020-05-14)[2021-08-12]. https://images. nvidia. com/aem-dam/en-zz/Solutions/data-center/nvidia-ampere-architecture-whitepaper. pdf.

[3]   JEDEC Committee. Graphics Double Data Rate(GDDR5) SGRAM Standard:JESD212C:2016[S/OL].[2021-08-12]. https://www. jedec. org/standards-documents/docs/jesd212c.

[4]   JEDEC Committee. Graphics Double Data Rate 6(GDDR6) SGRAM Standard:JESD250C:2021[S/OL].[2021-08-12]. https://www. jedec. org/standards-documents/docs/jesd250c.

[5]   JEDEC Committee. High Bandwidth Memory(HBM) DRAM:JESD235A:2013[S/OL]. [2021-08-12]. https://www. jedec. org/standards-documents/docs/jesd235a.

［6］ JEDEC Committee. High Bandwidth Memory(HBM) DRAM:JESD235D:2021［S/OL］.［2021-08-12］.https://www.jedec.org/document_search? search_api_views_fulltext＝jesd235.

［7］ Sadrosadati M,Mirhosseini A,Hajiabadi A,et al. Highly concurrent latency-tolerant register files for gpus［J］. ACM Transactions on Computer System(TOCS). IEEE,2021,31(1-4):1-36.

［8］ Aamodt T M,Fung W,Rogers T G . General-Purpose Graphics Processor Architectures［J］. Synthesis Lectures on Computer Architecture,2018,13(JUN.):35-40.

［9］ Mei X,Chu X. Dissecting GPU memory hierarchy through microbench marking. IEEE Trans Parallel Distrib Syst 28(1):72-86.

［10］ Hennessy J L,Patterson D A. Computer architecture:a quantitative approach［M］. Elsevier,2011.

［11］ Singh I,Shriraman A,Fung W W L,et al. Cache coherence for GPU architectures［C］. 2013 IEEE 19th International Symposium on High Performance Computer Architecture(HPCA). IEEE,2013:578-590.

［12］ Mahmoud Khairy, Zhesheng Shen, Tor M. Aamodt, et al. Accel-Sim:an extensible simulation framework for validated GPU modeling［C］. 47th IEEE/ACM International Symposium on Computer Architecture(ISCA). IEEE,2020:473-486.

［13］ Jia Z,Maggioni M, Staiger B, et al. Dissecting the NVIDIA volta GPU architecture via microbenchmarking［J］. arXiv preprint arXiv:1804.06826,2018.

［14］ Nvidia. Guide D. CUDA C Best Practices Guide version 9.0［Z/OL］.(2018-06-01)［2021-08-12］. https://docs.nvidia.com/cuda/archive/9.0/pdf/CUDA_C_Best_Practices_Guide.pdf.

［15］ Doggett M. Texture caches［J］. IEEE Micro,2012,32(3):136-141.

［16］ Edmondson J H,Van Dyke J M. Memory addressing scheme using partition strides:U.S. Patent 7,872,657［P］. 2011-1-18.

［17］ Leng J,Hetherington T,ElTantawy A,et al. GPUWattch:Enabling energy optimizations in GPGPUs ［C］. 40th Annual International Symposium on Computer Architecture(ISCA). IEEE,2013:487-498.

［18］ Gebhart M ,Johnson D R ,D Tarjan,et al. Energy-efficient mechanisms for managing thread context in throughput processors［C］. 38th Annual International Symposium on Computer Architecture (ISCA). IEEE,2011:235-246.

［19］ Jing N,Shen Y,Lu Y,et al. An energy-efficient and scalable eDRAM-based register file architecture for GPGPU［C］. 40th Annual International Symposium on Computer Architecture(ISCA). IEEE, 2013:344-355.

［20］ Jing N,Jiang L,Zhang T, et al. Energy-efficient eDRAM-based on-chip storage architecture for GPGPUs［J］. IEEE Transactions on Computers,2015,65(1):122-135.

［21］ Li G,Chen X,Sun G,et al. A STT-RAM-based low-power hybrid register file for GPGPUs［C］. Proceedings of the 52nd Annual Design Automation Conference. 2015:1-6.

［22］ Mao M,Wen W,Zhang Y,et al. An energy-efficient GPGPU register file architecture using racetrack memory［J］. IEEE Transactions on Computers,2017,66(9):1478-1490.

［23］ Li T,Jiang L,Jing N,et al. CNFET-based high throughput register file architecture［C］. 2016 IEEE 34th International Conference on Computer Design(ICCD). IEEE,2016:662-669.

［24］ Lee S,Kim K,Koo G,et al. Warped-compression:Enabling power efficient GPUs through register compression［C］. 42nd Annual International Symposium on Computer Architecture(ISCA). IEEE, 2015:502-514.

［25］ Kloosterman J,Beaumont J,Jamshidi D A,et al. Regless:Just-in-time operand staging for GPUs

[C]. 2017 50th Annual IEEE/ACM International Symposium on Microarchitecture(MICRO). IEEE, 2017: 151-164.

[26] Xie X, Liang Y, Wang Y, et al. Coordinated static and dynamic cache bypassing for GPUs[C]. 2015 IEEE 21st International Symposium on High Performance Computer Architecture(HPCA). IEEE, 2015: 76-88.

[27] Nvidia. Parallel Thread Execution ISA Application Guide version 7. 4[Z/OL]. (2021-08-02)[2021-08-12]. http://docs. nvidia. com/cuda/parallel-thread-execution/index. html.

[28] Gou C, Gaydadjiev G N. Elastic pipeline: addressing GPU on-chip shared memory bank conflicts[C]. Proceedings of the 8th ACM international conference on computing frontiers. 2011: 1-11.

[29] Gebhart M, Keckler S W, Khailany B, et al. Unifying primary cache, scratch, and register file memories in a throughput processor[C]. 2012 45th Annual IEEE/ACM International Symposium on Microarchitecture(MICRO). IEEE, 2012: 96-106.

[30] Jing N, Wang J, Fan F, et al. Cache-emulated register file: an integrated on-chip memory architecture for high performance GPGPUs[C]. 2016 49th Annual IEEE/ACM International Symposium on Microarchitecture(MICRO). IEEE, 2016: 1-12.

[31] Oh Y, Koo G, Annavaram M, et al. Linebacker: preserving victim cache lines in idle register files of GPUs[C]. 2019 ACM/IEEE 46th Annual International Symposium on Computer Architecture (ISCA). IEEE, 2019: 183-196.

[32] Lakshminarayana N B, Kim H. Spare register aware prefetching for graph algorithms on GPUs[C]. 2014 IEEE 20th International Symposium on High Performance Computer Architecture(HPCA). IEEE, 2014: 614-625.

[33] Jeon H, Ravi G S, Kim N S, et al. GPU register file virtualization[C]. Proceedings of the 48th International Symposium on Microarchitecture(MICRO). 2015: 420-432.

[34] Asghari Esfeden H, Khorasani F, Jeon H, et al. CORF: Coalescing operand register file for GPUs [C]. Proceedings of the 24th International Conference on Architectural Support for Programming Languages and Operating Systems(ASPLOS). 2019: 701-714.

[35] Nvidia. CUDA C++ Best Practices Guide Design Guide version 11. 4. 1 [Z/OL]. (2021-08-02)[2021-08-12]. https://docs. nvidia. com/cuda/cuda-c-best-practices-guide/index. html.

第 5 章

GPGPU 运算单元架构

GPGPU 的巨大算力源于内部大量的硬件运算单元。这些运算单元可分为多种类型，例如在 NVIDIA 的 GPGPU 中，存在为通用运算服务的 CUDA 核心单元（CUDA core）、特殊功能单元（Special Function Unit，SFU）、双精度单元（Double Precision Unit，DPU）和张量核心单元（tensor core）。数量巨大、类型多样的运算单元成为 GPGPU 架构不同于 CPU 的显著特点。GPGPU 以可编程多处理器为划分粒度，将各种类型的运算单元按照一定比例分组并组织在一起，从而支持通用计算、科学计算和神经网络计算等各种场景下多种多样的数据处理需求。

本章将介绍 GPGPU 运算单元架构，包括支持的数据类型及多种运算单元的基本结构和组织方式。

5.1 数值的表示

以晶体管的开关特性为基础，绝大部分处理器都以二进制的方式存储和处理数据。数据根据是否有小数点可分为整数和小数，在计算机中采用整型数（integer number）和浮点数（Floating Point number，FP）来表示。本节将介绍常用的整型数和浮点数表示方法，并在此基础上讨论近年来新出现的一些浮点数表示方法。

5.1.1 整型数据

整型数据是不包含小数部分的数值型数据，采用二进制的形式表达。

由于计算和存储硬件的限制，计算机只能以有限的位数原生地表示数据，这意味着可表示的整型数据范围是有限的。例如，使用 8 比特能表达的范围为 $0000\ 0000_2 \sim 1111\ 1111_2$，即十进制中 $0 \sim 255$[①]。如果需要表达的整型数据超过这一范围，就会存在偏差，这就是有限字长效应。有限字长效应不仅体现在计算上，而且数据的存储和传输都会受到限制。

---

① 完整表示应为 $0_{10} \sim 255_{10}$。为简化表述，后文对十进制数据的表示如非必要不再添加下标。

无符号整型数据在计算机上表达的方式较为简单,将十进制整型数据直接转化为二进制数据即可。但在大部分情况下,整型数据存在正数和负数之分,整型数据的计算也需要符号位的参与,因此表示有符号的整型数据非常重要。整型数据的编码方式主要有三种:原码、反码和补码。

原码的编码方式为符号位加真值的绝对值,即第一位表示符号,其余位表示绝对值。一般情况下,第一位为 0 代表正数,为 1 代表负数。例如,对于 8 比特的二进制表达形式,$+1$ 的原码为 $0000\ 0001_2$,-1 的原码为 $1000\ 0001_2$,表示范围为 $[1111\ 1111_2, 0111\ 1111_2]$,即十进制的 $[-127, 127]$。虽然原码的编码方式非常符合人的直觉,但并不适用于计算机。由于在计算机中,加减法是最基本的运算,人们希望通过复用加法电路也能计算减法,省去额外的减法器电路。为实现这一计算方式,就要求编码的符号位也参与计算。如果想要计算 $1-1$,计算机的等价计算为 $1+(-1)$,采用原码计算就是 $0000\ 0001_2 + 1000\ 0001_2 = 1000\ 0010_2 = -2_{10}$,这显然是错误的。

为了解决原码带符号计算的问题,出现了反码的编码方式。反码表达正数与原码一致,例如 $+1$ 的反码仍为 $0000\ 0001_2$。表达负数时,在原码的基础上要求除符号位外按位取反,例如 -1 的反码为 $1111\ 1110_2$。因此,8 比特反码的二进制表示范围为 $[1000\ 0000_2, 0111\ 1111_2]$,即十进制 $[-127, 127]$。反码的符号可以直接参与运算,如果想要计算 $1-1$,按照反码方式,计算机需要计算 $0000\ 0001_2 + 1111\ 1110_2 = 1111\ 1111_2 = -0_{10}$。虽然反码的符号位参与计算仍然可以得到正确的结果,但会产生新的问题。在反码中,$1111\ 1111_2$ 表示 -0,$0000\ 0000_2$ 表示 $+0$,这意味着 0 的表示出现了冗余。

为了解决冗余问题,人们又提出了补码的编码方式。补码表达正数与原码和反码一致,表达负数则要求在反码的基础上加 1。例如,-1 的补码形式为 $1111\ 1111_2$。相比于原码和反码,同位宽情况下补码表示的范围更大。例如,8 比特补码的二进制表示范围为 $[1000\ 0000_2, 0111\ 1111_2]$,即十进制 $[-128, 127]$。补码的符号同样可以参与运算,如果想要计算 $1-1$,按照补码方式,计算机需要运算 $0000\ 0001_2 + 1111\ 1111_2 = 0000\ 0000_2 = 0_{10}$。补码把原先反码中 $1000\ 0000_2$ 的冗余消除,并且可以表示为十进制 -128,因此表示范围相比反码更大。

上面的例子通过三种编码方式的比较解释了计算机选择补码的原因,现代计算机中普遍采用补码形式表示整型数据。

5.1.2　浮点数据

在计算机科学中,浮点数是一种对实数数值的近似表示。由于实数是稠密的,计算机的数据受到有限字长的限制,因此浮点数也无法完全表示所有的实数,只能是一种有限精度的近似。

IEEE 二进制浮点数算术标准(IEEE 754)是自 20 世纪 80 年代以来使用最广泛的浮点数标准,它规定了浮点数的格式、特殊数值的表示、浮点运算准则、舍入规则及例外情况的处理方式。经过后续不断地完善和补充,IEEE 754 目前主要规定了半精度浮点(16 位,

FP16)、单精度浮点(32 位,FP32)和双精度浮点(64 位,FP64)等不同长度浮点数的标准。IEEE 754 标准浮点数被广泛应用于各类浮点计算过程中,其中 FP16,FP32 及 FP64 分别在人工智能、通用计算和科学计算中应用最为广泛。

1. 浮点数的格式

IEEE 754 标准浮点数的格式如图 5-1 所示。所有精度的浮点数表示都被分为三个部分:符号位(sign,s),指数位(exponent,e)和尾数位(fraction,f)。借助这三个字段,二进制浮点数均可以表示成 $(-1)^s \times 1.f \times 2^{e-b}$ 的形式。

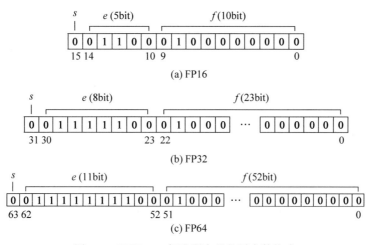

图 5-1　IEEE 754 标准所定义的浮点数格式

(1)符号位 s 表示一个浮点数的符号,当 s 为 0 时表示正数,否则为负数。

(2)指数位 e 表示以 2 为基(带偏移的)的幂指数。在 IEEE 754 标准中,e 并不直接表示幂指数,需要减去一个偏移量(bias,b)。b 的选取与 e 的位宽有关,即 $b=2^{\text{len}(e)-1}-1$。这是由于直接以 2 为基的二进制数表示幂指数可能为负值,代表小于 1 的浮点数,所以在增加偏移量 b 后,e 可以用无符号整型数表示浮点数所有的幂指数,使得浮点数之间的大小比较更加便利。e 为 0 或全 1 时,表示特殊值或非规格化的浮点数。

(3)尾数 f 表示浮点数中的有效数据。它舍弃了最高位的 1,而仅记录首个 1 后面的数据,从而可以多表示一位有效数据。

不同精度浮点数的差异在于指数位和尾数位字段的位数。FP16,FP32 和 FP64 就是这三个字段的不同组合。

(1)FP16 包含 1 位标志位,5 位指数位,10 位尾数,指数偏移量为 15。如图 5-1(a)中例子所示,其表达的浮点数真值为 $1.01_2 \times 2^{0\,1100-15}=0.156\,25_{10}$。

(2)FP32 包含 1 位标志位,8 位指数位,23 位尾数,指数偏移量为 127。如图 5-1(b)中例子所示,其表达的浮点数真值为 $1.01_2 \times 2^{0111\,1100-127}=0.156\,25_{10}$。

(3)FP64 包含 1 位标志位,11 位指数位,52 位尾数,指数偏移量为 1023。如图 5-1(c)中例子所示,其表达的浮点数真值为 $1.01_2 \times 2^{011\,1111\,1100-1023}=0.156\,25_{10}$。

2. 特殊数值的表示

除上述规格化数外,IEEE 754 浮点数标准利用指数位的不同数值,还可以表示四种类型的特殊数据,具体如表 5-1 所示。

表 5-1　IEEE 754 浮点数表示

形　式	指　数	小 数 部 分
零	0	0
非规格化形式	0	非 0
规格化形式	$1 \sim 2^e - 2$	任意
无穷(∞)	$2^e - 1$(全 1)	0
NaN	$2^e - 1$(全 1)	非 0

(1) 当指数位为 0 时,如果尾数为 0,则表示浮点数为 0。由于符号位可能为 0 或 1,IEEE 754 浮点数可以表示正 0 或负 0。

(2) 对于规格化浮点数,其指数偏移量最小为 1。以 FP32 为例,其指数的最小值为 -126。这意味着规格化浮点数的绝对值(与零点的距离)最小为 1.0×2^{-126},那么为了表示 0 与 1.0×2^{-126} 之间的数值,可以采用非规格化浮点数。IEEE 754 标准规定非规格化浮点数指数位为 0,表示非规格化浮点数值为 $(-1)^s \times 0.f \times 2^{-126}$。

(3) 当指数位为全 1,如果尾数部分为 0,则表示无穷(∞)。根据符号位的不同,可以表示为正无穷和负无穷。

(4) 当指数位为全 1,若尾数非 0,则表示为非合法数(Not a Number,NaN)。

3. 舍入和溢出方式

由于浮点数能表示的数值是有限的,它往往是一个无法表示的数值的近似。为了能够给出最接近实际数值的浮点表示,IEEE 754 规定了四种舍入模式,为编程人员提供合适的近似策略,如表 5-2 所示。

表 5-2　IEEE 754 的舍入规则

舍入模式	舍　入　前	舍　入　后	描　　　述
就近舍入	1.100_0111	1.100	即向最接近的数舍入,如果处于两个最接近的数中间则根据保留位最低位舍入。默认舍入方式
	1.100_1011	1.101	
	1.100_1000	1.100	
	1.011_1000	1.100	
向 0 舍入	1.100_1011	1.100	直接舍弃低位
	-1.100_1001	-1.100	
向正无穷舍入	1.100_1011	1.101	正浮点数进位,负浮点数舍弃低位
	-1.100_1011	-1.100	
向负无穷舍入	1.100_1011	1.100	正浮点数舍弃低位,负浮点数进位
	-1.100_1011	-1.101	

(1) 就近舍入。如果就近的值唯一,则向其最接近的值舍入。如果处于两个最接近的数中间,则需要舍入到偶数。一般可以通过三个位来判断舍入情况,即保护位(guard bit,G)、舍入位(round bit,R)和黏着位(sticky bit,S)。G 是舍入后的最后一位,R 则是被舍弃的第一位,S 一般情况下代表 R 后面被舍弃的部分。对于就近舍入而言,如果 R 为 0 则全部舍弃;如果 R 为 1 且 S 不为 0,则进位。如表 5-2 所示,假设舍入下画线后 4 位,由于 1.100_0111 的 R 为 0,则舍去低位尾数。而 1.100_1011 的 R 为 1,S 不为 0,则需要进位。如果就近的值不唯一,即 R 为 1,S 为 0,那么要看舍入后结果 G 是否是偶数。如果是偶数则直接舍去后面的数不进位,如果是奇数则进位后再舍去后面的数。例如,1.100_1000 的 G 为偶数,则直接舍入为 1.100。1.011_1000 的 G 为奇数,则需要先进位,再进行舍入,结果为1.100。

(2) 向 0 舍入。本质上为将低位全部舍去。这种舍入方法无论正负,舍去低位尾数即可。例如,1.100_1011 和 −1.100_1001 均需要舍去低位尾数。

(3) 向正无穷舍入。即使得舍入后的浮点数比舍入前大,表现为正浮点数进位,负浮点数舍弃低位。例如,1.100_1011 需要进位,−1.100_1011 需要舍弃尾数。

(4) 向负无穷舍入。即使得舍入后的浮点数比舍入前小,表现为正浮点数舍弃低位,负浮点数进位。例如,1.100_1011 需要舍弃尾数,−1.100_1011 需要进位。

舍入通常发生在尾数计算操作之后。例如,在执行浮点数加法时,指数较小的浮点数需要进行右移,这样尾数相加后得到的位数会超过最终需要的位数,从而需要进行舍入。在舍入时,尾数部分的低位有可能就会丢失,从而产生误差。

溢出通常发生在指数运算完成后,两个浮点数相加或相减可能会导致尾数上溢出或下溢出。由于只能用有限的字长表示一个浮点数,因此对于一个过大或过小的浮点数则无法表示。例如,包含规格化浮点数在内的 FP32 表示范围为 $\pm 2^{-149} \sim \pm(2-2^{-23}) \times 2^{127}$,约等于十进制中 $\pm 1.4 \times 10^{-45} \sim \pm 3.4 \times 10^{38}$。当超过这个范围的上限,浮点数会发生上溢出(正上溢和负上溢),导致指数偏移量全为 1,那么只能表示成无穷或 NaN。非规格化数在一定程度上可以处理浮点数的下溢出(正下溢和负下溢),因为其指数偏移量全为 0。如果浮点数过小,那么只能表示为 0。对于上溢出,IEEE 754 规定如果指数超过最大值,返回 $+\infty$ 或 $-\infty$。如果发生下溢出,会返回一个小于等于该数量级中最小正规格化数的数。

5.1.3 扩展讨论:多样的浮点数据表示

IEEE 754 规范了浮点数的表示方法,但并不是唯一的标准。近年来,随着深度神经网络的发展和普及,人们发现 IEEE 754 标准浮点数并不完全适合用于神经网络计算。为此,许多公司如 NVIDIA、Google 和 Intel 通过对 IEEE 754 标准浮点数进行修改,提出了新的浮点数表示方法,在减小硬件开销和存储空间的同时,不会给神经网络计算带来明显的精度损失,从而优化推理和训练的时间。

1. BF16 格式

在 IEEE 754 标准中,FP16 只有 5 位指数位,动态范围太窄。为此,Google 公司在 2018

年提出了 BFLOAT16(BF16)试图解决这一问题。BF16 采用 8 位指数位,提供了与 FP32 相同的动态范围。如图 5-2 所示,相比于 FP32,BF16 截去尾数至 7 位,其余保持不变。

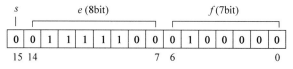

图 5-2 BF16 浮点数格式

BF16 计算浮点数真值的过程与 IEEE 754 标准一致,例如图 5-2 中的例子表达的浮点数真值为 1.01×2^{-3}。BF16 的格式可以快速地与 FP32 进行转换。在 FP32 转换为 BF16 格式时,FP32 的指数位被保留,而尾数被截断至 7 位。在 BF16 转化为 FP32 格式时,由于两者标志位和指数位相同,直接在尾数后补充 0 直至 23 位即可。

BF16 首先被应用于张量处理器(Tensor Processing Unit,TPU)中。Google 公司认为,在神经网络计算中,浮点数指数位比尾数更加重要,因此 BF16 的性能相比于 FP16 更好,在 TPU 神经网络计算中逐渐取代 FP16。这是由于在神经网络训练过程中,激活和权重的张量数据大体在 FP16 数值表示的范围内,而权重更新很有可能小于 FP16 的表示精度,造成下溢出。为了解决这一问题,可以将训练损失乘以比例因子,即通过损耗缩放技术成比例放大梯度,缓解 FP16 的下溢出问题。BF16 其表示的范围和 FP32 相同,在训练和运行深度神经网络时几乎是 FP32 的替代品,将会大大缓解 FP16 的溢出问题。

从 Ampere 架构开始,NVIDIA GPGPU 的 Tensor Core 支持 BF16。

2. TF32 格式

BF16 虽然在 FP16 的基础上增大了浮点数的表示范围,但由于它和 FP16 均采用 16 位表示,不得不牺牲尾数的精度。这意味着相比于 FP16,BF16 在相同指数的情况下,表达二进制浮点数的精度更低。针对这一问题,NVIDIA 公司提出了另一种新的浮点数表示格式,称为 TensorFloat32(TF32)。如图 5-3 所示,它采用 19 位来表示浮点数。TF32 与 FP32 有相同的 8 位指数,与 FP16 有相同的 10 位尾数。

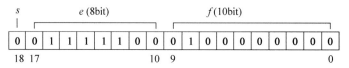

图 5-3 TF32 浮点数格式

TF32 计算浮点数真值的过程与 IEEE 754 标准浮点数一致,例如图 5-3 中的例子表达的浮点数真值为 1.01×2^{-3}。FP32 格式转换为 TF32 格式时,需要将尾数的低 13 位截去。而 TF32 格式转化为 FP32 格式时需要将尾数低位补 0 直至 23 位。

NVIDIA 公司的 GPGPU 从 Ampere 架构开始在张量核心上支持 TF32。支持 TF32 的张量核心借助 NVIDIA 库函数可以将 A100 单精度训练峰值算力提升至 156 TFLOPS,达到 V100 FP32 的 10 倍。A100 还可使用 FP16/BF16 自动混合精度(AMP)训练,通过微量的代码修改,使得 TF32 性能再提高 2 倍,达到 312 TFLOPS。

3．FlexPoint 格式

神经网络以张量为基础进行运算,这些运算包含大量的张量乘和张量加,操作的数据格式大部分为 FP16 或 FP32。然而,这些数据格式可能并不适合大规模神经网络计算,因为大量的张量数据之间存在着较多冗余信息,对硬件面积、功耗、运算速度及存储空间占用来说都有不利的影响。

通过修改数据格式,文献[4]认为冗余信息的问题可以得到缓解。通过对基于 CIFAR-10 数据集训练 ResNet 过程中共计 164 个 epoch 的权重、特征图及权重更新数值的分布统计发现,这些数值有着较为集中的动态分布范围。如图 5-4 所示,epoch 0 和 epoch 164 的大部分权重数值都分布在 $2^{-8} \sim 2^{0}$,大部分的特征图(激活)数值都分布在 $2^{-7} \sim 2^{1}$。而 epoch 0 的大部分权重更新数值都分布在 $2^{-20} \sim 2^{-12}$,epoch 164 的大部分权重更新数值分布在 $2^{-24} \sim 2^{-16}$。集中的动态范围意味着相似的指数。换句话说,如果固定每个张量的指数,可以通过 16 比特的尾数来表示张量中每个数的精确值。因此,可以利用一种称为 FlexPoint 的新的数据格式来优化浮点数据的表示。

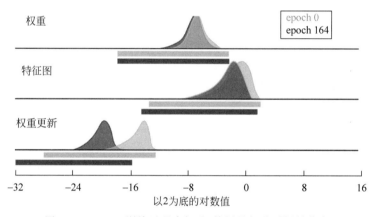

图 5-4　ResNet 训练过程中权重、特征及权重更新的分布

FlexPoint 具有 m 位尾数和 n 位指数。在一个张量中,每个数据都具有自己的 m 位尾数存储于设备端,而整个张量具有共同的 n 位指数存储于主机端。这种数据格式称为 FlexPoint $m+n$。图 5-5 给出了尾数为 16 而指数为 5,即 FlexPoint 16+5 的数据格式。可以看到,这种格式有两个优点。

(1) 张量内部各个数据之间求和与定点数求和一致,不需要考虑指数的影响,避免了浮点数求和中复杂的指数对齐过程。

(2) 张量之间乘积与浮点数乘积相同,这种乘积方式较为简单。

FlexPoint 也存在一定缺点。例如,要在硬件中有效地实现 FlexPoint,必须在两个张量运算之前确定输出张量的指数,否则就需要存储高精度的中间结果,这会增加硬件的开销。为了解决这一问题,该文献还提出一种指数管理算法 Autoflex。Autoflex 针对迭代优化算

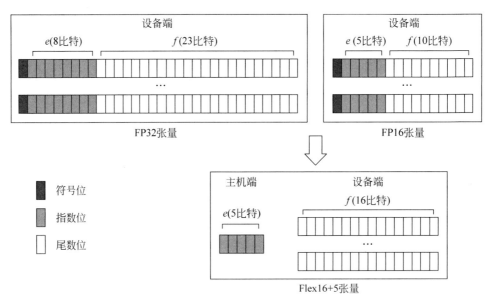

图 5-5　FlexPoint16＋5 的浮点数据格式

法,比如随机梯度下降算法,通过统计每次迭代中张量数据的指数变化来优化输出张量的指数。具体而言,对于输出张量 T,Autoflex 会将 T 最近迭代产生的最大尾数存放于队列中。首先,判断队列中绝对值的最大值 a,如果 a 有上升趋势或向上越界,则直接增加整个张量 T 的指数。反之,如果 a 有下降趋势或向下越界,则减少指数的数值。其次,统计队列中所有尾数的标准差,根据标准差和最大值预测其增长趋势,并且预测下一次迭代中张量 T 可能出现的最大结果。最后,预测得到的最大结果转化为下一次迭代输出张量 T 整体的指数。FlexPoint 的假设基于神经网络训练中数值变化的过程较为缓慢。基于这种假设,Autoflex 通过张量变化的历史来预测未来输出张量的指数也是合理的。

5.2　GPGPU 的运算单元

运算单元是 GPGPU 实施计算操作的核心。在硬件上,NVIDIA 公司的 GPGPU 提供了 CUDA 核心单元、双精度单元、特殊功能单元及张量核心单元,解决不同场景的计算问题。CUDA 核心单元主要面向通用运算,如定点数的基本运算和浮点数的基本运算;特殊功能单元面向超越函数计算;张量核心单元面向矩阵运算,以应对大量的神经网络计算需求。本节将重点介绍除张量核心单元之外的运算单元结构。

5.2.1　整型运算单元

整型运算中应用较多的是算术加法、乘法和逻辑运算。

1．整型数加法

在计算机中，正整数以原码方式存储，负整数多以二进制补码的方式存储。因此，通过整型加法可以直接带着二进制补码的符号进行运算，得到正确的结果。

对于两个整型数 X 和 Y，其二进制加法的一般步骤如下：

（1）按位相加。从 X 和 Y 的低位开始逐位相加，低位得到的进位参与高位的相加，逐渐传递进位。

（2）判断溢出。由于位数的限制，整型数只能表示一定范围的数值。如果加法运算的结果超过这一范围，则会导致溢出。

（3）溢出处理，输入结果。不同的语言和编译器会采用不同的方式处理溢出。在 C/C++ 语言中，通常会采用取模运算以保证结果非溢出。

根据整数加法的原理，一个简单的整型数加法器可以由全加器（Full Adder，FA）级联得到。例如，4 比特整型数加法器可以由 4 个全加器计算得到。一个全加器的输入为 a、b 两个加数对应的两个比特位 a_x 和 b_x 及进位输入 c_x，输出为三者相加得到的结果 s_x 和进位输出 c_{x+1}。通过串行求解输入位的和并传递进位，可以完成所有位的计算。

这种简单的加法器称为行波进位加法器，原理简单，但由于串行进位导致速度较慢。为了提高加法的计算速度，需要更快的进位链传播，也由此产生了多种不同类型的加法器结构设计，如进位选择加法器、超前进位加法器等快速加法器结构。具体可参见文献[5]中关于加法器设计的介绍。

计算结果需要判断是否溢出。一般情况下，加法器通过最高位进位和次高位进位的异或结果进行判断。例如，对于 k 位整型数相加，会判断其 c_{k-1} 和 c_k。如果 c_{k-1} 为 1 而 c_k 为 0，则产生正溢，即超过了整型数表示范围的最大值。若 c_{k-1} 为 0 而 c_k 为 1，则会产生负溢，即超过了整型数表示范围的最小值。两种溢出情况下，c_{k-1} 和 c_k 异或运算的结果均为 1。判断溢出后，进行溢出处理。如果运算结果有效，有些处理器还会检测其是否为负数或 0，并设置处理器中相应的状态标志位。

2．整型数乘法

整型乘法器实际上就是一个复杂的加法器阵列，因此乘法器代价很高并且速度更慢。但由于许多场景下的计算问题常常都是由乘法运算速度决定的，因此现代处理器都会将整个乘法单元集成到数据通路中。

对于一个二进制数乘法，假定乘数是 m 比特和 n 比特的无符号数，且 $m \leqslant n$。最简单的方法是采用一个两输入的加法器，通过不断地移位和相加，把 m 个部分积累加在一起。每个部分积是 n 位被乘数与 m 位乘数中的一位相乘的结果，这个过程实际上就是一个"与"操作，然后将结果移位到乘数的对应位置进行累加。这种方法原理简单，但迭代计算时间长，无法应用在高性能处理器中提供快速的乘法计算。

实际的快速乘法器则采用类似于手工计算的方式。利用硬件的并行性同时产生所有的部分积并组成一个阵列，通过将多个部分积快速累积得到最终的结果。这种方式比较容易映射到硬件的阵列结构上，因此也称为阵列乘法器。它一般集成了三个步骤：部分积产生、部分积累加和相加。

（1）部分积产生。部分积的个数取决于 m 位乘数中 1 的个数，可能有 m 个，也可能是 0 个。因此部分积产生一般会采用 Booth 编码，将部分积的数量减少一半。Booth 编码只需要一些简单的逻辑门，但可以显著地降低延时和面积。

（2）部分积累加。部分积产生之后，需要将它们全部相加。阵列加法器实际上采用了多操作数的加法，消耗比较大的面积。更为优化的做法是以树结构的方式完成加法。利用全加器和半加器，通过反复地覆盖部分积中的点，把部分积的阵列结构转化成为一个 Wallace 树结构，同时减少关键路径的长度和所需要的加法器数目。

（3）相加。这是乘法的最后一个步骤，加法器的选择取决于部分积累加树的结构和延时。加法器对于乘法的计算速度有直接的影响。

综合利用以上技术，结合细致的时序分析和版图设计可以实现高性能的乘法器，满足现代处理器的计算需求。

3. 逻辑与移位单元

除了算术运算，GPGPU 还提供基本的逻辑和移位运算。逻辑运算包括了二进制之间基本的与(and)、或(or)、异或(xor)、非(not)等运算，以及 C/C++ 中应用较为广泛的逻辑非(cnot)。逻辑非可通过判断源操作数是否为零来对目的操作数进行 0/1 赋值。移位运算包括拼接移位运算(shf)、左移(shl)、右移(shr)等。

5.2.2 浮点运算单元

浮点数运算单元能够根据 IEEE 754 标准处理单精度浮点数和双精度浮点数的算术运算，包括加法、乘法和融合乘加运算。

1. 浮点数加法单元

假设两个浮点数 X 和 Y，按照 IEEE 754 标准表示为 $X=1.f_x \times 2^x, Y=1.f_y \times 2^y$。假设 $x \geqslant y$，那么两个数加法运算的步骤如下。

（1）求阶差：$x-y$。

（2）对阶：$Y=1.f_y \times 2^{y-x} \times 2^x$，使两个数的指数相同。一般会将较小的那个数的小数点左移，避免移动较大数带来的有效数字丢失。

（3）尾数相加：$f_x+1.f_y \times 2^{y-x}$。

（4）结果规格化并判断溢出：$X+Y=1.(f_x+1.f_y \times 2^{y-x}) \times 2^x$。得出的结果可能不符合规格化的要求，需要转换为规格化浮点数。之后，还需要对指数进行判断，可能出现溢出的情况导致浮点数出现特殊值。

（5）舍入：如果尾数比规定位数长，则舍入。

（6）再次规格化：舍入后可能会导致数据不符合规格化浮点数的标准，例如，1.111_1100_2 舍入后得到 10.000_2，这并不符合规格化浮点数的标准，所以需要再次规格化为 1.000×2^1。

图 5-6 显示了浮点数加法器的结构框图。与浮点数加法步骤第一步相对应,浮点数加法器硬件首先需要将输入的操作数 x 和 y 进行拆分。在拆分的过程中,硬件会检测输入浮点数的特殊值情况,如果其中存在 0、NaN 或无穷,那么可以直接输出另外一个操作数作为结果、输出 NaN 或无穷。

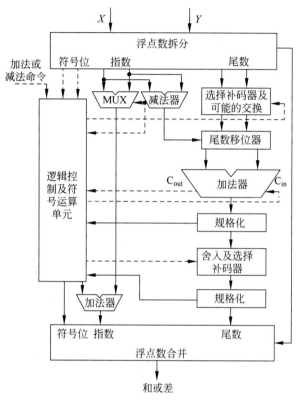

图 5-6　浮点数加法器的结构框图

拆分后的符号位会作为逻辑控制及符号运算单元的输入。符号位、指数偏移位比较和尾数计算过程中产生的结果会影响最终结果的标志位。指数偏移位比较大小,偏移位较大的会直接进入结果前的加法器中,与尾数计算中产生的进位相加,得到最终的指数偏移位结果。

尾数的计算比较复杂。两个尾数首先会进入选择补码器中,由于可能会出现不同符号数相加/减,根据控制逻辑选择补码器可能会将其中一个尾数转为补码。在设计选择补码器的过程中,为了减少硬件开销,一般只支持一个数进行补码操作,此时有可能需要两个尾数进行交换,完成指定尾数转换补码操作。根据尾数偏移位的减法结果在尾数移位器中进行对阶操作。对阶完成后,两个尾数可以直接在补码加法器中完成加法操作,得到的进位需要输入控制逻辑,用于最终结果的指数偏移位计算。

补码加法器得到的结果需要规格化,因为计算得到的结果可能出现进位,因此需要右移一位。也可能得到的结果很小,在补码中表现为有超过两个的 0 或 1 存在于尾数的高位上,此时需要左移多位。

规格化结束后需要对尾数根据 IEEE 754 舍入标准进行舍入,通常情况下是就近舍入。具体可参见表 5-2 的说明。舍入后的结果也可能需要进行补码运算和规格化过程,并最后输入成为结果的尾数。

最终,浮点数加/减法器需要将输出的符号位、指数位移位和尾数位重新打包,并且判断结果是否存在溢出或出现了非规格化值情况。硬件加法器处理非规约浮点数的运算比较困难,很多情况下都需要软件方案的辅助。

2. 浮点数乘法单元

相比于浮点数加法,浮点数乘法的计算过程较为简单。这里依然以浮点数 $X=1.f_x \times 2^x$ 和浮点数 $Y=1.f_y \times 2^y$ 为例,介绍浮点数的乘法运算过程。

(1)阶码相加: $x+y$。

(2)尾数相乘: $1.f_x \times 1.f_y$。

(3)结果规格化并判断溢出: $X \times Y = 1.f_x \times 1.f_y \times 2^{x+y}$。结果计算完毕后,计算结果可能不符合规格化浮点数的要求,或计算结果可能直接溢出。

(4)舍入:如果尾数比规定位数长,则舍入。

(5)再次规格化:与浮点数加法相似,舍入后可能会导致数据不符合规格化浮点数的标准,需要再次规格化。

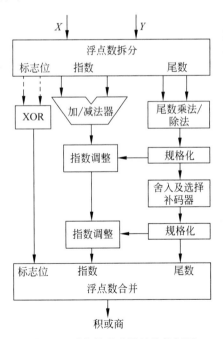

图 5-7　浮点数乘法器的结构框图

浮点数乘法单元的运算过程也与浮点数乘法过程类似。如图 5-7 所示,浮点数操作数首先根据 IEEE 754 标准进行拆解和特殊数值判断。拆解得到的浮点数符号位会进行异或操作,得出结果的符号位。指数偏移位会通过定点加法器进行有符号加法操作。

两个尾数会进入一个无符号乘法器中进行运算。由于每个有效数都带有一个隐藏的 1 和小数,尾数乘法单元将是一个无符号的 $(l+1) \times (l+1)$ 的乘法器,其中 l 是尾数的长度,通常产生一个 $2l+2$ 位的结果。由于这个结果要在输出处舍入到 $l+1$ 位,因此在乘法器设计中,可以忽略这个范围之外的计算。

与加法器类似,尾数乘法器输出的结果也可能过大或者过小,所以需要先进行规格化,再进行舍入,舍入后还需进行规格化。两次规格化可能会导致指数偏移量的变化,这些变化需要增加到指数偏移量加法器中得到最后的指数偏移量结果。

最后将结果组合,进行溢出判断并输出最终结果。

3. 浮点数融合乘加单元

浮点数的融合乘加运算(Fused Multiply-Add,FMA)要求完成形如 $c=ax+b$ 的操作,一般会记为两个操作。一种简单的方法是按照分离的乘法和加法分别计算。例如,先完成 $a\times x$ 的运算,将其结果数值限定到 N 个比特,然后与 b 的数值相加,再把结果限定到 N 个比特。融合乘加的计算方法则是先完成 $a\times x$ 的运算,在不修剪中间结果的基础上再进行加法运算,最终得到完整的结果后再限定到 N 个比特。由于减少了数值的修剪次数,融合乘加操作可以提高运算结果的精度。

因此,一种浮点融合乘加单元的简单设计就是一个浮点乘法器后级联一个浮点加法器。乘法器需要保留中间结果的所有位数,之后需要一个 2 倍位数的浮点数加法器进行累加。但这种方法的延时较长,约为乘法和加法延迟的和。

另一种性能更优的浮点数融合乘加单元则从多个角度进行了设计优化。如图 5-8 所示,输入 a、x 和 b 的尾数表示为 f_a、f_x 和 f_b,相比于基本的融合乘加单元,具有以下优点。

(1) 使用了预先移位器。根据 a、x 和 b 的指数偏移量,融合乘加单元会将 f_b 左移或右移。移位后的 f_b 将是一个 3 倍位宽的数,以保留任何方向移出的位。

(2) 在 f_a 和 f_x 乘法的累加树结构中,将 f_b 作为一个部分积直接与 f_a 和 f_x 的部分积相累加,节省了单独加法器的步骤,也节省了单独加法的延时。

(3) 使用连续 0/1 预测器,预测在规格化中需要进行的位移。

通过这些技术的运用和设计,图 5-8 的融合乘加单元的延时与乘法器相当。

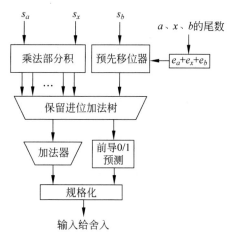

图 5-8 浮点数融合乘加运算器的结构框图

4. 双精度浮点单元

在面向科学计算的 GPGPU 中,还会为双精度浮点配备相应的双精度运算单元,以支持符合 IEEE 754 标准中 64 位双精度浮点的操作。与单精度浮点单元类似,双精度浮点单元支持包括以加法、乘法、融合乘加和格式转化为主的操作。双精度浮点的融合乘加指令可以在软件中用来实现更高精度的除法和平方根等运算。

双精度浮点单元在设计原理上与单精度浮点单元类似,只不过支持的数据格式发生了改变。考虑到双精度更长的尾数和指数位,电路上的延时会更大,因此设计和实现高性能的双精度单元难度会更高,同时面积也会相应增加。因此,GPGPU 中双精度浮点单元的数量相比于单精度浮点单元会更少。

5.2.3 特殊功能单元

为了提高 GPGPU 在科学计算和神经网络计算中的性能表现,GPGPU 还配备了特殊运算单元来提供对一些超越函数的加速操作。在科学计算中,许多数学运算涉及超越函数。在神经网络运算中,许多激活函数,如 sigmoid、tanh 在引入非线性的同时,也要求 GPGPU 可以快速处理这些激活函数以避免性能瓶颈。

1. 特殊功能函数及计算方式

特殊功能函数多种多样。在 NVIDIA 的 GPGPU 设计中,特殊功能函数主要包括在数值计算中常用的超越函数,如正弦(sine,$\sin(x)$)、余弦(cosine,$\cos(x)$)、除法(division,x/y)、指数(exponential,e^x)、幂乘(power,x^y)、对数(logarithm,$\log(x)$)、倒数(reciprocal,$1/x$)、平方根(square-root,$\sqrt{x}$)和平方根倒数(reciprocal square-root,$1/\sqrt{x}$)函数。

在传统的 CPU 中,直接计算这些超越函数非常困难,一般会通过调用专门的数学库函数,借助数学变换和数值方法对它们进行高精度的求解。这种方式计算的结果可以保持很高的精度,但求解速度慢。GPGPU 则提供了两种计算方式,一是通过类似调用数学库函数的方式,利用通用运算单元(如 NVIDIA 的 CUDA 核心)来完成高精度的计算,二是利用GPGPU 提供的特殊功能单元专用硬件,完成快速的近似计算。

针对上述 9 种超越函数,CUDA 数学库提供了精确计算的函数和快速近似计算的函数,如表 5-3 所示。从中可以看到,CUDA 提供了所有 9 个超越函数的精确计算版本供编程

表 5-3 在 CUDA 核心和特殊功能单元上计算超越函数对比

函数	CUDA 代码		PTX 指令	
	CUDA 核心执行版本	特殊功能单元执行版本	CUDA 核心执行版本	特殊功能单元执行版本
x/y	x/y	__fdividef(x,y) & -ftz=true	div.rn.f32 %f3,%f1,%f2	div.approx.ftz.f32 %f3,%f1,%f2
$1/x$	1/x	__frcp_[rn,rz,ru,rd](x) & -ftz=true	rcp.rn.f32 %f2,%f1	rcp.approx.ftz.f32 %f2,%f1
$\sqrt{x}$	sqrtf(x)	__fsqrt_[rn,rz,ru,rd](x) & -ftz=true	sqrt.rn.f32 %f2,%f1	sqrt.approx.ftz.f32 %f2,%f1

续表

函数	CUDA 代码		PTX 指令	
	CUDA 核心执行版本	特殊功能单元执行版本	CUDA 核心执行版本	特殊功能单元执行版本
$1/\sqrt{x}$	$1.0/\text{sqrtf}(x)$	rsqrtf(x) & —ftz =true	sqrt.rn.f32 %f2,%f1 rcp.rn.f32 %f2,%f1	rsqrt.approx.ftz.f32 %f2,%f1
x^y	powf(x)	__powf(x,y) & —ftz=true	非常复杂	lg2.approx.ftz.f32 %f3,%f1 mul.ftz.f32 %f4,%f3,%f2 ex2.approx.ftz.f32 %f5,%f4
e^x	expf(x)	__expf(x) & —ftz =true	非常复杂	mul.ftz.f32 %f2,%f1,0f3FB8AA3B ex2.approx.ftz.f32 %f3,%f2
$\log(x)$	logf(x)	__logf(x) & —ftz =true	非常复杂	lg2.approx.ftz.f32 %f2,%f1 mul.ftz.f32 %f3,%f2,0f3F317218
$\sin(x)$	sinf(x)	__sinf(x) & —ftz =true	非常复杂	sin.approx.ftz.f32 %f2,%f1
$\cos(x)$	cosf(x)	__cosf(x) & —ftz =true	非常复杂	cos.approx.ftz.f32 %f2,%f1

人员调用,只需要声明 math_functions.h 头文件。CUDA 还对应提供了快速近似计算的版本,只需要声明 device_functions.h 头文件。另外,快速近似版本的函数调用形式基本上是在精确版本的函数前面加上"__"作为前缀。例如,如果编程人员需要利用特殊功能单元完成余弦函数的计算,可以调用__cos(x)函数并指明"—ftz=true",它使得所有的非规格化浮点数均为 0,或通过指明"—use_fast_math"这一编译选项,让 nvcc 编译器强制调用快速近似版本,利用特殊功能单元实现硬件加速。CUDA 提供的丰富函数类型和调用方法使得超越函数的运算在 CUDA 级别上基本就可以完成,同时也为编程人员提供了运算精度和速度之间的选择权。

表 5-3 对应给出了精确计算的 PTX 指令和快速近似计算的 PTX 指令形式。例如,对于 x^y、e^x、$\log(x)$、$\sin(x)$ 和 $\cos(x)$ 函数,精确计算会将它们转换为一连串复杂的 PTX 代码。如果选择了带有"__"前缀的快速近似函数或使用了"—use_fast_math"的编译选项,那么往往只需要少数几条 PTX 指令就可以完成所有超越函数的计算。近似计算的 PTX 函数

往往具有如下形式

function.approx.ftz.f32 %f3, %f1, %f2；

其中，"approx"表示近似计算，"ftz"表示对于非规格化数采用近似到 0 的策略，"f32"表示单精度浮点类型。

上述的超越函数计算主要是针对单精度浮点数据进行的。如果是双精度浮点的超越函数计算，一般只能采用精确的 CUDA 库函数进行。只有少数的超越函数，如 rcp 和 rsqrt，特殊功能单元提供了近似计算的版本。

另外，特殊功能函数还支持属性插值及纹理映射和过滤操作。

2. 特殊功能单元的结构

GPGPU 配备了专门的特殊功能单元来对超越函数的快速近似计算提供硬件支持。使用硬件计算超越函数有多种方法。已有研究表明，基于增强的最小逼近的二次插值算法是硬件实现数值逼近的一种有效的方法，它可以实现快速且近似的超越函数计算。这个算法主要包括三个主要步骤。

（1）判断输入函数和输入是否存在特殊值情况。

（2）根据输入的高位组成增强的最小逼近的二次插值算法的参数。

（3）根据输入的低位计算最终的近似结果。

基于这个算法，图 5-9 给出了一种特殊功能单元的设计方法。具体来说，它的输入是 n 位的 X 及对应需要求解的函数 f，输出是该函数的近似解 $f(X)$。

根据步骤（1），针对输入的参数 X 和函数 f，通过专门的检查逻辑判断 X 是否为特定的数值，以确定 X 是否要继续后续的计算。

根据步骤（2），为了计算近似解 $f(X)$，X 会被分为两部分，即 m 位高位组成的 X_u 及 $n-m$ 位低位组成的 X_l。由于算法后期会利用 X_l 计算出 $f(X) \approx C_0 + C_1 X_0 + C_2 X_l^2$ 来给出近似的结果，因此为了得到 C_0、C_1 和 C_2 的值，特殊功能单元的设计还包括使用 X_u 作为地址来获得 C_0、C_1 和 C_2 的查表结构。

根据步骤（3），为了计算 $f(X) \approx C_0 + C_1 X_l + C_2 X_l^2$，在查表获取 C_0、C_1 和 C_2 三个系数的同时，X_l 会进入 Booth 编码器和专门设计的平方器进行编码和计算，通过 C_1 和 C_2 硬连线得到 $C_2 X_l^2$ 和 $C_1 X_l$ 的结果。平方器是经过特殊优化的，相比于传统的乘法器，平方器会更快地处理两个相同数的乘积。为了优化截断误差，平方器添加了一个与输入函数相关的偏差值。在后续求和过程中，为了利用 $C_2 X_l^2$ 优化后续计算，特殊功能单元还可以将结果进行编码。

如果特殊功能单元支持多个函数，不同函数的 C_0、C_1 和 C_2 系数并不同。这可以通过查找表中系数的适当排列或根据乘积结果显式移位器来适应。特殊功能单元还会在求和树中兼顾特定函数的偏差。该偏差是基于对每个函数的大量数据模拟而预先确定的，其目的是使误差分布居中，减少总体误差的最大值。

将求和的结果规格化，进行合并和选择之后即可输出一个近似的 $f(X)$ 结果。具体算法和数学变换可参见文献[8-10]。

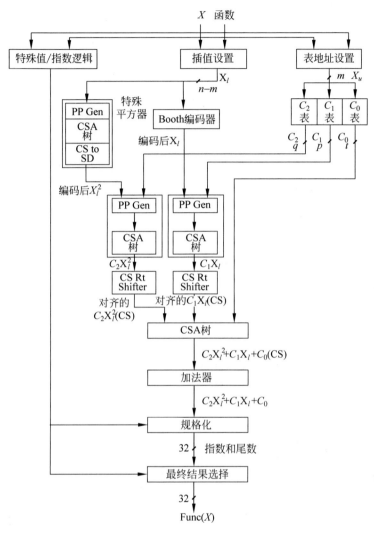

图 5-9 特殊功能单元的硬件结构框图

3. 精确与近似计算的对比

相比于通过 CUDA 核心执行数学库函数来准确计算超越函数的过程,特殊功能单元的计算更为快速,但是精度较低。然而,对于许多 GPGPU 的通用计算场景来说,恪守精度并不是必需的要求,与最末位损失的精度相比,更高的计算吞吐率则是更为重要的。

表 5-4 显示了两者的计算精度对比,其误差的默认基本单位为 ulp(unit in the last place)。对于给定的浮点格式,ulp 是与此浮点数值左右最近的两个浮点数的距离。例如,对于实数 0.1,如果用 FP32 表示,距离 0.1 最近的两个数为 $3DCCCCCC_{16}$ 及 $3DCCCCCD_{16}$,其对应的十进制数为 $0.099\ 999\ 994\ 039\ 536_{10}$ 及 $0.100\ 000\ 001\ 490\ 12_{10}$。两者之间的距离为 $0.000\ 000\ 007\ 450\ 76_{10}$。因此可以说,0.1 在 FP32 表示下的 1ulp 等于 0.000 000 007 450 76。

表 5-4　基于 CUDA 核心的数学库与特殊功能单元计算超越函数的精度对比

数学库函数	CUDA 核心误差	特殊功能单元函数	特殊功能单元误差
x/y	0	__fdividef(x,y)	当 y 属于 $[2^{-126},2^{126}]$，最大误差为 2
$1/\mathrm{sqrt}(x)$	0(编译选项增加—prec—sqrt=true)	rsqrtf(x)	2
expf(x)	2	__expf(x)	最大误差 $2+\mathrm{floor}(\mathrm{abs}(1.16*x))$
exp10f(x)	2	__exp10f(x)	最大误差 $2+\mathrm{floor}(\mathrm{abs}(2.95*x))$
logf(x)	1	__logf(x)	当 x 属于 $[0.5,2]$，最大绝对误差为 $2^{-21.41}$，否则 ulp 误差大于 3
log2f(x)	1	__log2f(x)	当 x 属于 $[0.5,2]$，最大绝对误差为 2^{-22}，否则 ulp 误差大于 2
log10f(x)	2	__log10f(x)	当 x 属于 $[0.5,2]$，最大绝对误差为 2^{-24}，否则 ulp 误差大于 3
sinf(x)	2	__sinf(x)	当 x 属于 $[-\pi,\pi]$，最大绝对误差为 $2^{-21.41}$，否则更大
cosf(x)	2	__cosf(x)	当 x 属于 $[-\pi,\pi]$，最大绝对误差为 $2^{-21.19}$，否则更大

在计算速度方面,精确计算的超越函数会占用更多的执行时间。例如,sinf()和 cosf()函数可能会达到上百个周期以上。基于特殊功能单元的近似计算,则主要依赖特殊功能单元的电路设计。例如,在 NVIDIA Fermi GT200 GPGPU 中,__sinf()和__cosf()需要 16 个周期,平方根倒数或对数操作需要 32 个或更长。

5.2.4　张量核心单元

NVIDIA 公司在最近几代 GPGPU(如 Volta、Turing 和 Ampere)中添加了专门为深度神经网络设计的张量核心(tensor core),大幅提升 GPGPU 在低位宽数据下的矩阵运算算力,并专门设计了支持张量核心单元的编程模型和矩阵计算方式。本书第 6 章将专门针对张量核心单元进行详细的介绍,介绍张量核心的架构设计特点,进而理解现代 GPGPU 对深度神经网络运算的加速方式。

5.3　GPGPU 的运算单元架构

GPGPU 的运算核心包含了不同类型的运算单元,用以实现不同的运算指令,支持不同场景下多种多样的数据计算。例如,整型运算指令在整型运算单元上执行,单精度浮点运算指令在单精度浮点运算单元上执行,超越函数运算指令在特殊功能单元上执行。

每种类型的运算单元又包含了大量相同的硬件,遵照 SIMT 计算模型的方式组织并运行,因此用较少的控制代价提供了远高于 CPU 的算力。硬件上大量的运算单元与可编程多处理器中的线程束调度器和指令发射单元相配合,实现了指令流水线中段和后段的连接,构建了高效的运算单元架构,为大规模的数据处理提供了底层的硬件支持。

5.3.1　运算单元的组织和峰值算力

算力指计算能力。一般来讲,不同的计算平台对算力有不同的衡量方法。GPGPU 注重通用计算场景中单精度浮点运算的能力,所以会采用每秒完成的单精度浮点操作个数,即 FLOPS 来衡量。峰值算力指理想情况下所有运算单元都工作时所能够提供的计算能力,它往往是硬件能力的一种衡量,并不能代表软件运行时的实际性能。对于单精度浮点操作而言,每个 CUDA 核心每周期可以支持一个单独的加法或乘法操作,还支持浮点融合乘加指令(FFMA)同时完成乘加两个操作,所以一般 GPGPU 的峰值算力是按照 CUDA 核心满载执行 FFMA 指令的 2 个操作来计算的。其他类型数据的算力也可以类似计算。

GPGPU 以可编程多处理器为划分粒度,将不同类型的大量运算单元分别组织在一起,形成多条不同的运算通路,实现了以运算为主的运算单元架构。图 5-10~图 5-12 分别给出了 NVIDIA 公司历代主流 GPGPU 架构中可编程多处理器的几种典型架构,重点展示了其运算单元架构及它们与其他主要模块的关系。

图 5-10 展示了早期 Fermi 架构的可编程多处理器结构框图,主要包括 2 个线程束调度器、2 个指令发射单元、128KB 寄存器文件、32 个 CUDA 核心、16 个 LD/ST 单元、4 个 SFU 和 64KB 的 L1 数据缓存/共享存储器等。

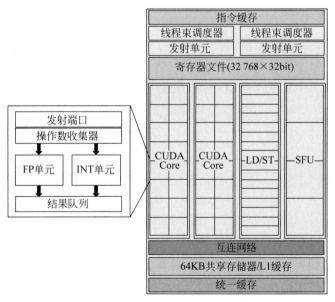

图 5-10　Fermi 架构可编程多处理器结构框图

图 5-11 展示了 Kepler 架构的可编程多处理器结构框图,主要包括 4 个线程束调度器、8 个指令发射单元、256KB 寄存器文件、192 个 CUDA 核心、32 个双精度浮点单元、32 个 LD/ST 单元、32 个 SFU 和 64KB 的 L1 数据缓存/共享存储器。

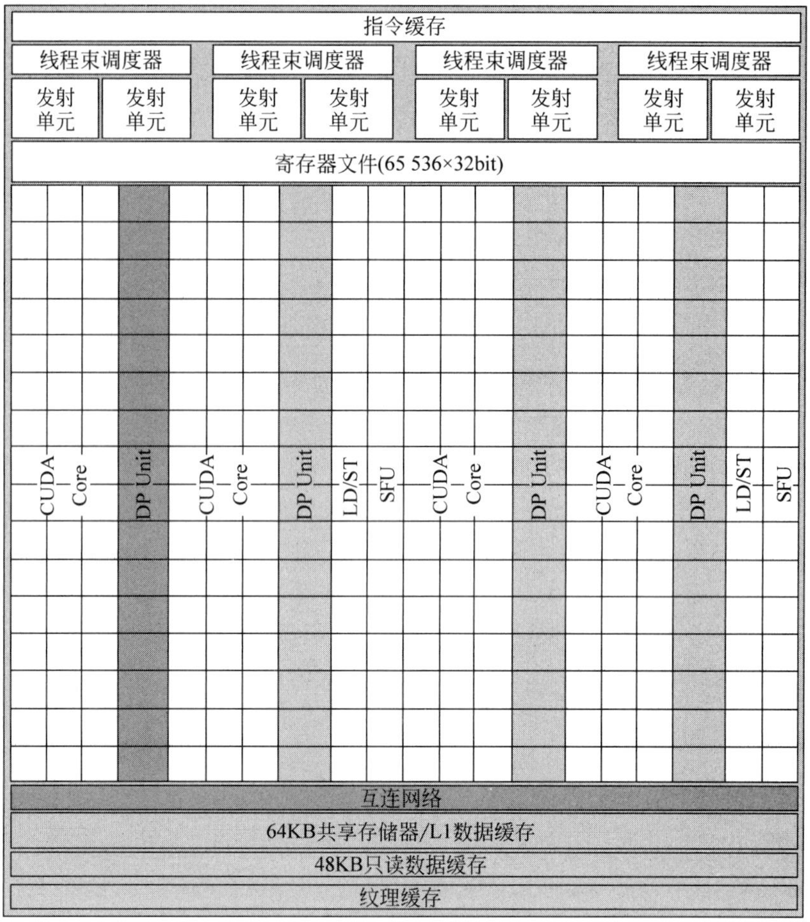

图 5-11　Kepler 架构可编程多处理器结构框图

图 5-12 展示了 Volta 架构的可编程多处理器结构框图,主要包括 4 个处理子块 (processing block)及 128KB 的 L1 数据缓存/共享存储器。其中,每个处理子块又包括 1 个线程束调度器、1 个指令发射单元、64KB 寄存器文件、8 个双精度浮点单元、16 个整型单元、16 个浮点单元、2 个张量核心、8 个 LD/ST 单元和 4 个 SFU。

仅从 GPGPU 运算单元架构中独立的数据通路来看,各种类型的峰值算力可以根据运算单元的个数独立计算。表 5-5 和表 5-6 分别总结了历代主流 GPGPU 的核心工作频率、可编程多处理器和处理子块的个数、CUDA 核心单元、双精度浮点单元、特殊功能单元的个数和处理能力。从这些数据可以得到不同架构的峰值算力。对于一种数据类型及其精度而言,GPGPU 的峰值计算能力可以使用单个周期执行的操作数量、参与运算的单元数及单元的工作频率相乘计算得出。

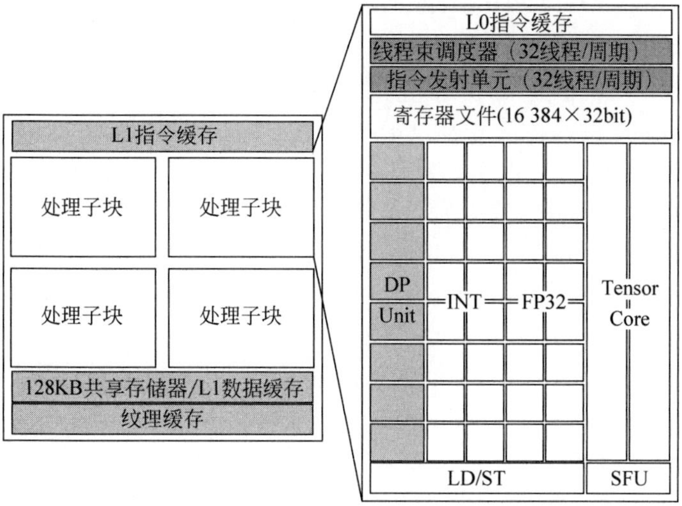

图 5-12　Volta 架构可编程多处理器结构框图

表 5-5　NVIDIA 主流架构 GPGPU 的关键硬件参数

架　　构	核心频率/MHz	SM 数量	处理子块数量/SM	CUDA 核心单元	双精度单元	特殊功能单元
Fermi(GF100)	701	16	N/A	512	N/A	64
Kepler(GK110)	875	15	N/A	2880	960	240
Maxwell(GM200)	1114	24	4	3072	96	768
Pascal(GP100)	1480	56	2	3584	1792	896
Volta(GV100)	1530	80	4	5376	2560	1280
Turing(TU102)	1770	72	4	4608	N/A	1152
Ampere(GA100)	1410	128	4	6912	4096	2048

表 5-6　NVIDIA 主流架构 GPGPU 的峰值算力　　　　单位：TFLOPS

架　　构	整　型	FP32	FP64	FP16
Fermi(GF100)	N/A	1.5	0.768	N/A
Kepler(GK110)	N/A	5.04	1.68	N/A
Maxwell(GM200)	N/A	6.84	0.21	N/A
Pascal(GP100)	N/A	10.6	5.3	21.2
Volta(GV100)	15.7	15.7	7.8	31.4
Turing(TU102)	16.3	16.3	N/A	32.6
Ampere(GA100)	19.5	19.5	9.7	78

以 Ampere 架构为例，单精度浮点 FP32 单元可以在一个周期完成一次全通量的 FFMA 运算，相当于乘法和加法两个操作。由表 5-5 可知，A100 配备有 6912 个 FP32 单

元,每个单元的工作频率①为 1410MHz。所以,A100 的 FP32 峰值算力为 2 OPs×6912×1410MHz=19.5TFLOPS。

对于双精度浮点 FP64 单元的峰值性能,同样可以使用上述计算公式,A100 包含 3456 个 FP64 单元,故 FP64 的峰值算力为 2OPs×3456×1410MHz=9.7TFLOPS。

32 位整型运算单元与 FP32 单元数量相等,核心工作频率相等,可以用整型 FMA 指令来评估 A100 的 32 位整型峰值算力为 2OPs×6912×1410MHz=19.5TFLOPS。

值得注意的是,还可以用 FP32 和 FP64 单元支持 FP16 数据运算。一般认为一个 FP32 核心可以支持 2 个 FP16 数据的运算,因此 Pascal、Volta 和 Turing 架构中非张量核心实现的 FP16 峰值算力为 FP32 峰值算力的 2 倍。在 A100 架构中,除 FP32 单元外,FP64 单元也可能被设计成支持 4 个 FP16 数据的运算,因此 A100 中非张量核心实现的 FP16 峰值算力表示为两部分峰值算力之和,为 78TFLOPS。

特殊功能单元的计算吞吐率取决于函数的类型,所以很难用峰值算力来衡量。表 5-5 中仅给出了其在可编程多处理器中的数量。

另外,NVIDIA GPGPU 的架构耦合了通用计算和图形处理的功能,但不同的产品有所侧重。自 Fermi 架构以来,每一代计算卡和图形卡都包含了 FP32 单元,并且将 FP32 单元和 INT32 的 ALU 整合在一个 CUDA 核心中。从 Volta 架构起,计算卡的 FP32 和 INT32 单元分离,而图形卡依然绑定在一起。但图形卡中的 FP64 单元往往都会大幅缩水,如表 5-7 所示。这也是两者面向不同的领域而导致的不同设计。

表 5-7 NVIDIA 主流架构 FP32 和 FP64 的峰值算力

架　　构	计　　算　　卡	图　　形　　卡
Fermi	同图形卡	GF100,32:0
Kepler	GK110,192:64	GK104,192:0
Maxwell	GM200,128:4	GM204,128:0
Pascal	GP100,64:32	GP104,128:0
Volta	GV100,256:128	只有计算卡
Turing	只有图形卡	TU102,FP32:FP64 256:0
Ampere	GA100,256:128	GA102,256:0(只计算单独的 FP32)

5.3.2　实际的指令吞吐率

峰值算力体现的是 GPGPU 的硬件能力,需要每个周期都有指令在执行,这在实际内核函数的执行过程中很难达到。软件代码的结构(如条件分支、跳转等)及数据的相关性(如 RAW 相关)都会影响指令的发射。硬件结构(如线程束调度器和发射单元)及片上存储的访问带宽(如寄存器文件和共享存储器)也会影响指令的发射,使得实际的指令吞吐率很难达到峰值算力。指令吞吐率是指每个时钟周期发射或完成的平均指令数量,代表了实际应

---

① GPGPU 的核心工作频率分为基频和睿频,在计算峰值性能时采用睿频得到性能的上界。

用执行时的效率,是刻画 GPGPU 性能的重要指标。本节将重点关注线程束调度器、发射单元等硬件结构对指令发射吞吐率带来的影响。

1. 调度器和发射单元的影响

不同的 GPGPU 架构会采用不同的运算单元架构。不仅运算单元的组织方式有所不同(如 5.3.1 节的介绍),而且不同架构的指令调度和发射方式也不同,并且与运算单元的数量和组织方式有着密切的关系。

1) Fermi 运算单元架构

图 5-10 展示了 NVIDIA 公司的 Fermi 架构的运算核心,可编程多处理器框图主要包括 CUDA 核心、特殊功能单元和 LD/ST 单元。CUDA 核心内主要包括整型运算单元(INT Unit)和浮点运算单元(FP Unit)。整型运算单元采用完全流水化的方式支持 32 位全字长精度的整型运算指令,也支持 64 位整型的运算。浮点运算单元主要支持单精度浮点指令,有时也对其他精度的指令提供支持。

图 5-13 给出了 Fermi 架构下不同类型运算单元与线程束调度器、发射单元的关系。线程束调度器负责从活跃线程中选择合适的线程束,经过指令发射单元发射到功能单元上。Fermi 架构每个可编程多处理器包含 2 个线程束调度器和对应的发射单元。可以看到,32 个 CUDA 核心被分成了 2 组,与特殊功能单元、LD/ST 单元共享 2 个线程束调度器和发射单元。在 Fermi 架构 GPGPU 中,CUDA 核心的频率是调度单元的两倍,因此 16 个 CUDA 核心就可以满足一个线程束 32 个线程的执行需求。为了让 32 个 CUDA 核心满载,Fermi 架构配备了 2 个线程束调度器,这样就可以让包括 CUDA 核心在内不同类型的运算单元能够尽可能保持忙碌。但倍频的设计造成 Fermi 架构功耗偏高,后续设计取消了这种方式,转而采用其他技术来平衡调度器、发射单元和功能单元的关系。

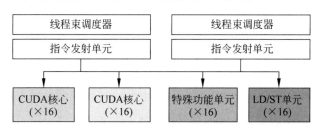

图 5-13　Fermi 架构可编程多处理器中功能单元和线程束调度器发射单元的关系

指令发射单元与功能单元也并非一一对应的关系。不同功能的指令可能会共用发射单元,通过竞争来获得发射机会。Fermi 架构允许两条整型指令、两条单精度浮点指令、整型指令/单精度浮点指令/LDST 指令/SFU 指令的混合同时发射,但双精度指令只能单独发射,不能与任何其他指令配对。一方面可能是由于寄存器文件的带宽限制,另一方面可能是双精度浮点单元要复用两组 FP32 的数据线才能满足数据的带宽需求。

有些类型的功能单元数量较少,这使得对应类型的指令可能需要多个周期才能完成一个线程束 32 个线程的执行。例如,在 Fermi 架构中,每个可编程多处理器只有 4 个特殊功能单元,这意味着线程束的特殊函数计算指令需要占用特殊功能单元 8 个周期才能完成执行。同样的情况也会出现在 LD/ST 单元上。不过,在一个功能单元的多周期执行过程中,线程束调度器还可以调度其他类型的指令到空闲的功能单元上,从而让所有的功能单元都能保持忙碌状态。

另外,从图 5-13 中可以看到,CUDA 核心的设计使得整型运算单元和浮点运算单元共享一个指令发射端口,这意味着整型运算和浮点运算需要通过竞争来获得执行机会。一旦其中一类指令独占了发射端口,它会阻塞另一类指令进入 CUDA 核心。因此,发射端口的限制导致整型单元和浮点单元不能同时得到指令,降低了执行效率。但考虑到分离的设计会进一步增加调度器的数量,因此这也是一种折中的方案。

2)Kepler 运算单元架构

对应图 5-11 展示的 Kepler 运算单元架构,图 5-14 给出了一个可编程多处理器中功能单元和线程束调度器、发射单元的关系。

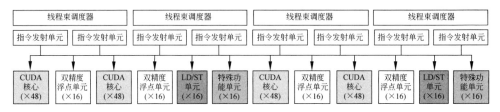

图 5-14　Kepler 架构可编程多处理器中功能单元和线程束调度器、发射单元的关系

芯片集成度的提升使得 GPGPU 中运算单元的数量得以持续增长。Fermi 架构之后,Kepler 架构的 CUDA 核心数量增加到 192 个。原则上,这需要 6 个线程束指令才能满载。考虑到还存在其他功能单元,如双精度单元和 LD/ST 单元,指令数目的需求会更高。然而,由于调度器的硬件复杂性,同时配备这么多调度器在硬件设计上并不明智。因此,Kepler 架构选择了 4 个调度器的设计,并增加双发射单元来弥补调度能力的不足。

双发射技术允许指令发射单元每个周期从调度器选择的线程束中取出两条连续的、不存在数据相关性的指令,同时发射到功能单元上执行。大多数指令都支持双发射,例如两条整型指令、两条单精度浮点指令、整型指令/单精度浮点指令/LDST 指令/SFU 指令的混合,都可以被同时发射。不过,出于硬件复杂度的考虑,存在相关性的指令或第一条指令为分支跳转指令的情况还是会被禁止双发射。实际上,双发射类似于 CPU 中常见的多发射,也是利用指令之间无相关性来提升 ILP 的技术。

在 Kepler 架构中,调度器有 4 个,采用双发射技术理论上可以发射 8 条指令来填满 CUDA 核心和其他功能单元,从而保证峰值算力的需求。由于没有增加调度器的数量,而后的 Maxwell 和 Pascal 架构也都采用了这种技术来应对运算单元数量的增加。由此可见,调度器和发射单元的数量是由功能单元来决定的,以追求最高的指令吞吐率并降低硬件的复杂性为目标。

3）Volta 运算单元架构

对应图 5-12 展示的 Volta 运算单元架构，图 5-15 给出了 Volta 架构一个处理子块中功能单元和线程束调度器、发射单元的关系。

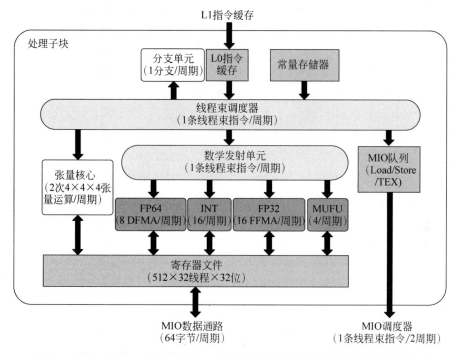

图 5-15　Volta 架构一个处理子块中功能单元和线程束调度器、发射单元的关系

自 Volta 架构起，整型单元和浮点单元从一个 CUDA 核心中分离出来，分属于不同的执行流水线，两种类型指令的发射也不再需要竞争分发端口，因此二者可以同时以全通量的方式执行 FP32 和 INT32 操作，提高了指令发射的吞吐率。由于许多浮点指令包括一个执行指针算术运算的循环，通常地址运算只涉及整型数据，因此采用这种分离的设计将改善这类指令执行的效率。存储器 I/O 流水线与 CUDA 核心流水线相解耦，使得浮点运算、地址运算和数据加载/写回操作的并行执行成为可能。

Volta 架构的指令发射单元也做了相应调整。整型单元、单精度浮点单元、双精度浮点单元和特殊功能单元接收来自数学发射单元（math dispatch unit）的指令，每类功能单元独立具有一个发射端口。Volta 架构新引入的张量核心单元、MIO 队列（包括 LD/ST 单元、纹理单元）和分支单元（BRanch Unit，BRU）独立于数学发射单元，允许在张量核心单元、MIO 队列、分支单元被占用时发射其他算术运算指令。

同时可以看到，Volta 架构中采用了子块结构，将原来 1 个可编程多处理器拆分成 4 个处理子块（processing block）。由于增加了张量核心单元，相应减少了整型、单精度浮点和双精度浮点单元的数量，需要同时调度的线程束指令数量也减少，因此 Volta 每个处理子块中只配备了 1 个线程束调度器，也不需要双发射，简化了指令调度和发射逻辑的设计。此时,由于每个处理子块只有 16 个整型单元、单精度浮点单元,因此需要分 2 个周期才能执行一个完整的线程束指令。双精度浮点单元只有 8 个,所以需要分 4 个周期才能执行一个双精度浮点指令。在功能单元占用期间,调度器可以选择和发射其他类型的指令。这再次说明了调度器和发射单元的数量是由功能单元来决定的,以追求最高的指令吞吐率并降低硬件的复杂性为目标。

4)小结

不同 GPGPU 架构中运算单元、线程束调度器、指令发射单元的数量及比例对指令发射逻辑和指令吞吐率有着重要影响。表 5-8 统计了 NVIDIA 主流 GPGPU 架构中一个可编程多处理器中与指令发射相关的硬件参数。可以看到,由于 CUDA 核心数量比较多,在 Kepler 到 Pascal 的连续三代架构中都配备了多个调度器并且每个调度器配备 2 个发射单元,动态选择合适的 CUDA 核心执行,并尽可能满足包括 CUDA 核心在内的多种功能单元的执行需要。从 Volta 到 Ampere 架构,可编程多处理器规模并没有进一步扩大,还引入了处理子块的层次,对运算单元进行了明确的分区,使得调度器、发射单元和功能单元的对应关系更为固定。同时,张量单元的引入一定程度上也降低了每个处理子块中 CUDA 核心的数量。例如,在 Volta 架构的处理子块中,CUDA 核心的数量减少为 16 个,一个线程束的执行需要两个周期,因此也就不需要配备更多的调度器和发射单元。单个线程束调度器和发射单元的配置在没有分支跳转和数据相关性及存储带宽充足的情况下就可以保证功能单元的利用率。

表 5-8 NVIDIA 主流 GPGPU 架构中一个流多处理器内与指令发射逻辑相关的参数对比

架 构 名 称	CUDA 核心 单元数量	处理子块 数量/SM	线程束调 度器数量	指令发射 单元数量
Fermi(GF100)	32	N/A	2	2
Kepler(GK110)	192	N/A	4	8
Maxwell(GM200)	128	4	4	8
Pascal(GP100)	64	2	2	4
Volta(GV100)	64	4	4	4
Turing(TU102)	64	4	4	4
Ampere(GA100)	64	4	4	4

2. 寄存器文件和共享存储器的影响

寄存器文件的访问带宽是影响指令发射吞吐率的重要因素之一。4.2 节介绍了 GPGPU 的寄存器文件多采用多板块设计。如果板块数目过少,无法满足多个操作数并行访问的需要。当板块数目达到 4 个时,结合操作数收集器的设计,对于 FMA 这样需要读取三个源操作数和写回一个目的操作数的指令,在没有板块冲突的情况下,仍然可以在一个周期内取得所有源操作数,同时还可以完成前序指令的写回。从指令吞吐率的角度看,4 个板块可以实现 FMA 指令寄存器操作数同时访问。但如果有多个调度器连读执行 FMA 指令时,也会由于寄存器带宽的限制而无法满足几条指令多个操作数同时访问的需求。但考虑到多数指令只包含 1 个或 2 个源操作数,在未发生板块冲突的情况下,寄存器文件仍然可以支持 2 条或更多指令源操作数的并行读取,让功能单元保持忙碌状态。

值得注意的是,寄存器文件的板块数目也并非越多越好,文献[15]通过实验验证了对于可编程多处理器内 128KB 的寄存器文件,将其板块数量从 16 增加到 32 个,指令的执行性能并没有获得显著提升,反而在功耗和芯片面积上造成了很大的开销。另外,多端口的板块设计也会引入很高的开销。因此,平衡寄存器文件的开销和操作数访问的并行度也是影响指令吞吐率的重要问题。

与寄存器文件类似,共享存储器的带宽也会对 GPGPU 的指令发射吞吐率造成影响。如 4.3.2 节介绍的共享存储器多数采用 32 个板块,每个板块的数据位宽为 32 比特的结构。假设每个线程束指令读取一个共享存储器数据,则一个周期可以支持 2 个半线程束或 1 个完整线程束的并行访问。但能否充分利用共享存储器的板块级并行还取决于共享存储器的地址访问方式,不同程度的板块冲突会导致指令发射吞吐率不同程度的降低。因此,在并行程序设计时需要尽可能避免出现上述情形。

另外,寄存器文件和共享存储器的容量也会对指令发射的吞吐量造成间接的影响。在 GPGPU 可编程多处理器中,线程并行度受到诸多因素的制约。如果单个线程占用的寄存器数量过多,或需要的共享存储器容量过大,线程束并行度会随之受到影响。此时,活跃线程数量会大幅减少,导致线程束调度器无法选择合适的指令进行发射,也会导致指令的吞吐率降低。

5.3.3　扩展讨论:脉动阵列结构

当具备大量运算单元时,硬件架构应该如何组织? GPGPU 架构借助 SIMT 计算模型将它们组织成多个并行通道,使得数据级并行(Data-Level Parallelism,DLP)的计算能够在各个通道上独立完成。当然,这不是唯一的方法。大量的运算单元硬件还可以组织成其他形式。例如,近年来随着神经网络,尤其是卷积神经网络的兴起,还可以采用脉动阵列的组织结构,高效地支持通用矩阵乘法(GEneral Matrix Multiply,GEMM)运算。本节将介绍脉动阵列的结构及它如何高效地支持 GEMM 运算。

1. 脉动阵列的基本结构

脉动阵列最早是由 H. T. Kung 在 1982 年提出的。它利用简单且规则的硬件结构,支持大规模并行、低功耗、高吞吐率的积分、卷积、数据排序、序列分析和矩阵乘法等运算。2016 年,Google 公司发布的第一代张量处理器(Tensor Processing Unit,TPU)中就基于脉动阵列结构加速卷积计算,使得该架构再次受到人们的广泛关注。

图 5-16 展示了传统计算模型和脉动阵列计算模型的区别。假设一个处理单元与存储器组成的系统中存储器的读写带宽为 10MB/s,每次操作需要读取或写入 2 字节的数据,那么即便处理单元的运算速度再快,该系统的最大运算吞吐率也仅为 5MOPS。如果采用脉动阵列的结构设计,将 6 个处理单元串联在一起,则在相同的数据读写带宽下,运算吞吐率能提高到 30MOPS,因相邻处理单元之间可以直接交换数据。一般情况下,由于数据访存

的时间要高于数据处理的时间,系统的性能往往受限于访存效率。脉动阵列的设计思想就是让中间数据尽可能在处理单元中流动更长的时间,减少对集中式存储器不必要的访问,以降低访存开销带来的影响。例如,第 1 个数据进入第 1 个处理单元,经过运算后被送入下一个处理单元,同时第 2 个数据进入第 1 个处理单元,以此类推,直到第 1 个数据流出最后一个处理单元,该数据无须多次访存却已被处理多次。脉动阵列通过多次复用输入和中间数据,以较小的存储带宽开销获得了更高的运算吞吐率。

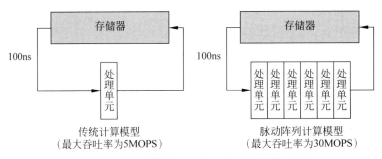

图 5-16　传统计算模型和脉动阵列计算模型对比

在脉动阵列计算模型的基础上,脉动阵列的结构往往被设计成为由若干数据处理单元组成的矩阵形式。如图 5-17 所示,处于相同行和相同列的处理单元之间设置有单向的数据通路,输入数据和大量的中间数据在固定的行、列方向上流过阵列,降低了访存操作成为瓶颈的可能性,从而实现更高的处理效率。以 GEMM 运算为例,脉动阵列接收矩阵 **A** 和 **B** 作为输入数据,存放在阵列左侧和顶部的缓冲区中。根据不同的脉动方式,控制信号会选择一侧或两侧缓冲区中的数据,按照固定的节奏发射到阵列中,触发阵列单元的计算。水平的缓冲区之间也支持相邻或跨越多行的数据互传,为数据的跨行复用提供了一种更加灵活便捷的途径。

当参与 GEMM 计算的矩阵过大或通道过多时,如果把所有通道的数据都拼接在一列上,则很可能造成脉动阵列溢出。由于过大规模的阵列不仅不利于电路实现,还会造成效率和资源利用率的下降,因此可以采用分块计算、末端累加的方式来解决这个问题。把大规模的矩阵分割成几个部分,每个部分都能够适合脉动阵列的大小,然后依次对每个部分的子矩阵进行脉动计算,计算完成的中间结果会临时存放在如图 5-17 所示的底部 SRAM 中。当下一组数据完成计算并将部分和矩阵输出时,从 SRAM 中读取合适位置的部分和结果并累加,实现对两次分块运算结果的整合。直到所有分块都经历了乘加运算,且累加器完成了对所有中间结果的累加后,SRAM 可以输出最终的运算结果。整个数据流的控制由控制单元完成。

在支持 GEMM 的脉动阵列中,每个处理单元专注于执行乘加运算,其结构如图 5-17 右侧所示,其中包括以下内容。

(1) 1 个水平向寄存器,用于存储水平输入的元素。该寄存器接收来自左侧相邻处理单元的数据,也可以接收来自水平缓冲区中的数据,实际上取决于当前处理单元在脉动阵列中的位置。水平向寄存器有两个输出通路,其中一条通路可以将输入元素送入乘法单元进行计算,以生成当前处理单元的计算结果,另一条通路则允许将输入元素直接传递给右侧相邻的处理单元,实现数据在行维度的滑动。

(2)1个竖直向寄存器,用于存储另一个输入矩阵的元素。该寄存器可以接收来自上方相邻处理单元的数据,也可以直接接收来自顶部缓冲区的数据,取决于当前处理单元在脉动阵列中的位置。与水平向寄存器的数据通路类似,竖直向寄存器也存在两条数据通路,将输入数据送入乘法单元或直接传递出去,实现数据在列维度的滑动。

(3)部分和寄存器。根据不同的脉动方式,可能还需要部分和寄存器,用于接收来自上方相邻单元或当前单元产生的部分和,并将该数据送入加法电路中执行累加运算。

(4)乘加电路,对来自水平和竖直方向的输入元素执行乘法运算,然后将结果送入加法电路与来自部分和寄存器的数据进行累加,产生新的部分和。根据脉动的方式,更新部分和寄存器,或将该数据送入下方相邻单元的单元或寄存器内。

(5)控制器,图 5-17 并未显式画出控制器的位置及布线方式。控制器接收和存储控制信号,以决定启用水平向寄存器和竖直向寄存器的数据通路。此外,控制器也存在一条连接相邻处理单元中控制器的信号通路,以实现控制信号的传递和共享。

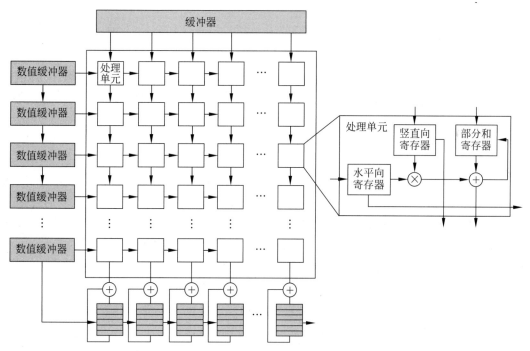

图 5-17　脉动阵列的架构设计

脉动阵列的计算模型决定了脉动阵列结构的方式相对固定,因此虽然能够为 GEMM、积分、卷积、数据排序、序列分析等运算提供比较高的计算效率,降低对访存和寄存器文件的访问,但能够支持的计算类型也比较单一,结构和控制方式也比较固定,在通用性和可编程性方面有所不足。

2. GEMM 的脉动计算方式

由于 GEMM 是科学计算、图像和信号处理等应用的核心算子,加速 GEMM 运算将显著改善这些应用的执行效率。自从 H. T. Kung 提出脉动阵列的概念后,许多基于脉动阵列的 GEMM 算法和脉动阵列的改进型结构如"雨后春笋"般涌现出来。

1) 经典脉动阵列结构

在经典脉动阵列架构中,若干数据处理单元被组织成二维矩形结构,相同行列内处理单元之间存在单向数据通路,数据只能在水平或竖直方向内移动。由于每个数据处理单元内设置有寄存器,可以暂存运算所需的数据,因此一些可复用的数据可以被预先加载到脉动阵列并常驻其中,然后其他数据流动起来,便可以形成不同的 GEMM 算法。具体来讲,假设有两个 3×3 的矩阵 A 和 B 进行如下的 GEMM 运算。根据预加载数据的类型,可以分为 2 种 GEMM 算法的变体:①固定矩阵 C,使矩阵 A 和 B 分别从左侧和顶端流入脉动阵列;②固定矩阵 A(或 B),使矩阵 B(或 A)和 C 分别从左侧和顶端流入脉动阵列。接下来分别以这两种 GEMM 算法的变体为例,分析经典脉动阵列结构执行一个 3×3 矩阵乘法的运算过程。

$$\begin{bmatrix} a_{11} & a_{12} & a_{13} \\ a_{21} & a_{22} & a_{23} \\ a_{31} & a_{32} & a_{33} \end{bmatrix} \times \begin{bmatrix} b_{11} & b_{12} & b_{13} \\ b_{21} & b_{22} & b_{23} \\ b_{31} & b_{32} & b_{33} \end{bmatrix} = \begin{bmatrix} c_{11} & c_{12} & c_{13} \\ c_{21} & c_{22} & c_{23} \\ c_{31} & c_{32} & c_{33} \end{bmatrix}$$

对于第一类情形,固定矩阵 C。如图 5-18(a)所示,初始状态时 0 被预加载到脉动阵列中作为 C 的初始值,然后矩阵 A 的元素从左端按照图示方式每周期依次流入不同行,同时矩阵 B 的元素从顶端按照图示方式流入不同列。每个处理单元进行矩阵 A 与 B 的一个元素相乘,然后将乘积与部分和寄存器中的值进行累加。经过图 5-18(b)的第 1 个周期和图 5-18(c)的第二个周期,到达如图 5-18(d)所示的第 3 个周期,矩阵 A 的元素 a_{13} 进入脉动阵列第 1 行的第 1 个处理单元,与顶部流入的数据 b_{31} 进行乘法,然后与部分和寄存器中的值累加,自此 c_{11} 处的处理单元已经完成了第 3 次更新,产生了结果矩阵中的 c_{11},而这个元素会固定在该处理单元的部分和寄存器中。可以发现,每个部分和经过 3 次更新后即得到结果矩阵中对应位置的元素,这些元素存储在脉动阵列的部分和寄存器中,再将结果输出出来。

对于第二类情形,以固定矩阵 B 为例,它被预加载到脉动阵列中,矩阵 A 从阵列左端流入,矩阵 C 从阵列顶部流入,其初始值都为 0。如图 5-19(a)所示,初始状态时,a_{11} 和 $c_{11}=0$ 同时进入脉动阵列第 1 行的第 1 个处理单元,记为单元(1,1)。此时,a_{11} 与 b_{11} 先执行乘法运算,然后将乘积与 $c_{11}=0$ 累加得到 $a_{11}\times b_{11}$,完成 c_{11} 部分和的第 1 次更新。接下来如图 5-19(b)所示的第 1 个周期,同时发生以下 4 个操作。

(1) 矩阵 A 和 C 分别沿各自的方向移动一个单元,此时 c_{11} 部分和从单元(1,1)流入单元(2,1)。

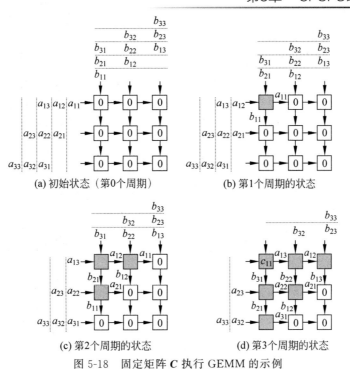

(a) 初始状态（第0个周期）   (b) 第1个周期的状态

(c) 第2个周期的状态   (d) 第3个周期的状态

图 5-18 固定矩阵 C 执行 GEMM 的示例

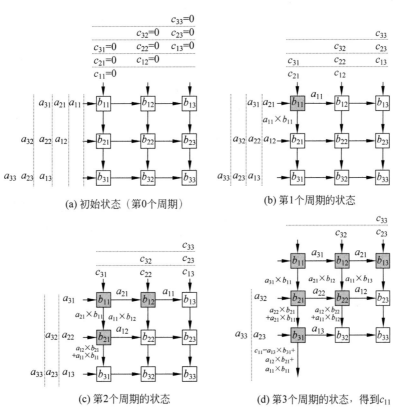

(a) 初始状态（第0个周期）   (b) 第1个周期的状态

(c) 第2个周期的状态   (d) 第3个周期的状态，得到c_{11}

图 5-19 固定矩阵 B 执行 GEMM 的示例

（2）第 2 行左侧流入的 a_{12} 和预载入的 b_{21} 相乘，并与流入的 c_{11} 部分和进行累加得到 $a_{11} \times b_{11} + a_{12} \times b_{21}$，完成 c_{11} 部分和的第 2 次更新。

（3）a_{11} 进入单元 $(1,2)$ 与预载入的 b_{12} 相乘，然后与顶部流入的 $c_{12} = 0$ 累加得到 $a_{11} \times b_{12}$，完成 c_{12} 部分和的第 1 次更新。

（4）矩阵 **A** 的第 2 个元素 a_{21} 和 $c_{21} = 0$ 也进入单元 $(1,1)$，执行乘加运算后得到 $a_{21} \times b_{11}$，完成 c_{21} 部分和的第 1 次更新。

第 3 个周期如图 5-19(d)所示。此时 c_{11} 在单元 $(3,1)$ 中完成其第 3 次更新，产生结果矩阵中的第 1 个元素并将其从阵列底部输出，而其他部分和仍为中间结果，此时被占用的处理单元为灰色三角形区域，展现出数据在脉动阵列中是以倒阶梯状传播的。值得注意的是，这种脉动方式允许结果矩阵在完成运算后自动流出阵列，而不需要像第一种脉动方式那样，添加任何额外的步骤进行结果输出。不过，这种方式要求一个输入矩阵（如矩阵 **B**）是固定的。

2）双向数据通路结构

上述脉动阵列是一种单向数据通路结构，即处理单元之间的数据流向是单向的，整个阵列只支持数据向右和向下移动，而且需要结果矩阵或输入矩阵两者固定之一，才能完成 GEMM 运算。假设有一种更加灵活的脉动阵列结构，它允许输入矩阵在阵列处理单元之间流动，结果也能够同时流出矩阵，则更符合 GEMM 运算的需求。本节介绍的双向数据通路脉动结构能够达到这个目标。

图 5-20 展示了一种双向数据通路设计的脉动阵列架构及 GEMM 计算过程。阵列中水平方向数据单元之间仍为单向通路，但是在竖直方向增加了一条反向数据通路，使得相邻两个数据单元之间允许数据的双向传递。在执行矩阵乘法运算的过程中，一个矩阵，如矩阵 **A**，沿水平方向从左向右流入脉动阵列，同时另外两个矩阵，如矩阵 **B** 和 **C**，分别从顶端和底端沿着相反的方向流入。但为了匹配 GEMM 的运算，需要将三个输入的元素间隔起来。为了控制数据进入脉动阵列的间隔，可以在数据的传播路径上添加数量不等的寄存器并进行合理控制。在这种脉动结构和脉动方式下，例如在第 4 个时钟周期，b_{31} 从左侧流入脉动阵列第 1 行第 1 列单元 $(1,1)$，与顶部流入的 a_{13} 相乘，然后再将乘积与底部流入的部分和 c_{11} 相加，得到新的部分和。由于 c_{11} 在第 3、4 周期已分别与 $a_{11} \times b_{11}$ 和 $a_{12} \times b_{21}$ 累加，当前为 c_{11} 部分和的最后一次更新，因此下个周期可以在脉动阵列第 1 列顶部得到 GEMM 结果矩阵的第 1 个元素。

在双向数据通路的脉动阵列结构中，所有输入和输出数据都在阵列中流动，允许计算结果自动流出，这是双向结构相较于上述单向结构中 GEMM 算法的一个优势。然而，这种优势是以更大的阵列面积和更长的流水周期为代价的。

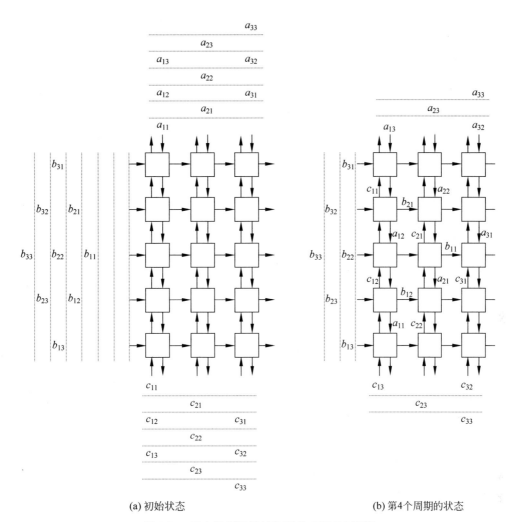

(a) 初始状态　　　　　　　　　　　　　　(b) 第4个周期的状态

图 5-20　双向数据通路结构下的 GEMM 运算

参 考 文 献

［1］　Wikipedia. IEEE 754［Z］.［2021-08-12］. https://zh. wikipedia. org/wiki/IEEE_754.

［2］　Paul Teich. TEARING APART GOOGLE'S TPU 3. 0 AI COPROCESSOR［Z］.［2021-08-12］.
　　　https://www. nextplatform. com/2018/05/10/tearing-apart-googles-tpu-3-0-ai-coprocessor/.

［3］　NVIDIA. NVIDIA A100 Tensor Core GPU Architecture［Z］.［2021-08-12］. https://images. nvidia.
　　　com/aem-dam/en-zz/Solutions/data-center/nvidia-ampere-architecture-whitepaper. pdf.

［4］　Köster, Urs, et al. Flexpoint: An Adaptive Numerical Format for Efficient Training of Deep Neural
　　　Networks［C］. 2017 31st Neural Information Processing Systems(NIPS).

［5］　Jan M. Rabaey, Anantha Chandrakasan, Borivoje Nikolie. Digital integrated circuits［M］. Englewood

Cliffs：Prentice hall，2002.

[6]　Behrooz Parhami. COMPUTER ARITHMETIC Algorithms and Hardware Designs［M］. 2nd ed. NEW YORK：OXFORD UNIVERSITY PRESS，2010.

[7]　Ang Li，Shuaiwen Leon Song，Mark Wijtvliet，et al. SFU-Driven Transparent Approximation Acceleration on GPUs［C］. In Proceedings of the 2016 International Conference on Supercomputing (ICS'16). New York：Association for Computing Machinery，2016：1-14.

[8]　Pineiro J A，Oberman S F，Muller J M，et al. High-speed function approximation using a minimax quadratic interpolator［J］. IEEE Trans. Computers，2005.54(3)：304-318.

[9]　Tang P T P. Table-lookup algorithms for elementary functions and their error analysis［R］. Argonne National Lab. ，IL(USA)，1991.

[10]　Sarma D D，Matula D W. Faithful bipartite ROM reciprocal tables［C］. Proceedings of the 12th Symposium on Computer Arithmetic. IEEE，1995：17-28.

[11]　Oberman S F，Siu M Y. A high-performance area-efficient multifunction interpolator［C］. In 17th IEEE Symposium on Computer Arithmetic(ARITH). IEEE，2005：272-279.

[12]　David Kanter. NVIDIA's GT200：Inside a Parallel Processor［Z］. ［2021-08-12］. https：//www. realworldtech. com/gt200/9/.

[13]　NVIDIA Corporation. (2012，April). NVIDIA's Next Generation CUDA Compute Architecture：Kepler GK110/210［EB/OL］. (2020-05-04)［2021-08-12］. https：//www.nvidia.com/content/dam/en-zz/Solutions/Data-Center/tesla-product-literature/NVIDIA-Kepler-GK110-GK210-Architecture-Whitepaper. pdf.

[14]　NVIDIA Corporation. (2017，December 7). NVIDIA TESLA V100 GPU ARCHITECTURE. https：//images. nvidia. com/content/volta-architecture/pdf/volta-architecture-whitepaper. pdf.

[15]　Jing N，Chen S，Jiang S，et al. Bank stealing for conflict mitigation in GPGPU register file［C］. 2015 IEEE/ACM International Symposium on Low Power Electronics and Design(ISPLED). IEEE，2015：55-60.

[16]　Kung H T. Why systolic architectures?［J］. Computer，1982(1)：37-46.

[17]　Jouppi N P，Young C，Patil N，et al. In-datacenter performance analysis of a tensor processing unit ［C］. 44th Annual International Symposium on Computer Architecture(ISCA). IEEE，2017：1-12.

[18]　Kung H T，Leiserson C E. Algorithms for VLSI processor arrays，Sparse Matrix Proceedings［J］. SIAM Press，1978：256-282.

[19]　Kung H T，Leiserson C E. Systolic Arrays for(VLSI)［R］. Carnegie-Mellon Univ Pittsburgh Pa Dept of Computer Science，1978.

[20]　Kung H T. The structure of parallel algorithms［M］. Advances in computers. Elsevier，1980，19：65-112.

[21]　Wan C R，Evans D J. Nineteen ways of systolic matrix multiplication［J］. International Journal of Computer Mathematics. 1998，68(1-2)：39-69.

[22]　Paulius Micikevicius. Mixed-precision training of deep neural networks［Z］. ［2021-08-12］. https：//developer.nvidia.com/blog/mixed-precision-training-deep-neural-networks/.

第 6 章 GPGPU 张量核心架构

近年来,人工神经网络尤其是深度神经网络(Deep Neural Network,DNN)呈现井喷式发展,带动了深度学习应用对算力的巨大需求。GPGPU 作为具有高度可编程能力的通用计算加速设备,其计算能力随着神经网络的发展快速提升。为了能够满足深度学习的算力需求,NVIDIA 公司在最近几代 GPGPU 中添加了专门为深度神经网络而设计的张量核心,大幅提升 GPGPU 的矩阵运算算力。

本章以 NVIDIA GPGPU 中的张量核心为例,结合典型神经网络的计算特征,介绍张量核心的架构设计特点,进而理解现代 GPGPU 对深度神经网络运算的加速方式。

6.1 深度神经网络的计算

以卷积神经网络为代表的深度神经网络呈现出巨大的算力需求,对硬件平台和计算架构提出了极高的要求。由于深度学习的普及性日益提升,神经网络加速器已经涵盖了 GPGPU、ASIC、FPGA、DSP 及存算一体器件等各种架构类型。其中,GPGPU 得益于强大的算力、良好的可编程性和完善的神经网络加速库,从众多神经网络加速器中脱颖而出,成为目前加速深度学习训练和推理过程的首选架构。

6.1.1 深度神经网络的计算特征

在介绍 GPGPU 如何加速神经网络运算之前,首先以经典的 AlexNet 卷积神经网络(Convolutional Neural Network,CNN)为例,介绍深度神经网络计算的基本特征及由此带来的硬件设计挑战。AlexNet 由 Hinton 团队在 2012 年提出,被用于对整张图像根据其内容主体进行分类。图 6-1 展示了 AlexNet 网络结构中每一层的参数配置。

如图 6-1 所示,AlexNet 接受一张 $227 \times 227 \times 3$(RGB 三通道)的图像作为输入数据,经过各网络层变换得到一个 1000 维的向量。该向量中每一维数据代表一种图像类别的预测概率,最终选择概率值最大的一项作为该输入图像的类别。AlexNet 网络层的类型可分为以下几种。

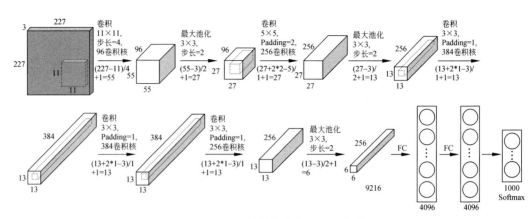

图 6-1　AlexNet 网络结构中每一层的参数配置

（1）以卷积层为代表的线性计算层，主要由乘加计算构成。

（2）以线性整流函数（ReLU）、Sigmoid 函数为代表的非线性计算层，主要由指数计算、三角函数计算或分段线性计算构成。

（3）以最大池化为代表的下采样层，主要由逻辑运算或线性运算构成。

其中，以卷积计算为代表的线性计算层占据了整个 AlexNet 网络的主要部分和大部分运行时间。其他神经网络中卷积计算时间占比也很高，因此对卷积计算的加速已然成为神经网络加速的代表。

深度神经网络的卷积计算具有多通道、多规格的特点。它一般有两个输入——输入特征图 $[N, C_{in}, H_{in}, W_{in}]$ 和卷积核 $[C_{out}, C_{in}, K, K]$，以及一个输出——输出特征图 $[N, C_{out}, H_{out}, W_{out}]$。其中，$H_{out}$ 与 W_{out} 由 H_{in}、W_{in} 与步长 S 共同决定。卷积层的通用卷积过程由代码 6-1 描述。卷积计算的算力需求可以表示为 $C_{in} \times 2 \times K \times K \times H_{out} \times W_{out} \times C_{out}$。利用该公式可以计算出 AlexNet 中各卷积层的计算量如表 6-1 所示，同时各网络层的参数量也标注在其中。可以看到，线性计算层在整个网络的算力需求中占据主导地位，而卷积计算又在整个线性层的算力需求中占据主导地位。

从参数量与运算量的对比和代码 6-1 中卷积计算的伪代码可以看出，卷积神经网络中的数据具有非常高的重用性。对于每一个卷积核而言，它会被输入的 N 张特征图重复使用 N 次；对于一个卷积核内的每个通道而言，它会被特征图所对应的通道复用 $H_{out} \times W_{out}$ 次。因此，卷积层有非常大的数据复用空间，对缓解带宽压力具有重要作用。

代码 6-1　卷积层的通用卷积运算伪代码

```
1    for n in 1..N (img_batch)
2        for w in 1..Wout (img_width)
3            for h in 1..Hout (img_height)
4                for f in 1..Cout (num_filters)
5                    for c in 1..Cin (img_channel)
```

```
6                         for x in 1..K (filter_width)
7                             for y in 1..K (filter_height)
8                                 output(n,f,w,h) += input(n,c,w+x,h+y) * filter(f,c,x,y)
9                             end
10                        end
11                    end
12                end
14            end
15        end
16    end
```

表 6-1　AlexNet 网络各层规模和运算量分布

网　络　层	参数量/个	运算量/Flops
Conv{11×11,s4,96}	35K	210M
Conv{5×5,s1,256}	307K	448M
Conv{3×3,s1,384}	423K	300M
Conv{3×3,s1,384}	1.3M	224M
Conv{3×3,s1,256}	442K	148M
FC{256×6×6,4096}	37M	74M
FC{4096,4096}	16M	32M
FC{4096,1000}	4M	8M
ReLU	N\A	4K~186K
Max Pool	N\A	82K~629K

如表 6-1 所示,AlexNet 的算力需求在 2012 年看来虽然比较大,但仍然可以被当时的 GPGPU 所接受(如 NVIDIA Tesla K40 的单精度峰值浮点性能约为 4~5TeraFlops)。训练 AlexNet 需要 500PetaFlops 的计算量,而单块 GPGPU 一天可以提供 250PetaFlops 左右的算力,这意味着神经网络的算力需求与 GPGPU 的计算能力大体是匹配的。但随着神经网络的飞速发展,神经网络的层数和参数量逐月提升,训练一个神经网络的计算量更是呈指数级增长。这个发展速度远远超过了摩尔定律的速度,导致算法和硬件平台的算力差距逐年增大,而且这个鸿沟还在不断加深。神经网络训练算力需求和摩尔定律的发展速度对比如图 6-2 所示。

近年来,深度神经网络模型虽然采用卷积作为主要运算,但卷积的类型却趋于多样化。例如,FCN 和 GAN 网络中常用的转置卷积(deconv)采用了不同于常规卷积的 Stride 参数; MobileNet 中的 depthwise 卷积,其卷积核数目等于输入特征图的通道数;DCN 中的 deformable 卷积,其卷积核会有额外的 offset 参数;ASPP 结构中采用的 dilation 卷积,其卷积方式也发生了改变。这些卷积操作和网络模型的快速演变使得以 ASIC 为基础的神经网络加速器设计面临巨大挑战,因为这些加速器大多注重提升卷积性能和能效比,却在可编程性上做出了很大妥协,因此只能针对一个或一些特定的神经网络进行加速,对于日益多样

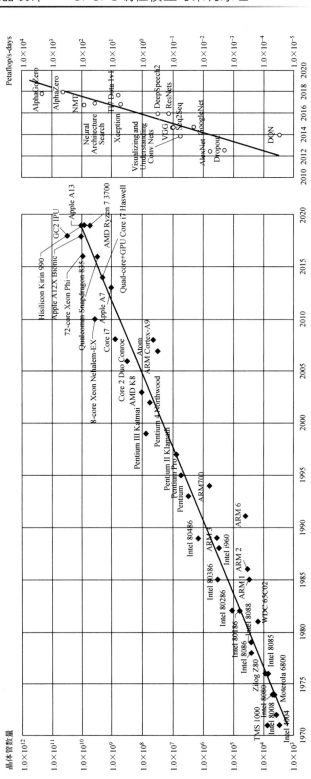

图 6-2 神经网络训练算力需求和摩尔定律的发展速度对比

化的深度神经网络很难提供完整的支持。

在深度神经网络加速器设计中,精度也是一个重要的考量因素。加速器区分了训练用途加速器和推理用途加速器。训练用途加速器多采用单精度浮点数(FP32)格式存储特征图和权重,推理用途加速器则采用半精度浮点数(FP16)或更低精度的整型数(如 INT8、INT4 等)的数据格式存储权重和特征图。使用低精度进行推理的原因在于,神经网络本身能够容忍精度上的些许误差,通过基于预定义模型的重训练等操作,可以很大程度上恢复计算精度上的损失,同时获取硬件性能的大幅提升。

综上所述,深度神经网络的计算特征主要包括以下 5 方面。

(1) 计算量大且集中在卷积操作。

(2) 卷积参数量大,带宽需求高。

(3) 卷积参数存在高度复用的可能。

(4) 网络算法、结构不断变化,可编程性要求高。

(5) 网络本身具有精度容忍性,推理需要多种可变换精度的支持。

从这几个特点看,现有的 GPGPU 在各方面都能够提供非常不错的解决方案。GPGPU的大量硬件运算单元和高吞吐高带宽的存储设计能够提供强大的计算能力;同时针对矩阵运算和卷积,在软件层面提供了灵活完善的加速库支持,使得 GPGPU 能够充分地利用其硬件计算资源和存储资源,实现高吞吐的卷积计算。为了进一步提升矩阵运算的性能,近年来 NVIDIA 和 AMD 的 GPGPU 增加了全新的张量和矩阵核心硬件,大幅加速矩阵运算,而且还支持多种精度,使得 GPGPU 能够适应深度神经网络不同场景、不同应用的精度需求。更为重要的是,GPGPU 本身的可编程性能够适应多种操作,为各种新增的卷积操作提供了支持。

本章将重点关注 GPGPU 是如何加速神经网络计算的。本章前半部分重点关注卷积计算的方法,即如何将卷积运算转化为矩阵乘法运算,后半部分关注 NVIDIA GPGPU 的张量核心结构及其工作流程,介绍如何利用该硬件结构完成矩阵乘加计算,进而加速深度神经网络的计算。

6.1.2 卷积运算方式

无论是前向推理还是反向传播过程,卷积神经网络最主要的计算仍然集中在卷积层,因此加速神经网络的关键在于加速卷积层。

1. 基于通用矩阵乘法的卷积

目前,在 GPGPU 上进行卷积计算最常用的方式是将卷积运算转化为通用矩阵乘法(GEneral Matrix Multiplication,GEMM)操作,充分利用 GPGPU 软硬件对通用矩阵乘法已有的各种优化来获取卷积计算的加速。

这里借助一个例子来展示如何将卷积转化为矩阵相乘。图 6-3(a)展示了一张 5×5 的输入特征图与一个 3×3 的卷积核进行卷积且结果与偏置值累加。卷积核以窗口滑动的形式从特征图左上角开始,以步长 1 进行滑动覆盖整个输入特征图。在每个窗口内,卷积核的

9个权值与对应窗口内的9个特征图数值一一对应地进行乘法运算,然后将得到的9个积进行累加,再与偏置值相加,得到该窗口的最终卷积结果。所有窗口执行相同的运算,得到该特征图的卷积结果。从这一计算过程中可以发现,窗口内的运算其实与矩阵运算中的一行乘一列类似,如图 6-3(b)所示。因此,以窗口为单位,将特征图窗口内的 3×3 的小块展开成一维,作为左矩阵 A 中的一行;将卷积核展开为一维,作为右矩阵 B 中的一列;偏置值从标量拓展至 1 维向量,长度等同于窗口数量,作为累加矩阵 C 中的一列。图 6-3(b)展示上面的卷积转化为矩阵乘法运算后的形式,其中灰色部分代表图 6-3(a)中的第一个窗口。

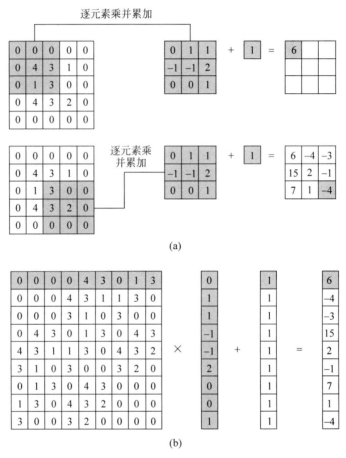

图 6-3　直接卷积过程及转化为矩阵相乘

上述例子展示了一张特征图与一个卷积核进行卷积,用之前提到的参数描述该卷积为:$N=1,C_{in}=1,C_{out}=1,H_{in}=5,W_{in}=5,K=3,H_{out}=3,W_{out}=3,S=1$。事实上,当面对整个卷积层时,$N$、$C_{in}$、$C_{out}$ 也需要进行转化。

首先,考虑输入通道参数 C_{in}。当输入特征图具有 C_{in} 个通道时,要求卷积核也需要具有 C_{in} 个通道,输入特征图各个通道与卷积核的各个通道独立地进行先前的窗口滑动运算,

得到 C_{in} 个结果。C_{in} 个结果进行累加,再与偏置值相加得到输出特征图,图 6-4(a)展示了该过程。在转化的矩阵中,输入通道维度的拓展不会带来输出特征图维度的改变,因此左矩阵的行数与右矩阵的列数应该维持不变,只需要将输入特征图各通道下同一窗口位置的值放在左矩阵的同一行,将卷积核各通道下的值对应放在右矩阵的同一列即可。图 6-4(b)展示了加入 C_{in} 参数后的矩阵转化方式,左矩阵第一行中两种颜色代表第一个窗口位置下两个不同输入通道特征图的值,右矩阵第一列两种颜色代表对应通道的卷积核权重。

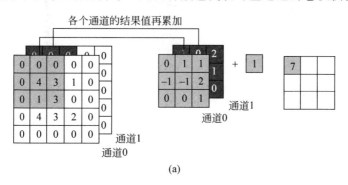

(a)

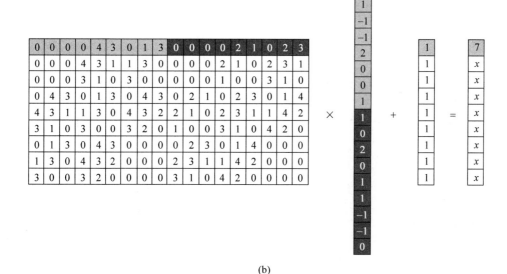

(b)

图 6-4　通道参数 C_{in} 的转化方法

其次,考虑输出通道参数 C_{out} 的转化方法。为了方便描述,将先前参数的 C_{in} 固定为 1。一个卷积核具有与输出特征图通道数量 C_{out} 相同的卷积核数量,不同卷积核间接受相同的输入特征图数据,最终输出 C_{out} 个结果特征图。可以看到 C_{out} 改变了输出特征图的维度,结果矩阵会相应地增加列数,而右矩阵 **B** 与偏置矩阵 **C** 同样会相应地增加列数。图 6-5

给出了输出通道的计算方式和矩阵表示方法。

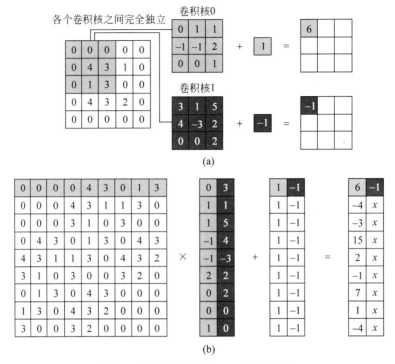

(a)

(b)

图 6-5 输出通道参数 C_{out} 的转化方法

最后，考虑输入特征图数量 N。为了方便描述，将先前的参数 C_{in} 和 C_{out} 均固定为 1。由于 N 个输入特征图会共用同样的 C_{out} 个卷积核，所以 N 会被映射为左矩阵 $\boldsymbol{A}$ 的行数。先前一个输入特征图上具有 9 个窗口，所以有 9 行。当输入特征图数量增多至 N 时，行数也相应地增加至 $9 \times N$。此外，偏置矩阵也可在左矩阵的最后一列增加全 1 的列，在右矩阵最后一行增加各个输出通道对应的偏置值，即可把偏置矩阵 $\boldsymbol{C}$ 给略去。图 6-6 展示了该过程。

综上所述，整个卷积层的运算可以转化为图 6-7 的矩阵乘法运算，其中灰色部分表示转化前后的对应关系，矩阵的维度可以由 N、C_{in}、C_{out} 等参数确定。这种将卷积计算转化为矩阵乘法的方法通常称为 im2col 操作，它将卷积层中不同参数的卷积统一成不同尺寸的矩阵乘法，再借助 GPGPU 的矩阵运算完成卷积。但该方法明显增大了输入特征值的存储空间，因为在展开特征图时每个窗口形成了矩阵的一行，所以特征图数据出现了大量重复。针对这一问题，NVIDIA 的神经网络计算库 cuDNN 中提到了一些优化方式，例如对局部进行动态展开等方式，尽可能掩盖或降低 im2col 展开所需的存储开销和计算代价。

利用 GPGPU 的高度可编程性，还可以用其他的方法实现卷积。下面进行简要介绍。

2. 软件直接卷积

软件直接卷积的方式将卷积伪代码中的 7 层循环映射到 GPGPU 的计算单元上：不同

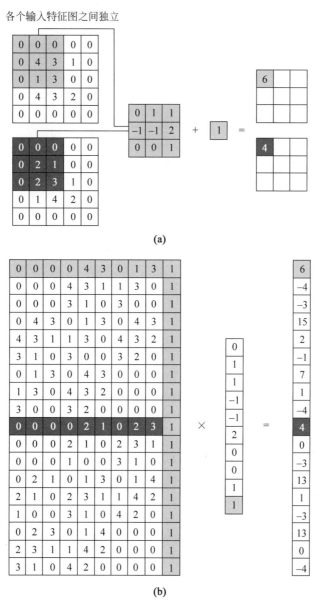

图 6-6　输入特征图数目 N 及偏置矩阵的转化过程

的卷积核映射至不同的线程块,每个线程块内存储该卷积核下所有通道的权值,而每个线程块可以处理若干 $C_{in} \times H_{in} \times W_{in}$ 的输入特征图,输出若干相应的 $C_{out} \times H_{out} \times W_{out}$ 的输出特征图,最终所有线程块的结果汇集成 $N \times C_{out} \times H_{out} \times W_{out}$ 的输出特征图。

该方法的优点是不需要额外的辅助存储空间,可以灵活地适应各种卷积,缺点是性能和功耗很难优化。一旦卷积参数发生改变,那么编程人员就得对新的卷积进行优化。多种多样的卷积参数和卷积形式使得优化的卷积加速库开发非常困难。

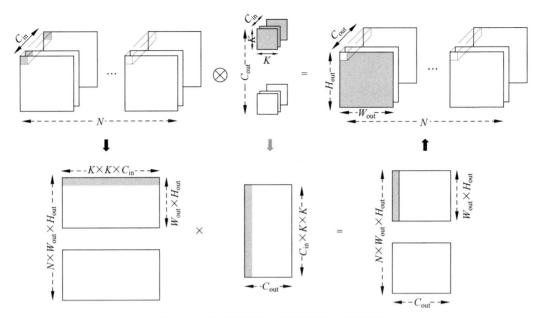

图 6-7 完整的卷积转化为矩阵乘法的示意图

3. 基于快速傅里叶变换

快速傅里叶变换(Fast Fourier Transform,FFT)将时域的卷积操作转化为频域的乘法操作,一定条件下可以降低卷积的计算复杂度。

对单通道大小为 $H_{in} \times W_{in}$ 的输入特征图 $\pmb{F}$ 与单通道大小为 $K \times K$ 的卷积核 $\pmb{W}$,利用 FFT 实现 2D 卷积的过程可以简述为:第一,对 $\pmb{W}$ 进行扩充至输入特征图的大小,即 $H_{in} \times W_{in}$;第二,对两者进行 FFT 得到 $\pmb{F}'$ 与 $\pmb{W}'$;第三,将 $\pmb{F}'$ 与 $\pmb{W}'$ 进行逐元素乘得到频域上的输出特征图 $\pmb{O}'$;第四,将 $\pmb{O}'$ 进行逆傅里叶变换,得到所求的输出特征图 $\pmb{O}$。

基于 FFT 的卷积以频域上的逐元素乘法替代原有的卷积操作,降低了计算复杂度。原有的卷积计算需要大约 $H_{in} \times W_{in} \times K \times K$ 次乘加运算,基于 FFT 的卷积只需要特征图的傅里叶变换与逆傅里叶变换及 $H_{in} \times W_{in}$ 次乘法。对于特征图采用 FFT,其复杂度为 $H_{in} \times W_{in} \times \log_2(K \times K)$。因此,当卷积核很大时,基于 FFT 的卷积计算可以降低时间复杂度。

但当应用到实际的深度神经网络中时,FFT 加速卷积网络存在很大的局限性,原因在于以下几点。

(1) 频域上进行的逐元素乘是对复数的逐元素乘,需要 4 次乘法和 2 次加法。

(2) 要求卷积核扩展为特征图同等大小的 $H_{in} \times W_{in}$ 尺寸。当卷积核小于输入特征图时,会消耗大量的额外空间,神经网络(尤其是前几层)均是特征图尺寸远大于卷积核,使卷积核的存储占用会显著加大,原本可能利用片上存储能够加速的情况,需要多次与外部存储器进行通信,从而性能受到带宽限制。

(3) 针对卷积步长不为 1 的情况,例如 AlexNet 和 GoogleNet 中的前几层,利用 FFT 卷积的方法效率会大幅下降。因此,在实际应用中,利用 FFT 进行卷积需要满足的条件较为苛刻,不太适合现代神经网络中各种小卷积核(3×3 及 1×1)的情况,只在一些规格的卷积上有效。

4. 基于 Winograd 变换

由于卷积核在特征图上进行滑动时,滑动窗口内的特征图元素出现规律性的重复(详见 im2col 操作)。Winograd 算法可以利用此重复特性,对特征图和卷积核进行映射变换,用更少的乘法来完成卷积运算,实现卷积加速的效果。

这里简要介绍用 Winograd 变换实现 3×3 卷积的方法。假设有一个 3×3 卷积核 $\boldsymbol{F}$ 与一个 4×4 的特征图 $\boldsymbol{I}$。

(1) 对特征图和卷积核进行线性变换,得到 $\boldsymbol{F}' = \boldsymbol{G} \boldsymbol{F} \boldsymbol{G}^{\mathrm{T}}$ 和 $\boldsymbol{I}' = \boldsymbol{B}^{\mathrm{T}} \boldsymbol{I} \boldsymbol{B}$。其中 $\boldsymbol{G}$ 和 $\boldsymbol{B}$ 为 4×3 与 4×4 的矩阵,其具体数值为

$$\boldsymbol{G} = \begin{bmatrix} 1 & 0 & 0 \\ \dfrac{1}{2} & \dfrac{1}{2} & \dfrac{1}{2} \\ \dfrac{1}{2} & -\dfrac{1}{2} & \dfrac{1}{2} \\ 0 & 0 & 1 \end{bmatrix}, \quad \boldsymbol{B}^{\mathrm{T}} = \begin{bmatrix} 1 & 0 & -1 & 0 \\ 0 & 1 & 1 & 0 \\ 0 & -1 & 1 & 0 \\ 0 & 1 & 0 & -1 \end{bmatrix}$$

(2) 得到的 $\boldsymbol{F}'$ 与 $\boldsymbol{I}'$ 均为 4×4 方阵。对两个方阵进行逐元素乘法,得到 4×4 的 $\boldsymbol{O}'$ 方阵。

(3) 对 $\boldsymbol{O}'$ 再进行反变换,得到 2×2 输出特征图 $\boldsymbol{O}$,其变换公式为 $\boldsymbol{O} = \boldsymbol{A}^{\mathrm{T}} \boldsymbol{O}' \boldsymbol{A}$,其中 $\boldsymbol{A}$ 是 4×2 的矩阵,其值为

$$\boldsymbol{A}^{\mathrm{T}} = \begin{bmatrix} 1 & 1 & 1 & 0 \\ 0 & 1 & -1 & -1 \end{bmatrix}$$

以 4×4 输入特征图和 3×3 卷积核的 Winograd 卷积为基础,其他尺寸的输入特征图可以切分成同等大小但有重叠的多个分块来完成。对于卷积网络经常采用的三维卷积,相当于逐层做二维卷积,然后将每层对应位置的结果相加,得到最终的输出特征图。关于 Winograd 算法的详细介绍可参见文献[11]。

Winograd 能够实现卷积加速的原因在于,一方面,线性映射矩阵 $\boldsymbol{G}$、$\boldsymbol{B}$ 和 $\boldsymbol{A}$ 内的元素值均为 ± 1、$\pm 1/2$ 或 0,所以线性映射可以依靠加法和移位运算完成;另一方面,映射后的 4×4 特征图与 3×3 的卷积运算会变成两个 4×4 矩阵的对应元素乘运算,使得原本的 36 次乘法减少至 16 次。然而,加法操作的数量会相应增加,同时需要额外的变换计算及存储变换矩阵。一般来讲,Winograd 只适用于较小的卷积核。对于较大尺寸的卷积核,可使用 FFT 加速。另外,Winograd 方法并不适用于步长不为 1 的卷积,其在通用性上稍有劣势。

目前,在 NVIDIA 公司的 cuDNN 库中提供了面向 3×3 和 5×5 卷积核的 Winograd 变换加速方法。针对其他尺寸的卷积操作,只能利用其他方法计算。

6.2　张量核心架构

通用矩阵乘法可以在 GPGPU 的 SIMT 单元上执行,具有很高的通用性。但 SIMT 通

路需要兼顾通用运算和科学计算的需要,需要配备 32 比特和 64 比特的高精度运算单元,其峰值算力受到了硬件面积和功耗的限制,难以满足深度神经网络的计算需求。2017 年 5 月,NVIDIA 公司发布了 Volta 架构的 GPGPU V100,引入了专门为神经网络计算而设计的张量核心单元。这意味着 GPGPU 在通用计算基础上加入了领域专用的特性,通过增加专门的硬件支持,联合原有的 SIMT 单元以满足特定领域的计算需求。这一设计思路在近几代的 NVIDIA GPU 中都可以看到,例如 Turning 架构加入了专用的光线追踪单元(Ray-Tracing Core)。

本节将重点介绍为神经网络计算而生的张量核心架构。

6.2.1 张量核心架构特征概述

神经网络良好的计算性质让张量核心的设计更加符合应用的需求。例如,神经网络具有大算力需求、低精度容忍度等特点,而张量核心的高度并行乘累加结构可以利用低精度运算器(16/8 比特及其他)取得显著的算力提升,保证合理的功耗开销。同时,神经网络所需的大规模矩阵乘法运算具备良好的计算/访存比,使张量核心在显著增加算力的同时不会对存储带宽提出过高的要求。例如,对于一个 $m \times k \times n$ 的矩阵乘加运算($m \times k$ 与 $k \times n$ 的矩阵相乘再与 $m \times n$ 的矩阵相加),它的计算/访存比为

$$\frac{2 \times m \times k \times n}{m \times k + k \times n + 2 \times m \times n}$$

如果考虑方阵的情况,即 $k = n = m$,此时计算/访存比可以简化为

$$\frac{2m^3}{4m^2} = \frac{m}{2}$$

说明矩阵规模越大,计算/访存比会越高。加上卷积网络自身的数据复用特性,利用更大规模的矩阵运算可以通过合理的分块降低存储带宽的压力。

矩阵乘法的计算模式相对固定。在张量核心之前,面向神经网络的专用加速器多遵循两种计算模式:①矩阵乘法被看作若干对向量进行逐元素对应相乘,得到新的向量后再进行向量内归约加和得到最终的结果,结果矩阵为 $m \times n$ 时,会有 $m \times n$ 对向量进行该操作,这种模式对应向量乘法单元和加法树单元的结构;②把矩阵相乘分解至以标量为单位,每次操作都是一次 3 个标量间的乘加运算。这种模式对应乘加单元组成的脉动阵列结构。两种方法的差别在于各自的数据流调度方式,即数据存取与复用上的差异。张量核心则遵循了矩阵乘法的计算模式,结合寄存器的读取共享,尽可能地优化数据的复用以减少功耗。

接下来以 NVIDIA V100 GPGPU 架构中第一代张量核心设计为例,详细分析张量核心的架构、运算流程和数据通路等。

6.2.2 Volta 架构中的张量核心

张量核心在 NVIDIA 的 Volta 架构中首次被提出。图 6-8 显示了 Volta 架构一个 SM 的结构组成图,其中每个 SM 内含 2×4 个张量核心。可以看到,每个可编程多处理器 SM 内

流多处理器

图 6-8 NVIDIA 的 V100 架构 SM 概览

的 8 个张量核心在逻辑上与 CUDA 核心（包含 INT32、FP32、FP64 等计算单元）是等同的，它们均匀地分布在每个 SM 内的 4 个处理子块（processing block）中，每个处理子块内含有两个张量核心。

根据 NVIDIA 对 V100 的介绍，每个张量核心可以在一个周期内完成 $4 \times 4 \times 4 = 64$ 次乘加运算，其中两个输入矩阵为 FP16 格式，累加矩阵与结果矩阵为 FP16 或 FP32 格式。硬件上，V100 GPGPU 包含了 80 个 SM，即 640 个张量核心，因此在 1.53GHz 的工作频率下，整个 GPGPU 能够达到 125TFlops(FP16)的算力水平。

在指令集上，Volta 架构为基于张量核心矩阵乘法操作提供了新的 wmma 指令，能够完成 $16 \times 16 \times 16$ 的矩阵乘加运算。这个指令由上述 $4 \times 4 \times 4$ 的矩阵乘加通过拼接组合完成。对于其他矩阵形状，如 $15 \times 15 \times 15$ 的矩阵乘法，需要由编程人员填充至 $16 \times 16 \times 16$ 才可计算；对于 $17 \times 17 \times 17$ 的矩阵乘法，编程人员需要自行拆分成若干 $16 \times 16 \times 16$ 的矩阵乘法。对于其他的数据类型，如 INT32、FP64 等，则不能使用张量核心。Volta 之后的 Turing 和 Ampere 架构对张量核心所支持的矩阵形状与数据类型则更为广泛。

接下来将对 V100 中张量核心进行矩阵乘法的具体计算流程分 4 方面展开介绍：矩阵乘法的编程抽象、矩阵数据的加载、矩阵乘法的计算过程和可能的硬件结构。

1. 矩阵乘法的编程抽象

在传统的 SIMT 计算模型中，编程人员编写每个线程的代码，每个线程独立完成各自的计算，包括操作数读取、计算、写回，再通过多线程并发来完成整个计算任务。例如，可以为 $16 \times 16 \times 16$ 的矩阵乘法运算声明 16×16 个线程，每个线程负责计算结果矩阵中的每个元素，最终由这 256 个线程完成 $16 \times 16 \times 16$ 的矩阵乘法。

然而在张量核心中，硬件为了达到更高的计算效率进行了定制化的设计。为了屏蔽大量的硬件细节，SIMT 模型发生了改变，即 $16 \times 16 \times 16$ 的矩阵乘法不再由声明线程的方式完成，而是由特定的 API 来完成。这些 API 以线程束为粒度，编程人员需要以线程束为粒度控制张量核心的操作数读取、计算、写回。线程束内 32 个线程如何具体执行，不受编程人员控制，编程人员也不可见。

表 6-2 给出了 Volta 架构（compute capability 7.0）中调用张量核心编程的 API，并简要介绍了各 API 的功能。

表 6-2 张量核心的编程 API（对应 CUDA 9.0 版本）

wmma::fragment < template paras > obj	新增的数据类型，装载被张量核心使用的 16×16 操作数。具有 3 种子类：matrix_a、matrix_b 和 accumulator，分别用于矩阵乘加中的左矩阵、右矩阵、累加矩阵与结果矩阵
wmma::fill_fragment()	对 fragment 填充指定的标量值，如偏置值
wmma::load_matrix_sync()	从存储器（全局存储器或共享存储器）加载数据至 fragment 中
wmma::mma_sync()	对三个或四个 fragment 进行 $D = A \times B + C$ 或 $C = A \times B + C$ 运算
wmma::store_matrix_sync()	将 fragment 数据存储至存储器（全局存储器或共享存储器）中

这 5 个 API 虽然形式上仍是 SIMT 模型,但实际上要求归属于一个线程束内的线程在执行这 5 个 API 时的参数必须完全一致。从表 6-2 中还可以看到,在使用张量核心进行计算时,数据类型从标量数据变为一种新的专用于张量核心的数据类型 fragment。虽然仍然是读取、计算、写回的整体流程,但是执行粒度发生了改变。这是张量核心所带来的编程模型上的改变。

2. 矩阵数据的加载

针对 wmma::load_matrix_sync() 这一 API,接下来具体分析矩阵乘法的输入矩阵是如何加载的,以及矩阵元素与线程具体的对应关系。换句话说,在 $A \times B + C = D$ 的矩阵乘加运算中,每个线程加载数据时需要获取矩阵 A、B、C 什么位置的数据。

事实上,在执行 wmma::load_matrix_sync() 时,线程束内每个线程只负责加载 $16 \times 16 \times 16$ 矩阵特定的一部分,形成数据与线程之间特定的映射关系。这种特定的映射关系使张量核心的硬件设计得以简化。为了理清这个映射关系,可以人为指定 3 个 16×16 矩阵 A、B、C 中每个元素的数值,将其加载至相应的 fragment 中,再令每个线程打印出自己在 fragment 中可见的内容。例如,将 A 和 B 矩阵设定为 FP16,C 和 D 矩阵设定为 FP32,代码 6-2 简要地显示了这一过程。

代码 6-2　分析矩阵加载过程中数据与线程映射关系的程序样例

```
1    wmma::fragment < FRAGMENT_DECLARATION > a_frag;
2    wmma::load_matrix_sync(a_frag, mem_addr, stride);
3    for(int i=0; i < a_frag.num_elements; i++){
4        float t = static_cast < float >(a_frag.x[i]);
5        printf("THREAD%d CONTAINS %.2f\n",threadIdx.x,t);
6    }
```

第 1 行声明了 fragment 数据类型变量,用来装载特定的 A 矩阵(matrix_a)、B 矩阵(matrix_b)、C 累加矩阵(accumulator)和 D 结果矩阵(accumulator)。尽管 fragment 的声明由线程代码完成,但实际上 fragment 是每个线程束内 32 个线程共有的。

第 2 行调用新增的 wmma 指令,将全局存储器中按行主序排布的矩阵中某个 16×16 分块装载到 fragment 中。

第 3~5 行的循环体指示每个线程把自己在 fragment 中拥有的变量值打印出来。通过这个循环体,可以看到每个 fragment 中的各个元素是如何分配给每个线程的。

图 6-9 和图 6-10 对这段代码输出结果进行了图形化的展示,即 3 种 fragment 类型 matrix_a、matrix_b、accumulator 以行优先存储方式存储时,每个线程及线程组(threadgroup)与这 3 种 fragment 内每个元素的对应关系。为了能够与张量核心每个周期完成的 $4 \times 4 \times 4$ 矩阵数据读取和计算过程相对应,这里引入一个新的概念——线程组 threadgroup。它是指一个线程束内线程序号(threadIdx.x)连续的 4 个线程(注意,它不同于线程块即 thread block 的概念)。之所以会引入这个概念,是因为 V100 的张量核心中连续的 4 个线程在读取数据时具有一致的行为特征。一个线程束含有 32 个线程,因此每个线

程束包含 8 个线程组。图 6-9 展示了三种 fragment 类型中对应元素与 threadgroup 之间的对应关系,图 6-10 展示了一个 threadgroup 中 4 个线程(t、$t+1$、$t+2$ 和 $t+3$)与矩阵元素具体的对应关系。

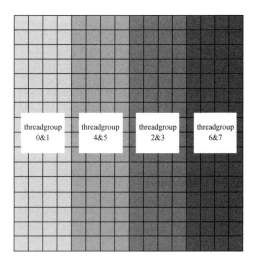

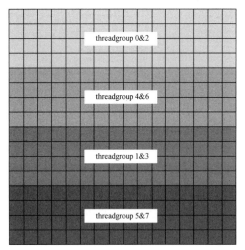

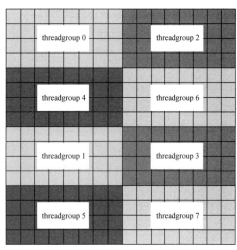

图 6-9　矩阵 A、B、C/D 与 threadgroup 的对应关系

从图 6-9 和图 6-10 中可以看到,3 种 fragment 类型会产生 3 种不同的映射关系,这意味着 A、B、C/D 矩阵都有自己的线程对应规则来加载数据。具体来说,矩阵 A 中前 4 行的元素处在 threadgroup 0 和 2 中,意味着线程 0～3 和线程 8～11 可以访问矩阵 A 前 4 行的元素。图 6-10 显示矩阵 A 中 threadgroup 的第 1 行都是线程 t 可见的,可知矩阵 A 中第 1 行的 16 个元素对于线程 0 和线程 8 是可见的。同理,图 6-9 显示矩阵 B 中 $[15,0]$ 至 $[15,3]$ 区域的元素为 threadgroup 0 和 1 可见,而图 6-10 显示,矩阵 B 中 threadgroup 的第 0、4、8、12 行是线程 t 可见的,可知矩阵 B 中 $[0,0]$ 至 $[0,3]$、$[4,0]$ 至 $[4,3]$、$[8,0]$ 至 $[8,3]$ 和 $[12,0]$

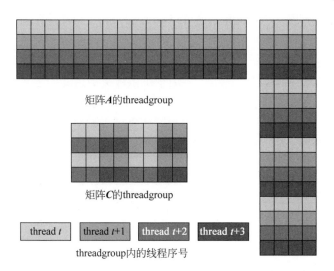

图 6-10　一个 threadgroup 中 4 个线程(t、$t+1$、$t+2$ 和 $t+3$)与矩阵元素具体的对应关系

至[12,3]元素对于线程 0 和线程 4 是可见的。这里"可见"是指每个线程如何载入 A、B、C/D 三个矩阵中特定位置元素的。例如,矩阵 A 中第 1 行的 16 个元素对于线程 0 可见,说明线程 0 负责载入矩阵 A 中的第 1 行的 16 个元素到该线程自己的寄存器内。

　　wmma::load_matrix_sync() 会根据其载入的三种 fragment 类型分别生成 3 种 PTX 指令:wmma.load.a、wmma.load.b 和 wmma.load.c。它们在进一步转换成 SASS 指令时会被拆分成一组 SASS 的 load 指令:LD.E.64、LD.E.128、LD.E.SYS。例如,LD.E.128 每次从共享存储器或全局存储器的指定位置读取 128 比特数据至指定的寄存器内。矩阵 A 通过执行两次 LD.E.128 指令,共加载 256 比特,即 A 中的一行 16 个 FP16 的元素,如图 6-11 所示。矩阵 B 的每个线程需要分四次执行 LD.E.64 指令,从而将矩阵 B 的数据搬移至给定的寄存器内。

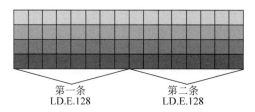

图 6-11　A 矩阵中一个 threadgroup 分两条指令读取矩阵数据

　　从上述过程可以发现,由于张量核心的硬件设计,矩阵加载过程相较于 SIMT 模型来讲变得更为复杂,但各个线程与所读取的矩阵元素之间还是有确定关系的。区别在于,这个关系不再由编程人员通过线程和线程块的 ID 显式指定,而是由 wmma::load_matrix_sync() 这一 API 来隐式管理和确定。这种方式将 GPGPU 中已有的 SIMT 模型和硬件与新的张

量核心定制设计结合起来，一定程度上也可以说是 SIMT 架构支持张量核心的一种折中。

3. 矩阵乘法的计算过程

接下来分析 wmma::mma_sync() 的具体执行过程。一个 $16\times16\times16$ 的矩阵乘加运算被拆分到每个张量核心上，以 $4\times4\times4=64$ 个小矩阵乘加运算的形式分块执行，然后通过协作完成整个计算。如表 6-3 所示，wmma::mma_sync() 被翻译成 PTX 的 wmma.mma 指令，该指令进一步转换为表 6-3 中 16 条 SASS 级别的 HMMA 指令。这 16 条指令被分成了 4 组(Set)，每组指令又被划分为 4 个步骤(Step)。

表 6-3   wmma.mma 指令被翻译成 16 条 HMMA 指令

SET0	1	HMMA.884.F32.F32.STEP0	R8,R24.reuse.COL，	R22.reuse.ROW，	R8;
	2	HMMA.884.F32.F32.STEP1	R10,R24.reuse.COL，	R22.reuse.ROW，	R10;
	3	HMMA.884.F32.F32.STEP2	R4,R24.reuse.COL，	R22.reuse.ROW，	R4;
	4	HMMA.884.F32.F32.STEP3	R6,R24.COL，	R22.ROW，	R6;
SET1	1	HMMA.884.F32.F32.STEP0	R8,R20.reuse.COL，	R18.reuse.ROW，	R8;
	2	HMMA.884.F32.F32.STEP1	R10,R20.reuse.COL，	R18.reuse.ROW，	R10;
	3	HMMA.884.F32.F32.STEP2	R4,R20.reuse.COL，	R18.reuse.ROW，	R4;
	4	HMMA.884.F32.F32.STEP3	R6,R20.COL，	R18.ROW，	R6;
SET2	1	HMMA.884.F32.F32.STEP0	R8,R14.reuse.COL，	R12.reuse.ROW，	R8;
	2	HMMA.884.F32.F32.STEP1	R10,R14.reuse.COL，	R12.reuse.ROW，	R10;
	3	HMMA.884.F32.F32.STEP2	R4,R14.reuse.COL，	R12.reuse.ROW，	R4;
	4	HMMA.884.F32.F32.STEP3	R6,R14.COL，	R12.ROW，	R6;
SET3	1	HMMA.884.F32.F32.STEP0	R8,R16.reuse.COL，	R2.reuse.ROW，	R8;
	2	HMMA.884.F32.F32.STEP1	R10,R16.reuse.COL，	R2.reuse.ROW，	R10;
	3	HMMA.884.F32.F32.STEP2	R4,R16.reuse.COL，	R2.reuse.ROW，	R4;
	4	HMMA.884.F32.F32.STEP3	R6,R16.COL，	R2.ROW，	R6;

图 6-12 和图 6-13 进一步给出了 threadgroup 0 负责计算的部分及每个 Set 是如何完成计算的。一个 threadgroup 负责一个 4×8 大小的子块，即读取矩阵 *A* 的 4 行和矩阵 *B* 的 8 列，分成多个 Set 和 Step 完成计算。32 线程可以分为 8 个 threadgroup，每个 threadgroup 分别负责结果矩阵不同位置的子块，如图 6-9 所示。8 个 threadgroup 以组合的方式完成整个结果矩阵的计算。

结合图 6-9 中 threadgroup 与矩阵内元素的对应情况，为了计算得到 threadgroup 0 的结果，threadgroup 0 负责的 4 个 Set 需要的矩阵 *A* 和矩阵 *C* 的元素都是存储在 threadgroup 0 中的，但矩阵 *B* 却需要读取其他 threadgroup 中存储的元素，例如矩阵 *B* 中前 4 列被存储在 threadgroup 0 和 1 中，后 4 列则存储在 threadgroup 4 和 5 中。这一现象说明，张量核心在进行矩阵乘加运算时，需要在 threadgroup 之间共享并交换数据。例如，在计算 Set 0 时，threadgroup 0 除了需要在自身的线程寄存器中读取矩阵 *B* 前 4 列的数据，还需要到其他线程的寄存器中读取矩阵 *B* 后 4 列的数据。在传统 GPGPU 的寄存器文件中，线程寄存器仅对各自线程可见，而在张量核心的计算过程中，某些线程需要获取另一

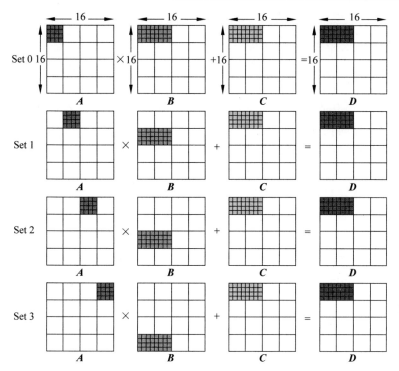

图 6-12 threadgroup 0 所负责的部分由 4 个 Set 分步完成的计算过程

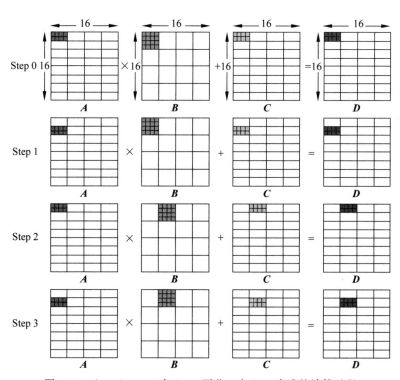

图 6-13 threadgroup0 中 Set 0 再分 4 个 Step 完成的计算过程

些线程的寄存器数据才能完成既定的计算。这意味着为了支持张量核心的计算方式,需要为寄存器增加跨线程访问的硬件和机制,才能满足 threadgroup 间数据共享的需求。

具体来说,threadgroup 0 需要 threadgroup 4 或 5 的数据,threadgroup 2 需要 threadgroup 6 或 7 的数据。以此类推,任意两个 threadgroup 只要其序号间隔 4,它们之间就需要进行数据共享完成各自负责的 4×8 小矩阵的结果计算。在每个 Set 的 4 个 Step 中,通过这样的方式可以使矩阵 B 里的子块同时被两个 threadgroup 共享,节省了读取的带宽。

从图 6-9 还可以看到,在矩阵 C/D 中两个 threadgroup 内的元素组成了 8×8 的矩阵子块。threadgroup 以各自编号间隔为 4 的方式进行组合,形成每 8 个线程为一个单元的线程方阵(Octet)。4 个线程方阵独立地完成各自 $8 \times 8 \times 8$ 的矩阵乘加运算,获得 wmma::mma _sync()所定义的整个 $16 \times 16 \times 16$ 的计算结果。

4. 可能的硬件结构

根据上述对张量核心矩阵乘加运算过程的分析,可以进一步推测张量核心可能的硬件结构。图 6-8 给出的结构图中,1 个 SM 包含 4 个处理子块,每个 block 包含 2 个张量核心。由于单个线程束会被发射到一个处理子块中执行,那么一个线程束所能完成的 $16 \times 16 \times 16$ 矩阵乘加运算应该由 2 个张量核心完成。由于 1 个线程束会被拆分成 4 个独立的线程方阵,可以推断每个张量核心计算 2 个线程方阵,即每个张量核心还可能进一步拆分成 2 个相互独立的结构来支持 2 个线程方阵或 4 个 threadgroup 的计算。

表 6-3 中的代码表明,每个 threadgroup 会按照 4 个 Set、每个 Set 分 4 个 Step 的方式,利用 8 个 threadgroup 并行处理完成 $16 \times 16 \times 16$ 矩阵乘加。如图 6-13 所示,每个 Step 完成 $2 \times 4 \times 4$ 矩阵乘加。假设以 4×4 的向量点积作为一次基本运算,称为 4 元素内积运算 (Four-Element Dot Product,FEDP),那么每个 threadgroup 完成一个 Step 需要 8 个 FEDP。测试发现,threadgroup 基本能在两个周期完成 1 个 Step,那么每个 threadgroup 每个周期需要的便是 4 个 FEDP。由此可以推测张量核心内部计算资源的信息:每个张量核心负责 2 个线程方阵,每个线程方阵包含 2 个 threadgroup,每个 threadgroup 需要 4 个 FEDP,即每个线程配备一个 FEDP,每个 FEDP 实际上是由 4 个乘法器加上 3 个加法器完成累加,再配置一个加法器来处理部分和的累加运算。因此,1 个处理子块内 2 个张量核心的粗略结构可能如图 6-14 所示。

接下来考虑 threadgroup 之间的数据复用。以线程方阵 0,即 threadgroup 0 和 4 的数据为例进行分析。从图 6-13 可以看到,矩阵 A 的数据在 Step 0 和 Step 2 之间、Step 1 和 Step 3 之间存在数据复用,矩阵 B 的数据在 Step 0 和 Step 1 之间、Step 2 和 Step 3 之间存在数据复用,而矩阵 C/D 的数据在 4 个 Step 之间不存在数据复用。从图 6-12 可以看到,矩阵 A 和 B 在 Set 之间不存在数据复用,而矩阵 C/D 在各个 Set 之间数据完全复用。根据这样的数据复用关系,可以通过增加内部缓冲的方式减少对寄存器文件的访问。如图 6-15 所示,针对 Set 内矩阵 A 和 B 的数据复用,增加 A 缓冲(表示存储矩阵 A 的缓冲区域,B 缓冲同理)和 B 缓冲,针对 Set 间矩阵 C/D 的数据复用,增加存放中间结果的累加缓冲(Accum

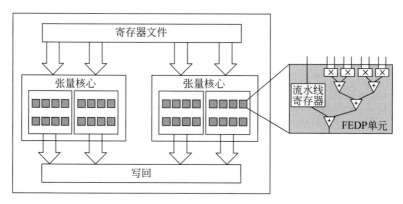

图 6-14 张量核心的粗略结构

缓冲)。

由于 GPGPU 会利用寄存器文件作为不同 fragment 类型矩阵元素的存储空间,所以张量核心会与 SIMT 执行单元共享寄存器文件。张量核心每个周期都需要更新操作数,原则上需要 3 组操作数总线获取矩阵元素的数据。这 3 组操作数总线对应每个 HMMA 指令中的 3 个源操作数寄存器,将寄存器中的数据填充到不同 fragment 类型的多个缓冲区,即 **A** 缓冲、**B** 缓冲和 Accum 缓冲中,利用缓冲数据的复用减少对寄存器文件的访问。完成整个 $16\times16\times16$ 的矩阵乘加运算后,将缓冲区中的数据写回至寄存器文件。

根据线程对数据的访问关系,不同的线程会根据各自的编号从操作数总线对应的通道上获取数据。从图 6-9 可以看到,矩阵 **B** 的数据需要共享。为了支持矩阵 **B** 在 1 个线程方阵内即 2 个 threadgroup 被共享,**B** 缓冲还应该连通到两个 threadgroup 的计算资源。如图 6-15 所示,threadgroup 0 需要 thread 0~3 的寄存器数据,**A** 缓冲和累加缓冲对应通道 0~3。threadgroup 0 还需要与 threadgroup 4 共享数据,通过 **B** 缓冲还能访问到 threadgroup 4 的数据。以此类推,通过不同的缓冲区,线程的数据可以对应到不同 threadgroup 的 FEDP 单元上完成计算。

最终分析得到的张量核心结构如图 6-15 所示,一个处理子块中有两个张量核心,每个张量核心内部容纳两个线程方阵或 4 个 threadgroup,每个线程方阵需要 8 组 FEDP 单元完成运算,这 8 组运算单元与 $2\times2+1=5$ 块缓冲区相连,其中一块作为 **B** 缓冲被 8 组 FEDP 单元共享,而 **A** 缓冲为每个 threadgroup 独有,提供 Set 内 4 个 Step 所需要的数据复用,Accum 缓冲提供 4 个 Set 中间结果的数据复用。多个缓冲区经由 3 组操作数总线与寄存器文件相连。根据 threadgroup 数据访问和共享关系,不同线程会从操作数总线对应的通道上获取数据,不同 threadgroup 在各自的 FEDP 单元上并行完成计算。

由于在计算过程中的映射复杂,步骤繁多,因此整个张量核心的工作过程被封装成了线程束级别的 API 供调用,合理地隐藏了硬件的细节。简单来说,一个处理子块内部完成了 $16\times16\times16$ 矩阵乘加的取数、计算和写回,与张量核心提供的高层次 API 实现关联。

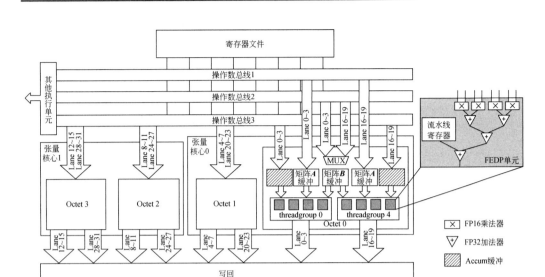

图 6-15　张量核心可能的硬件结构

6.2.3　张量核心的发展

在 Volta 架构之后,NVIDIA 后续发布的 Turing 和 Ampere 架构中也都包含了张量核心,并且不断进行改进。尤其是 Ampere 架构对张量核心进行了很多重要的设计升级,增加了新的特性。本节将三代架构中的张量核心进行对比,对其中一些值得关注的特性进行简要分析。

1. Turing 与 Ampere 架构中张量核心概述

Turing 架构是 NVIDIA 于 2018 年发布的面向图形领域的新一代 GPU,尽管在许多方面做出了创新和改进,但在 AI 加速领域的改变相对保守。首先,Turing 架构的张量核心相较 Volta 架构没有太大改变。根据研究人员的测试,Turing 架构张量核心的单位时钟周期性能甚至有所下降。此外,在全局存储器大小和带宽方面,Turing 架构的全局存储器容量也不及 V100 中的 32GB,没有搭载 HBM,导致带宽受限,制约了 Turing 架构在深度学习方面的表现。Turing 架构中的张量核心在矩阵乘加的尺寸和矩阵元素的数据类型上增加了更多可用的类型,并且在底层的 SASS 指令上做出了调整,反映了底层执行模式的一些改变。

在 2020 年发布 Ampere 架构 A100 中,NVIDIA 大幅改进了张量核心的设计。例如,在原先基础上新增了更多用于深度学习领域的数据类型,并对深度学习业界广泛研究的"剪枝",即稀疏化权重参数,在硬件层面上提供了支持。当权重参数具有符合其预期的结构化稀疏特性时,张量核心的峰值吞吐量能相较于常规的密集权重神经网络再翻倍。相应地,A100 中的张量核心在执行矩阵乘加时,底层的指令与执行模式也发生了改变。根据官方公布的数据,A100 中每个张量核心的性能相当于 V100 中的 4 个张量核心。

2. 张量数据类型与矩阵尺寸的变化

6.1.1 节中提到,深度神经网络具有明显的低精度运算能力和网络精度容忍能力,这是深度神经网络一个重要的计算特征。利用低精度的运算提升神经网络推理的效率成了众多加速器的重要手段。GPGPU 架构则借助张量核心的定制化设计积极地支持这一特性,在保持高度可编程性的同时,利用多种运算精度提升深度学习计算任务下的算力。

例如,从 Turing 架构开始,张量核心支持的矩阵乘法数据类型广泛增加,不仅增加了现阶段深度学习模型中广泛使用的 8 比特有符号整型数(INT8)和无符号整型数(UINT8)类型,还对更低精度的 4 比特有符号/无符号整型数(INT4/UINT4)甚至 1 比特数(binary)的提供了支持。到了 Ampere 架构,张量核心支持的数据类型进一步增加,例如 Google 公司提出的 BF16 类型和 NVIDIA 公司提出的 TF32 类型。两种新的数据类型和特点在 5.1.3 节中都有所介绍。

表 6-4 对比了 Volta、Turing 和 Ampere 三种架构下,张量核心支持矩阵乘加操作的指令、数据类型和矩阵尺寸的具体情况。

表 6-4　三种架构下张量核心支持的指令、数据类型和矩阵尺寸对比

指令名称	架构	矩阵 A/B 数据类型	矩阵 C/D 数据类型	单条指令矩阵乘加尺寸
HMMA	Volta	FP16	FP16 / FP32	$8\times8\times4$
	Turing	FP16	FP16 / FP32	$8\times8\times4$ / $16\times8\times8$ / $16\times8\times16$
	Ampere	FP16 / BF16	FP16 / FP32 *	$16\times8\times8$ / $16\times8\times16$
HMMA	Ampere	TF32	FP32	$16\times8\times4$
IMMA	Turing	UINT8 / INT8	INT32	$8\times8\times16$
	Ampere	UINT8 / INT8	INT32	$8\times8\times16$ / $16\times8\times16$ / $16\times8\times32$
	Turing	UINT4 / INT4	INT32	$8\times8\times32$
	Ampere	UINT4 / INT4	INT32	$8\times8\times32$ / $16\times8\times32$ / $16\times8\times64$
BMMA	Turing	Binary	INT32	$8\times8\times128$
	Ampere	Binary	INT32	$8\times8\times128$ / $16\times8\times128$ / $16\times8\times256$
DMMA	Ampere	FP64	FP64	$8\times8\times4$

* BFloat16 仅支持 FP32 的累加。

从张量核心指令的发展来看,后两代 Turing 和 Ampere 架构的张量核心较 Volta 架构的张量核心大幅地拓展了数据类型,几乎达到了对现有主流数据类型的全面覆盖。除此之

外,单条指令支持的矩阵乘加尺寸也随着架构推进不断增大。一方面,这意味着张量核心的硬件运算能力在不断增强;另一方面,数据可以有更多的复用,从而减少了冗余的读取,降低了片上存储的带宽需求。

3. Ampere架构张量核心工作模式的升级

Ampere架构中的张量核心相比前两代GPGPU有较大幅度的提升。在性能上,A100每个可编程多处理器SM内4个张量核心提供的算力相当于原先V100 16个张量核心的总算力。而就目前所公开的内容,以下三点对其性能的提升起到了积极的作用。

(1)线程协作模式的改变。无论在Volta还是Turing架构中,调用张量核心进行矩阵乘加运算时都是以线程束为单位进行的。线程束内32线程以4为单位分threadgroup线程组,threadgroup t 与 $t+4$ 相互分享数据。NVIDIA称这种协作模式为"线程间数据共享"。在前两代张量核心中,线程间数据共享是发生在8个线程之间的。

在Ampere架构中,新设计的张量核心改变了这样的"数据共享"模式,把原先线程束中8个线程共享数据的模式改变为整个线程束内32个线程共享数据,如图6-16所示。相应地,SASS指令也进行了修改,把原来的HMMA.884指令(以 $m=8,n=8,k=4$ 进行的矩阵乘加)替换成HMMA.16816指令(以 $m=16,n=8,k=16$ 的方式分块进行 $16\times16\times16$ 的矩阵乘加),使得原先在V100中需要16条指令的任务在A100中能以2条指令完成。

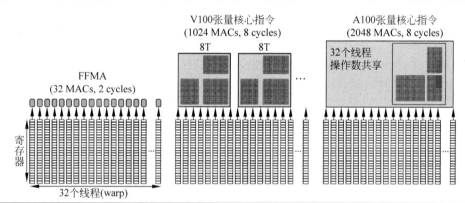

$16\times16\times16$矩阵乘	FFMA	V100张量核心	V100张量核心	A100 vs. V100(提升)	A100 vs. FFMA(提升)
线程共享	1	8	32	4x	32x
硬件指令	128	16	2	8x	64x
寄存器读+写(warp)	512	80	28	2.9x	18x
时钟周期	256	32	16	2x	16x

图6-16　A100与V100中的张量核心的一些指标比对

这种更大范围的线程协作模式所带来的收益在于寄存器带宽需求的减小。相较于V100,A100完成 $16\times16\times16$ 矩阵乘加的寄存器读写次数减少了2.9倍,使在相同寄存器带宽的条件下,新的SM可以容纳更多的张量核心同时进行运算。

(2)优化的共享存储器。Ampere架构加入了一个新的异步复制指令,该指令可将数据直接从全局存储器加载到SM内的共享存储器中,如前面图4-18所示。A100避免了数据必须经过寄存器才能存储至共享存储器这一步骤,从而节省了SM内部带宽,也避免了为共享存储器数据分配寄存器的需求,从而提升了张量核心在运算时的数据访问能力。

(3)结构化稀疏。A100在张量核心上还加入了结构化稀疏的特性。

6.2.4　扩展讨论:张量核心对稀疏的支持

稀疏性是神经网络中重要的数据特性,可以减小模型和参数的规模,对算法和架构的性能提升都能起到积极的促进作用。但稀疏性具有高度的随机性和不确定性,需要专门的架构支持,否则很难利用它来获取性能提升。本节借助张量核心单元的设计来探讨在GPGPU中利用稀疏性加速深度神经网络计算的可能性。

1. 深度神经网络的稀疏性

近年来,随着深度神经网络的快速发展和应用实践,计算量与参数量成倍增长。巨量的参数有时对于神经网络而言是过量的,越来越多的研究关于如何将一部分过量的参数裁剪掉,将模型和参数规模压缩至一个相对较小的体量,同时尽量保证神经网络的准确率不受太大影响,使得轻量级的网络在边缘设备上也能有较快的推断速度,并且获得高精度的预测结果。目前,这种剪枝技术在深度学习领域已经成为一种非常有效的推理加速方法。支持剪枝后的稀疏神经网络的加速器硬件设计也层出不穷,学术界也有用张量核心支持稀疏加速的研究。

虽然剪枝技术通过大规模地去除每一层的权重参数,可能获得几十倍的参数压缩比,但在运算吞吐上的提升可能很有限。有研究称,在提高batch_size后吞吐量提升仅为2倍。在一些经典的神经网络加速器(如DianNao)上性能提升并不明显,原因在于很多加速器在执行时需要将原本已经剪除的权重回补为0。这意味着,简单的权重裁剪所带来的收益并不会直观地带来计算量的缩减。这样的剪枝还会带来权重参数值分布的随机性,即过分地追求权重裁剪的比例会导致非零值的权重参数在空间位置上是随机的。

研究人员也提出了一些硬件上支持稀疏权重卷积的加速器,通过添加专用的索引单元并且每个处理单元固定稀疏权重的方式来实现加速。但是这样的方式过度依赖定制化硬件的支持,缺乏通用性,使得这样细粒度针对每个权重进行裁剪的方法不适用于流行的GPGPU平台。当把这样的计算部署在GPGPU上时,存储器读写也是不规则、非合并的,还会导致某些线程束会执行过多的时间,一些线程束过早结束等问题。因此,稀疏化的方法要充分考虑硬件平台的特性。

2. Ampere架构的结构化稀疏支持

NVIDIA的A100 GPGPU首次在其张量核心单元上加入了稀疏性的考虑,可以支持权值矩阵中2∶4的稀疏。这里2∶4是指对于权重矩阵中的每一行,其非零权值与该行所有权值的比值为2∶4。这种结构化的稀疏更适合GPGPU架构,实现一些粗粒度的剪枝方法。通过软硬件协同的方法对该种矩阵乘加运算增加支持,可以使计算吞吐量增加2倍,存储与带宽需求降低50%。

具体来讲,利用A100稀疏加速的整体过程如下。

（1）对于一个网络进行正常的训练,得到密集权重矩阵。

（2）对密集权重矩阵进行规则剪枝,按每行（即在卷积核的所有通道内的所有权值）每4个元素去掉2个权重值的方式进行剪枝。

（3）进行重训练,得到最终的权值矩阵,进行压缩,得到压缩后的仅含非零值的权重矩阵与对应的索引存储。

（4）用该神经网络进行推测时,把原先所使用的密集权重替换成压缩后的权值矩阵与索引。

同时,张量核心增加了对稀疏加速的硬件支持,如图 6-17 所示。与大多数稀疏加速结构类似,稀疏化后的权值会以专门的格式存放非零数据（non-zero data）,同时保存这一份非零权重的索引（non-zero indices）,指示其在原权重矩阵中的位置信息。输入特征图仍然保持其本身的形式。在矩阵乘加的计算过程中,输入特征图的每一列会经过稀疏张量核心中新增的多路选择器（MUX）,根据非零权重索引选取对应位置上非零权重的特征图数值,相乘得到输出特征值结果。由于采用了 2∶4 的强制压缩比例,稀疏张量核心能在相同算力下将矩阵乘加的计算吞吐量翻倍。

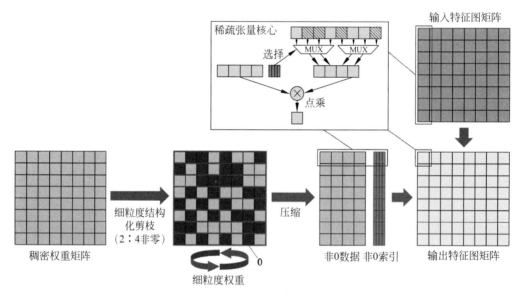

图 6-17 NVIDIA 的 A100 GPGPU 中对结构化稀疏的支持方式

3. 张量核心的稀疏化改进设计

在 Ampere 架构推出之前,学术界也对张量核心的稀疏化支持进行了前瞻性的研究。例如,文献[24]就提出了一种基于 Volta 架构张量核心来实现结构化稀疏矩阵乘加的方法,其简要步骤如下。

首先求解权重的结构化稀疏。该文献首先提出了对权重矩阵进行结构化稀疏的方法。6.1.2 节介绍过,对于卷积层的权重,即一个 $[C_{out}, C_{in}, K, K]$ 大小的张量,通常可以通过

im2col 的方法将其转换成一个 $[K \times K \times C_{in}, C_{out}]$ 大小的权重矩阵,这里称之为密集权重矩阵 $\boldsymbol{W}$。该文献提出了一种 Vector Sparse Pruning 方法,对 $\boldsymbol{W}$ 进行剪枝得到结构化稀疏权重矩阵 $\boldsymbol{W}'$,其步骤如下。

(1) 对矩阵 $\boldsymbol{W}$ 进行"向量切分",即将一个 $m \times n$ 的矩阵在行方向或列方向上切分。为不失一般性,可以假设在列方向切分为 $m \times \text{ceil}(n/l)$ 个长度为 l 的一维向量。遍历所有向量,统计每个向量的非零值个数,记录最大非零个数为 k。

(2) 记录初始的错误率为 E_0,当前错误率为 E_N,设定错误率阈值为 E_M。

(3) $k=k-1$,对每个向量内的元素按其绝对值大小进行排序,保留向量内的前 k 个元素。

(4) 进行验证集验证,得到当前错误率。如果当前错误率高于错误率阈值,则跳出循环至步骤(5),否则返回步骤(3)继续循环。

(5) 得到矩阵 $\boldsymbol{W}'$,其中矩阵内每 l 个元素至多含有 k 个非零值。

(6) 对 $\boldsymbol{W}'$ 矩阵进行压缩编码,得到压缩矩阵 $\boldsymbol{W}_{nzd}$ 与相应的偏移索引矩阵 $\boldsymbol{W}_{idx}$。

通过以上步骤该文献发现,最终将向量长度 l 确定为 16,每个向量内的最多非零值数 k 确定为 4,即可对整个权重矩阵 $\boldsymbol{W}$ 实施 75% 的稀疏剪枝。

然后改进张量核心结构来支持稀疏矩阵乘加。为了能够在张量核心上支持稀疏矩阵的乘加操作,该文献提出增加 3 条 PTX 指令、两条 SASS 指令和一个专用的偏移索引寄存器。增加的几条指令如表 6-5 所示。

表 6-5 为支持张量核心上稀疏矩阵的乘加操作而额外引入的指令

指令类型	具体指令	指令说明
PTX 指令	swmma. load. a. K ra,[pa]	读取编码后的稀疏矩阵
	swmma. load. offset. K ro [po]	读取稀疏矩阵对应的偏移索引
	swmma. mma. f32. f32. K rd,ra,rb,rc,ro	进行稀疏矩阵计算
SASS 指令	SHMMA. FETCHIDX RO	将索引存放至专用的 RO 寄存器
	SHMMA. EXEC. F32. F32 RD,RA,RB,RC	进行稀疏矩阵计算

为支持 $16 \times 16 \times 16$ 稀疏矩阵乘加操作,该文献设定矩阵 $\boldsymbol{A}$ 为压缩后 16×4 的稀疏矩阵,$\boldsymbol{B}$、$\boldsymbol{C}$、$\boldsymbol{D}$ 矩阵仍然维持 16×16 的尺寸。在扩展指令设计的基础上,$\boldsymbol{A}$、$\boldsymbol{B}$、$\boldsymbol{C}$、$\boldsymbol{D}$ 矩阵内元素与线程间的映射关系也需要相应改变,如图 6-18 所示。

从图 6-18 中可以看到,矩阵 $\boldsymbol{A}$ 中的元素以 4×4 为粒度,分为 4 个线程方阵。矩阵 $\boldsymbol{B}$ 由于需要与压缩后的 $\boldsymbol{A}$ 进行 16 个元素的内积,所以其元素对每个线程方阵可见。矩阵 $\boldsymbol{C}/\boldsymbol{D}$ 元素以 4×16 为粒度,分为 4 个线程方阵。遵循着 Volta 架构张量核心的方式,$16 \times 16 \times 16$ 的矩阵乘加仍然被分成了 4 个 Set,每个 Set 完成 $\boldsymbol{D}$ 矩阵相邻四行的计算。其具体过程如下:

(1) 从 RO 寄存器取出当前需要的索引。

(2) 对索引进行解码,确定需要取 $\boldsymbol{B}$ 的哪四行。如图 6-18(b)中,线程方阵得到 $\boldsymbol{A}$ 的偏移索引为 4、6、8、9,因此需要 $\boldsymbol{B}$ 每一列的第 4、6、8、9 个元素。

稀疏张量操作下每个Set的指令：
```
SHMMA.FETCHIDX        R0;
SHMMA.EXEC.F32.F32 RD, RA, RB, RC;
```

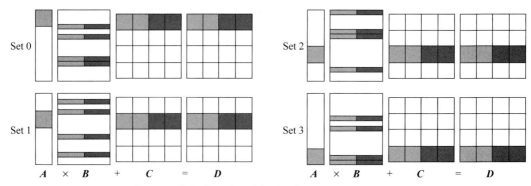

(a) 基于Volta的张量核心提出的权重矩阵结构化稀疏计算方法

Set 0的指令：
```
SHMMA.FETCHIDX         R0;
SHMMA.EXEC.F32.F32 RD, RA, RB, RC;
```

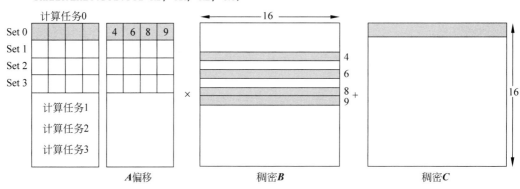

(b) 第一个线程方阵中第一个Set执行的具体情况

图 6-18　基于 Volta 张量核心的稀疏化改进

（3）张量核心的 A 缓冲、B 缓冲同时地将 A 的 4 个数据与 B 矩阵的 4×16 个数据送入两个 threadgroup 的 FEDP 单元内。此时 A 的 4 个数据在两组 FEDP 单元内共享，而两组 FEDP 单元各接受一份 B 的 4×8 数据。

（4）线程方阵控制 FEDP 单元完成计算。从张量核心的分析可知，一个方阵中的两组 FEDP 单元每周期可以完成 8 次 4 元素内积，而现在每个 Set 的计算量为 16 个 4 元素内积，因此需要 2 周期来完成计算。

如图 6-18 所示，上述操作需要两条扩展的 SASS 指令完成，而整个矩阵乘加计算需要 4 个 Set 完成，因此共需要 8 条指令。图 6-19 给出了这 8 条指令的执行周期。

文献[24]提出的稀疏矩阵乘加设计利用了张量核心基本运算为 4 元素内积这一特点，针对稀疏的 $16 \times 16 \times 16$ 矩阵乘加提出了一种可行的计算流程。这个流程没有大幅改变原

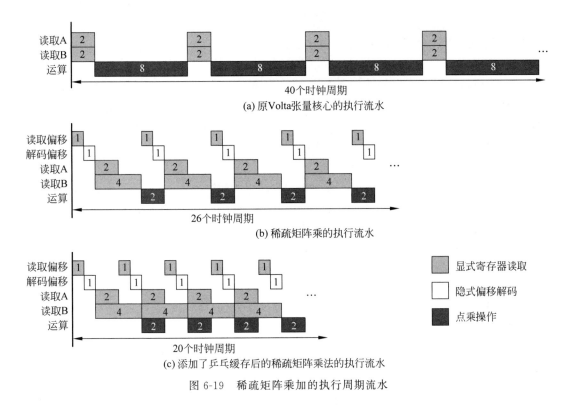

图 6-19　稀疏矩阵乘加的执行周期流水

先线程组和线程方阵的工作方式,而是变换了它们与矩阵内各个元素的映射关系,使得每个线程方阵在每个 Set 内接受规整的数据,完成一整行的计算。

该方案采用了 75% 的稀疏度。在带宽不受限的前提下,75% 的稀疏度相较于稠密矩阵乘加应有 4 倍的计算吞吐量提升。根据图 6-19(c)的执行流水分析可知,理论上应该获得两倍的性能提升。其中的性能损失主要来自矩阵 B 从寄存器供给至 B 缓冲时,带宽跟不上计算。这是因为 A 是稀疏矩阵,需要根据矩阵 A 的非零元素位置取得对应矩阵 B 相应行的元素。然而根据文献给出的测试结果,实际获得的性能较原本的张量核心只提升了 1.49 倍,低于理想情况下的性能收益预期。这之间的性能差距可能是由于在加载矩阵 A、B 数据时,对矩阵 B 的加载是完全随机的,可能出现寄存器的板块冲突而增加了延时,导致实际的性能提升与理论提升有差异。

Ampere 架构中采用了 50% 的稀疏度。从推理精度上来说,75% 与 50% 的稀疏度会有差别,但应该不会很显著。从性能上看,更高的稀疏度意味着更低的带宽需求与更少的计算量。根据文献数据对比,Ampere 能在较差的稀疏度下取得更高的计算吞吐量,应该是有效地解决了数据存取的问题,例如新的线程协作模式使寄存器至张量核心的带宽与计算匹配得更好,从而获得更高的计算吞吐量提升。

6.3 神经网络计算的软件支持

6.2 节详细分析了张量核心是如何加速矩阵乘加计算的。但每个张量核心只能计算 $16 \times 16 \times 16$ 的粒度。面对深度神经网络庞大的算力需求,还需要通过上层软件和库函数协同这些基本硬件单元才能更好地加速整个神经网络的计算。本节将在硬件架构的基础上,简要讨论神经网络的基本计算方法和框架流程,来理解现代 GPGPU 如何满足深度神经网络的诸多计算特征。

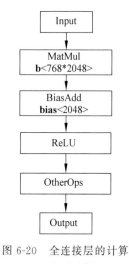

图 6-20 全连接层的计算流图示例

当前,神经网络的编程主要依托框架完成,例如谷歌的 TensorFlow、FaceBook 的 PyTorch 等。这些框架把数据抽象封装为张量,把张量的计算操作抽象为一个算子,进而把神经网络的一系列计算抽象为基于不同张量算子连接起来的计算流图。对于用户而言,依托框架来定义张量,调用框架提供的算子来对这些张量的计算进行合理安排,再将各个层的计算进行组装,得到希望的神经网络架构。例如,图 6-20 中展示的是神经网络中的一个全连接层,包含了矩阵乘、偏置累加、激活运算三步。每一步计算在框架中都对应一个算子。算子接受输入张量与一定的参数,完成计算输出张量,全连接层便由图 6-20 中给出的三个算子组装完成。之后,全连接层可以与其他层进行进一步组装,最终形成完整的网络。

框架负责提供各种算子和 API 供用户灵活地调用,生成期望的计算图排布。这部分作为前端往往和硬件无关,只是提供了一种描述神经网络架构的方法和工具。在前端描述的基础上,框架结合神经网络编译工具(如 TVM、nGraph 等)根据输入张量的信息和目标硬件的特征合理地安排和调度算子,再根据目标硬件指令集规范生成指令或者驱动,从而使得这些算子的实际计算可以部署到真正的计算硬件上执行。

如果是面向 GPGPU 进行神经网络开发,后端就会根据 GPGPU 的硬件特点,产生适合特定 GPGPU 架构和计算能力执行的代码。例如:如果采用 NVIDIA 的 GPGPU 往往都会调用 cuDNN 库;如果采用配有张量核心的 GPGPU,cuDNN 库还可以调用张量核心来加速算子的计算过程。cuDNN 库是一个专门针对 NVIDIA GPGPU 支持神经网络低阶原语的加速库。它对神经网络中频繁出现的计算操作提供了高度优化的 API 实现,使得用户可以方便且高效地利用 NVIDIA 的 GPGPU 进行神经网络计算。在 NVIDIA 的神经网络开发软件栈中,cuDNN 具有重要的作用。如图 6-21 所示,它作为桥梁连接了多个深度学习框架的前端与执行在底层 GPGPU 硬件的内核函数。良好的接口和丰富的优化使得用户只需要保证所用的框架接入了 cuDNN,便可享受到 GPGPU 的加速。

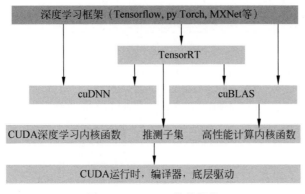

图 6-21　cuDNN 的软件栈

6.4　深度学习评价基准——MLPerf

随着硬件平台设备的计算能力和存储能力的迅速增强,机器学习在各个领域都在展开越来越广泛的应用。目前大多数的机器学习系统都基于深度神经网络构建,在训练和部署时对计算量有极高的要求,因此深度神经网络计算的需求推动了定制的硬件架构和软件生态的快速发展。为了能够合理地评价支持深度神经网络计算的架构和软件,人们需要一个通用且公认的评价基准和案例集。MLPerf 基准测试套件就是面向业界推出的首款致力于评价机器学习软硬件性能的通用标准系统。MLPerf 旨在构建公平和有意义的基准测试,衡量机器学习硬件、软件和服务的训练和推理性能,因此从诞生之初就得到学术界、研究实验室和相关行业 AI 领导者的认同。

机器学习的基准测试需要考虑深度神经网络的多方面。图 6-22 罗列了在设计机器学习测试基准时需要考虑的各方面及其一些现有实例。可以看出,机器学习领域在硬件和软件层面具有丰富的多样性,这种多样性也极大地提高了测试基准的设计难度。一套测试基准需要解决的主要问题包括如何明确一个可测量的任务,根据什么指标测量性能及选择哪些任务进行测量。针对机器学习,构建一套测试基准还需要延伸解决更多的问题,如不同加速器架构的实现等价性、训练任务超参数的等价性、训练任务收敛时间的差异性、推断任务权重的等价性及使用重新训练或稀疏化权重参数的可行性等。

1. 训练任务测试基准的设计

MLPerf 训练任务的测试基准要求训练的神经网络模型在特定的数据集上达到指定的目标性能。举例来说,一个测试基准要求在 ImageNet 数据集上进行训练,直到图像分类的 top-1 正确率达到 75.9%,然而这样的定义仍未回答一个关键问题,即是否需要指定一个明确的训练模型。如果指定了一个明确的模型,就能够保证不同的实现之间有相同的计算量。若不指定明确的模型,则鼓励对模型的优化及软硬件协同设计。所以 MLPerf 将测试结果分为两类,在固定任务这一类别中,每个实现都需要使用同一个指定的模型直接进行比较,

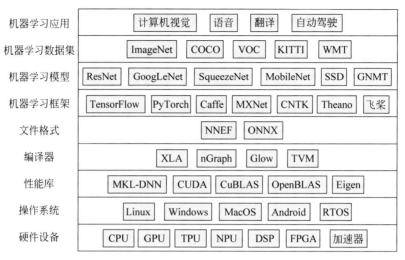

图 6-22　设计机器学习测试基准时需要考虑的各个方面和因素

而在开放任务这一类别中则支持创新,可以使用任何模型进行测试。

深度学习的加速芯片通常采用吞吐量和训练时间作为直观评价训练性能的两个指标。吞吐量指的是每秒处理的数据量,训练时间指的是模型从头训练至达到目标性能的时间。选择吞吐量作为指标的优势在于检测速度较快且稳定性较强,不需要等到模型训练完成,在计算过程中就能够直接进行测量,且在大多数模型的计算过程中变化相对较小。数据吞吐量可以通过降低计算精度来实现,其代价为延长训练时间。相比之下,训练时间可能消耗很大的计算量来得到测试结果,且时间随着不同的权重初始化值等因素会发生一定的改变。MLPerf 选择训练时间作为衡量指标,因为它更准确地反映了对于训练的主要目标的完成情况,即尽可能快速地将一个模型训练完成。

在完成对基准的定义之后,还需要选择一系列基准进行测试。MLPerf v0.5 涵盖了各种主要的机器学习的应用,包括图像分类(image classification)、目标检测(object detection)、语音和文字互相转换、文本翻译和自然语言处理、个性化推荐、时间序列、强化学习、生成对抗网络等,同时依照这些类别选择了一些测试基准,遵循成熟性、多样性、复杂性和可行性。成熟性主要指模型应该兼具算法先进性与应用广泛性;多样性指的是模型应该包含多种结构,如卷积神经网络、循环神经网络、注意力机制等;复杂性指的是模型的参数应该符合当下与未来的市场需求;可行性主要指模型和数据集应该是开源的,可供公开使用。MLPerf 也在不断演进满足机器学习的发展,添加代表当前水平的新工作负载。

在等价性衡量方面,目前仍然欠缺高效的、可移植的机器学习代码,也没有同一个机器学习框架可以支持所有的硬件架构。传统的测试基准执行完全相同的代码,进行完全相同的测试,然而机器学习的测试基准并不能照搬应用,机器学习代码需要适应不同的架构以达到最佳性能。因此,MLPerf 允许上传者自行实现测试基准,但这同时带来实现的等价性问题。在特定一个任务时,MLPerf 要求使用相同的模型来进行硬件之间的直接比较,但是需要进一步明确"相同的模型"这一定义。MLPerf会给出模型的参考实现,并且要求所有的实现方式都使用与参考实现相同的数学操作进行实验结果输出,利用相同的优化器更新权重,并采用相同的预处理和结果评价方法。代码上传者可以重新设计数据通道及并行方式,或者在允许范围内进行改动。

不同的系统需要不同的超参数值以达到最佳性能,训练的批量尺寸根据不同的并行化设计方案也有所区别,数值表达方式的相异性也将影响学习率或其他超参数。多个超参数会在不同的维度上对训练过程产生影响,而对于单个处理器,可能需要数天的时间对模型进行训练直至其收敛。所以当对所有超参数进行调整时,拥有较多计算资源或者更好的超参数调整策略的上传者往往更有优势,这在以往的公开性能测试中也有所体现。MLPerf通过两种方式限制了超参数的调整,其一为对于可调整的超参数进行限制,其二为允许上传者使用其他已上传实现的超参数设置,并更新自己的实现。

训练一个特定模型达到目标性能所需要的时间随场景而异,通常和训练所需的迭代次数成正比。训练需要的迭代差别来自随机生成的不同权重初始值。通常采取运行多次程序再取平均时间来实现降低训练时间差异,但是多次运行深度学习模型也将带来更多的时间消耗。对于视觉任务,结果相对稳定,MLPerf v0.5选择取5次运行的平均时间,误差约为2.5%;对于其他更具差异性的任务,取10次运行的平均时间,误差约为5%。

2. 推理任务测试基准的设计

MLPerf推断任务的测试基准要求给定一系列数据并输入一个完成训练的模型,要求其输出达到目标性能。在这个基础定义之上,对于不同测试场景进行扩展,如单数据流、多数据流、服务器、离线等。单数据流指需要依次处理的输入数据,例如移动设备上的计算机视觉应用;多数据流通常为需要分批处理的输入数据,每批数据量相同且需要同时处理,例如车辆的自动驾驶应用;服务器的输入数据的到达时间服从泊松分布(Poisson Distribution),例如在线翻译服务;离线指的是所有输入数据已经具备,在设备处理前已经全部到达,例如图像分类应用。MLPerf的推断任务为每个场景定义了一个测试基准。和训练任务类似,推断任务也分为固定任务和开放任务,可以分别进行模型之间的直接比较,可以使用任何模型以鼓励创新。

对于不同的推断任务,理想的性能测试指标也有所不同。例如,移动设备上的视觉应用需要低延迟,而离线的图像应用需要高吞吐量。因此,每个推断任务场景都有独特的性能指标,例如在单数据流参照下良好的性能表现为低延迟;多数据流要求数据流的数目增加的同时,需要保证延迟控制在一定数值范围内;服务器的指标为基于泊松分布的每秒查询率,同时保证延迟的控制;离线场景的指标通常指吞吐量。

在测试基准选择上,MLPerf的推断任务具有多样性和复杂性,需要根据不同测试场景,以及移动设备和服务器的硬件条件,选择合适的模型。所以MLPerf的推断任务最初只选择了一些最为常见的视觉任务,在之后的版本中对标训练任务选择合适的测试基准。

在实现的等价性上,MLPerf的推断任务同样允许上传者基于各自的硬件条件对模型进行重新实现,但这也引发了对于固定任务的实现是否等价的问题。为此,MLPerf的推断任务也给出了两个基础的限制条件。首先,所有的实现必须使用相同的标准数据加载器,这个加载器实现了上述典型应用场景并且能够测量对应的指标;其次,所有的实现必须使用相同的权重系数。在这两个基础的限制条件之外,还有一些禁止的优化措施,例如使用额外的权重数据,使用数据集的其他信息,将输出结果缓存用于重复输入等。

推断系统可以对权重使用量化、重新训练或者稀疏化的方法,以准确率为代价提高计算的效率。然而这种做法可能并不符合实际应用的需求,并且会影响测试的公平性。对于不同的应用而言,能够允许的误差范围也不尽相同,需要考虑如何合理地设置目标性能。MLPerf推断任务的初期版本并不允许上传者使用重新训练及稀疏化的方法。大部分任务的目标性能设置为99%的准确率,这些任务可以使用32比特的单精度浮点数达到指定性能,在未来的版本中也许会允许更加自由的实现方式。

3. MLPerf 测试基准

在 MLPerf v0.5 训练任务的测试中,每个测试基准包含一个数据集和一个目标性能。由于机器学习任务的训练时间可能会受到一些随机因素的影响,最终的结果会在多次运行之后舍去一个最小时间与一个最大时间之后取平均数。MLPerf v0.5 训练任务的测试基准表 6-6 所示。

表 6-6   MLPerf v0.5 训练任务的测试基准

应用类别	测试基准	数据集	目标性能
视觉	图像分类	ImageNet	74.9% Top-1 正确率
视觉	目标检测(少量)	COCO 2017	21.2mAP
视觉	目标检测与分割	COCO 2017	37.7/33.9 Box/Mask min AP
语言	翻译(循环)	WMT16 EN-DE	21.8Sacre BLEU
语言	翻译(非循环)	WMT17 EN-DE	25.0BLEU
广告	自动推荐	MovieLens-20M	0.635HR@10
研究	强化学习	围棋	40.0%专业棋手落子预测正确率

图像分类是一种常见的用于评价机器学习系统性能的任务,系统扮演图像分类器的角色,即对于一张给定的图片,选出一个最符合图像内容的类别。在其他计算机视觉任务中,图像分类模型也常常作为特征提取器,例如目标识别或者风格转换等任务。典型的图像分类数据集 ImageNet 中包含 128 多万张训练图像和 5 万张验证图像。目标检测任务和图像分割任务是许多系统中重要的组成部分,如自动控制、自动驾驶、视频分析等。目标检测任务需要输出图像中目标框(bounding box)的坐标,分割任务需要为图像中的每个像素标注一个类别。COCO 2017 数据集中包含超过 11 万张训练图像和 5000 张验证图像。翻译任务需要将一系列单词从源语言翻译为目标语言,MLPerf 所用的 WMT 数据集中包含约 450 万组英语到德语的句子对。自动推荐系统在许多互联网公司中都承担了重要任务。MovieLens-20M 数据集中包含了近 3 万部电影及它们的 2000 万条评分与 46 万条标签。强化学习任务的计算需求也在逐渐增长,并在一些控制系统中得到应用。比较常见的应用是游戏、国际象棋或者围棋,强化学习算法能够训练出足以对抗人类的代理。和其他机器学

习测试基准不同,强化学习并不是使用一组现有的训练数据,而是通过探索生成训练数据。

以 MLPerf v0.5 训练任务测试基准中的固定任务为例,所有的上传者使用相同数据集和相同神经网络结构。参加 MLPerf v0.5 的上传者为 Google、Intel 和 NVIDIA。测试范围包括从嵌入式设备到云端的解决方案,但每个上传者测试范围并没有覆盖所有测试基准。不同系统之间有最高达 4 个数量级的性能差异。

机器学习正处于一个蓬勃发展的研究阶段,同时处于硬件资源飞速进步的时代。应运而生的 MLPerf 针对当前时期的机器学习应用分类,分别构建相对正规化的测试基准,使得各个工业研究组织之间能够比较公平地比较不同的机器学习系统之间的性能。随着机器学习技术的更新和进步,这些测试基准也需要不断地进行调整和发展,以保持 MLPerf 的有效性和先进性。

参 考 文 献

[1]　Krizhevsky A,Sutskever I, Hinton G E. ImageNet classification with deep convolutional neural networks[J]. Communications of the ACM,2017,60(6):84-90.

[2]　Dario Amodei,Danny Hernandez. AI and Compute[R/OL]. (2018-05-16)[2021-08-12]. https://openai.com/blog/ai-and-compute/.

[3]　Long J,Shelhamer E, Darrell T. Fully convolutional networks for semantic segmentation[C]. Proceedings of the IEEE Conference on Computer Vision and Pattern Recognition(CVPR). IEEE,2015:3431-3440.

[4]　Goodfellow I,Pouget-Abadie J,Mirza M,et al. Generative adversarial nets[J]. Advances in neural information processing systems,2014,27.

[5]　Howard A G,Zhu M,Chen B,et al. Mobilenets:Efficient convolutional neural networks for mobile vision applications[J]. arXiv preprint arXiv:1704.04861,2017.

[6]　Dai J,Qi H,Xiong Y,et al. Deformable convolutional networks[C]. Proceedings of the IEEE International Conference on Computer Vision(ICCV). IEEE,2017:764-773.

[7]　Chen L C,Zhu Y,Papandreou G,et al. Encoder-decoder with atrous separable convolution for semantic image segmentation[C]. Proceedings of the European Conference on Computer Vision(ECCV). 2018:801-818.

[8]　Chetlur S,Woolley C,Vandermersch P,et al. cuDNN:Efficient primitives for deep learning[J]. arXiv preprint arXiv:1410.0759,2014.

[9]　Stanley W D,Dougherty G R,Dougherty R. Digital Signal Processing[J]. Reston,VA,1984.

[10]　Szegedy C,Liu W,Jia Y,et al. Going deeper with convolutions[C]. Proceedings of the IEEE Conference on Computer Vision and Pattern Recognition(CVPR). IEEE,2015:1-9.

[11]　Lavin A,Gray S. Fast algorithms for convolutional neural networks[C]. Proceedings of the IEEE Conference on Computer Vision and Pattern Recognition(CVPR). IEEE,2016:4013-4021.

[12]　Raihan M A,Goli N,Aamodt T M. Modeling deep learning accelerator enabled gpus[C]. 2019 IEEE International Symposium on Performance Analysis of Systems and Software(ISPASS). IEEE,2019:79-92.

[13]　Jia Z,Maggioni M,Staiger B, et al. Dissecting the NVIDIA volta GPU architecture via

microbenchmarking[J]. arXiv preprint arXiv：1804. 06826,2018.

[14] Nvidia. NVIDIA Tesla V100 GPU Architecture[Z/OL]. (2017-08)[2021-08-12]. http://www. nvidia. com/content/PDF/tegra_white_papers/tegra-K1-whitepaper. pdf.

[15] Jia Z,Maggioni M,Smith J,et al. Dissecting the NVidia Turing T4 GPU via microbenchmarking[J]. arXiv preprint arXiv：1903. 07486,2019.

[16] Nvidia. NVIDIA A100 tensor core GPU Architecture[Z/OL]. (2020-05-14)[2021-08-12]. https:// images. nvidia. com/aem-dam/en-zz/Solutions/data-center/nvidia-ampere-architecture-whitepaper. pdf.

[17] Abadi M,Barham P,Chen J,et al. Tensorflow：A system for large-scale machine learning[C]. 12th USENIX symposium on operating systems design and implementation(OSDI). 2016：265-283.

[18] Paszke A,Gross S,Massa F, et al. PyTorch：An imperative style,high-performance deep learning library[J]. Advances in neural information processing systems,2019,32：8026-8037.

[19] Chen T,Moreau T,Jiang Z, et al. TVM：An automated end-to-end optimizing compiler for deep learning[C]. 13th USENIX Symposium on Operating Systems Design and Implementation(OSDI). 2018：578-594.

[20] Boemer F,Lao Y, Cammarota R, et al. nGraph-HE：a graph compiler for deep learning on homomorphically encrypted data[C]. Proceedings of the 16th ACM International Conference on Computing Frontiers. 2019：3-13.

[21] Han S,Pool J,Tran J,et al. Learning both weights and connections for efficient neural networks[C]. 28th International Conference on Neural Information Processing Systems (NIPS). IEEE, 2015：1135-1143.

[22] Zhang S,Du Z,Zhang L,et al. Cambricon-X：An accelerator for sparse neural networks[C]. 2016 49th Annual IEEE/ACM International Symposium on Microarchitecture(MICRO). IEEE,2016：1-12.

[23] Parashar A,Rhu M,Mukkara A,et al. SCNN：An accelerator for compressed-sparse convolutional neural networks[C]. 44th Annual International Symposium on Computer Architecture (ISCA). IEEE,2017：27-40.

[24] Zhu M,Zhang T,Gu Z,et al. Sparse tensor core：Algorithm and hardware co-design for vector-wise sparse neural networks on modern gpus [C]. Proceedings of the 52nd Annual IEEE/ACM International Symposium on Microarchitecture(MICRO). 2019：359-371.

[25] Chen T,Du Z,Sun N,et al. Diannao：A small-footprint high-throughput accelerator for ubiquitous machine-learning[C]. 19th International Conference on Architectural Support for Programming Languages and Operating Systems(ASPLOS). IEEE,2014：269-284.

[26] Yao Z,Cao S,Xiao W,et al. Balanced sparsity for efficient dnn inference on gpu[C]. Proceedings of the AAAI Conference on Artificial Intelligence. 2019,33(01)：5676-5683.

[27] Wikipedia. Transistor count[Z/OL]. (2006-03-21)[2021-08-12]. https://en. wikipedia. org/wiki/ Transistor_count.

[28] Mattson Peter,Reddi Vijay Janapa,Cheng Christine,et al. MLPerf：An industry standard benchmark suite for machine learning performance [J]. IEEE Micro 40. 2(2020)：8-16.

[29] Reddi Vijay Janapa, Cheng Christine, Kanter David, et al. MLPerf inference benchmark[C]. Proceedings of the ACM/IEEE 47th Annual International Symposium on Computer Architecture (ISCA). IEEE,2020：446-459.

[30] Mattson P, Cheng C, Coleman C, et al. Mlperf training benchmark [J]. Proceedings of Machine Learning and Systems. 2020：336-349.

第7章

总结与展望

7.1 本书内容总结

近十余年来,GPGPU 作为横跨图形/游戏、高性能计算、人工智能、虚拟货币和云计算等多种行业应用的一种通用加速器件,得到了广泛的认同和快速的发展。得益于其 SIMT 计算架构,GPGPU 的并行计算能力出众,成为利用数据级并行(Data-Level Parallelism)提高任务处理性能的首选。同时,专门的图形存储器件和先进的三维堆叠存储器(HBM)的加持提供了远高于传统 CPU 处理器的存储访存带宽,成为推动 GPGPU 算力持续提升的重要因素。配合不断完善的工具链和丰富的加速软件包,GPGPU 可以快速部署和应用到多种行业中,充分利用硬件能力取得明显的加速效果,成为行业领域应用加速的典型范例。

本书从 GPGPU 编程模型出发,通过对硬件架构的模块化解构,从控制核心架构、存储架构、运算单元架构和张量核心架构四个关键方面,组织起 GPGPU 硬件的设计概貌和架构核心要素。本书不仅介绍了 GPGPU 编程模型和架构设计相关的基本概念、基础知识和基本原理,例如线程模型、线程分支执行、调度与发射、寄存器文件、共享存储器、张量核心计算等,同时还分析了现有架构设计所面临的诸多挑战,例如线程分支、层次化调度、全局存储合并访问和片上存储的数据复用效率等,由此展开了对 GPGPU 架构设计优化和最新研究成果的多方位讨论。

本书的介绍可以促进架构和电路设计人员深入理解 GPGPU 的体系结构原理,帮助应用和算法开发人员设计出更高性能的软件。希望本书所探讨的架构设计原理能够启发读者深入理解 GPGPU 芯片设计的要点,启发读者进一步思考计算的本质,把握未来高性能通用架构的发展方向。

7.2 GPGPU 发展展望

作为一种加速器件形态,GPGPU 正经历着快速的技术变革,并朝着领域更为多样、计算更为高效的方向快速发展。通过对核心架构设计现状和最新研究成果的分析,未来的GPGPU 的发展还会重点考虑以下几方面的问题。

(1) 能耗问题。随着 GPGPU 算力的不断攀升和存储器的不断升级,能耗问题愈发突出,已经逼近物理设计的极限。虽然在数据中心和桌面领域,高能耗的 GPGPU 能够提供强大的算力,但在能效比方面仍然具有提升的空间。同时,在能效苛刻的智能设备和自动驾驶领域,低功耗的 GPGPU 设计仍然面临许多难题,需要进一步结合场景需求确定能效比更高的架构形态。

(2) 人工智能的支持。GPGPU 近年来的快速发展很大程度上得益于人工智能领域,尤其是深度学习领域的飞速进步。快速迭代的算法、巨大的神经网络算力需求和复杂的神经网络模型结构演变对于 GPGPU 的可编程性、通用性和计算能力等方面都提出了更高的要求。如何在摩尔定律放缓的情况下支撑人工智能算法和算力的飞速发展,成为摆在GPGPU 架构和电路设计者面前的难题。

(3) 扩展性及虚拟化的支持。受限于半导体的工艺集成能力和功耗,单芯片 GPGPU计算能力仍然有限。大规模多芯片互联成为进一步提升算力的有效解决方案。在大规模部署的 GPGPU 系统架构中,在硬件、软件和系统层面支持虚拟化技术,更好地支持高性能计算和云计算等新型业务场景,是 GPGPU 支持各行各业发展的关键性问题。此外,某些应用单芯片 GPGPU 也可能存在算力过剩的问题。通过虚拟化技术,让多个用户共享 GPGPU芯片资源也已成为现实,但在效率和用户体验上有待进一步改善。

(4) 统一化软硬件接口。一方面,未来的 GPGPU 发展会延伸到 CPU 的运算领域。另一方面,包括 CPU 和 GPGPU 在内的多种硬件形态,如 ASIC 和 FPGA,仍然遵循着各自的开发标准和使用习惯。届时多种硬件形态的发展方向是对立还是统一? 是否存在统一的计算描述方法、统一的软件框架实现到不同硬件形态的转化? 这仍然是等待工业界和学术界共同思考和回答的问题。

在 GPGPU 迅速发展的国际化大潮下,我国的 GPGPU 发展还处于起步阶段。与国外成熟的产品和生态相比,仍然缺少明确的发展路线和差异化的技术体系,核心架构和关键软件技术仍然受制于人。GPGPU 国产替代的道路依然任重道远。作为未来算力建设的基础性器件,时刻把握 GPGPU 领域的技术发展,获得更好的应用效果和设计创新,有助于推动我国高端通用处理器芯片和人工智能产业的健康发展。